全国中等职业技术学校电子类专业教材

电视机原理与维修

人力资源社会保障部教材办公室组织编写

中国劳动社会保障出版社

简介

本书主要内容包括电视技术基础知识、遥控彩色电视机原理与维修、液晶电视机原理与维修、数字电视技术基础。

本书由何培森编写，陈用刚主审。

图书在版编目（CIP）数据

电视机原理与维修 / 人力资源社会保障部教材办公室组织编写. —北京：中国劳动社会保障出版社，2017

全国中等职业技术学校电子类专业教材

ISBN 978-7-5167-3216-8

Ⅰ. ①电…　Ⅱ. ①人…　Ⅲ. ①电视接收机-理论-中等专业学校-教材　②电视接收机-维修-中等专业学校-教材　Ⅳ. ①TN949.1

中国版本图书馆CIP数据核字（2017）第262793号

中国劳动社会保障出版社出版发行

（北京市惠新东街1号　邮政编码：100029）

*

北京市科星印刷有限责任公司印刷装订　　新华书店经销

787毫米×1092毫米　16开本　15.75印张　1插页　373千字

2017年12月第1版　　2023年12月第2次印刷

定价：29.00元

营销中心电话：400-606-6496

出版社网址：http://www.class.com.cn

http://jg.class.com.cn

前　言

为了更好地适应全国中等职业技术学校电子类专业的教学要求，全面提升教学质量，人力资源社会保障部教材办公室组织有关学校的骨干教师和行业、企业专家，对全国中等职业技术学校电子类专业教材进行了修订和补充开发。此项工作以人力资源社会保障部颁布的《技工院校电子类通用专业课教学大纲（2016）》《技工院校电子技术应用专业教学计划和教学大纲（2016）》《技工院校音像电子设备应用与维修专业教学计划和教学大纲（2016）》《技工院校通信终端设备制造与维修专业教学计划和教学大纲（2016）》为依据，充分调研了企业生产和学校教学情况，广泛听取了教师对现行教材使用情况的反馈意见，吸收和借鉴了各地职业技术院校教学改革的成功经验。

教材体系

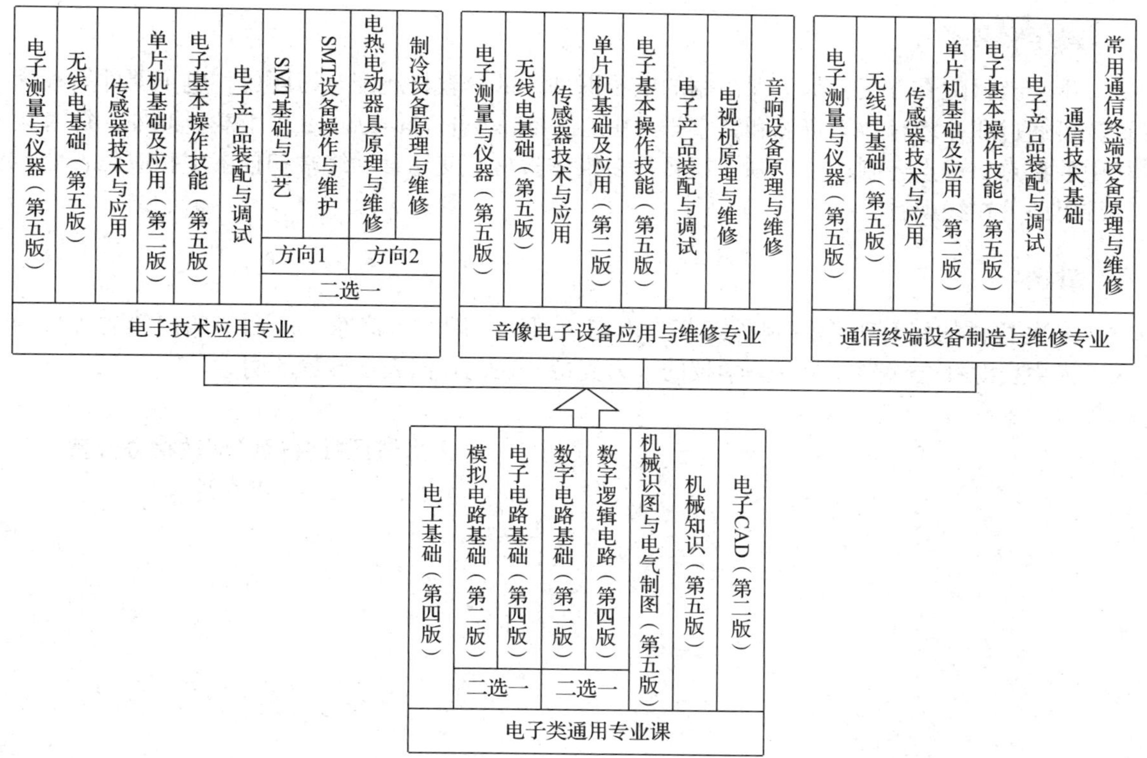

使用对象

电子技术应用专业、音像电子设备应用与维修专业、通信终端设备制造与维修专业中级、高级两个层次和以下 3 种学制：

- 初中毕业生 3 年学制培养中级工
- 高中毕业生 3 年学制培养高级工（中级阶段）
- 初中毕业生 5 年学制培养高级工（中级阶段）

编写特色

◆ **紧贴国家职业标准** 紧密贴合《中华人民共和国职业分类大典（2015 年版）》中对广电和通信设备电子装接工、广电和通信设备调试工、家用电器产品维修工、家用电子产品维修工等职业的职业能力要求，同时参照相关国家职业标准。

◆ **体现行业技术发展** 根据电子行业的最新发展，在教材中充实了电子产品表面贴装、数字电视维修、智能手机维修等方面的新技术，体现教材的先进性。

◆ **注重职业能力培养** 根据就业岗位对技能型人才所需能力的要求，进一步加强实践性教学内容。同时，在教材中突出对学生获取信息、与人交流、分析解决问题以及自学等职业能力的培养。

◆ **符合学生阅读习惯** 在教材内容的呈现形式上，尽可能使用图片、实物照片和表格等形式将知识点生动地展示出来，力求让学生更直观地理解和掌握所学内容。

教学服务

本套教材配有方便教师上课使用的电子课件，部分教材还配有习题册，电子课件等教学资源可通过职业教育教学资源和数字学习中心（http://zyjy.class.com.cn）下载。此外，针对教材中的重点、难点还制作了动画、视频等多媒体素材，使用移动终端扫描书中相应位置处的二维码即可在线观看。

致谢

本次教材的修订工作得到了江苏、山东、河南、湖北、广东、广西、四川等省（自治区）人力资源社会保障厅及有关学校的大力支持，在此我们表示诚挚的谢意。

人力资源社会保障部教材办公室

2017 年 6 月

目　录

第一章　电视技术基础知识

要系统掌握电视机的工作原理与维修技能，必须从基础知识入手。本章将从电视机的发展概况开始，系统地介绍黑白全电视信号、彩色全电视信号的产生与传输方法，以及彩色电视信号的制式与解码器的工作原理等方面的知识。

§1—1　电视机发展概述

学习目标

1. 了解电视机的发展史。
2. 了解电视机发展过程中的特点。

19世纪80年代，人类就开始研究电视机技术，经过一百多年不懈的努力，从机械式电视机开始，经历了电子管电视机、晶体管电视机等发展阶段，到目前为止，成功地推出了智能化、超高清化、超大屏幕化、轻薄化、节能环保型的OLED电视机。电视机的问世，深刻改变了人们的生活方式。

一、机械式电视机

1880年法国科学家莱布朗克使用一个镜面在两个不同的轴线上来回转动，把一个画面的不同部分按顺序反射到另一个位置，实现了图像的分解与再现。

1883年德国电气工程师尼普柯夫使用机械式的圆盘扫描法进行了反射图像的实验，当时的每幅画面只有24行，且图像相当模糊。

光电效应现象被发现后，人们发明了光—电转换的方法，通过机械扫描使图像亮暗的变化转变成电信号成为可能。1897年，德国的布劳恩发明了阴极射线管（CRT），使快速显示电信号的变化成为可能。

1904年，英国人贝尔威尔和德国人柯隆发明了通过电线一次传送一张照片的方法，每传送一张照片需要10分钟。1924年，英国和德国科学家进行了改进，运用机械扫描方式成功地传出了静止图像。

这一时期电视机的特点是，通过光电效应，利用机械扫描的方式产生电信号，用电缆线传送信号，用阴极射线管显示图像，电视传播的距离和范围非常有限，图像也相当粗糙，只用于实验室研究，没有实用性。

二、电子管电视机

1923年，美籍苏联人兹沃里金发明了静电积贮式摄像管，申请了光电显像管、电视信号发射器及电视信号接收器的专利，首次采用电子式的收发系统，虽然技术不够成熟，但成为现代电视技术的先驱。

1925年，英国科学家在兹沃里金研究的基础上，研制成功了电子式的电视机。电子技术在电视上的应用，使电视机开始走出实验室。

1928年，美国纽约广播电台进行了世界上第一次电视广播试验，整个试验持续了30分钟，收看的电视机有10多台，成为电视机发展史上划时代的事件。

1933年，兹沃里金成功改进了电视摄像用的摄像管和显像管，电视技术进一步成熟，完成了电视摄像与显像完全电子化的过程，现代电视系统基本成型。

1935年，德国成立了第一家实用型的电视台，每周播放三次节目，黑白电视机正式进入社会化。

在彩色电视机的发展史上，1929年，美国科学家伊夫斯在纽约和华盛顿之间进行彩色电视图像播送的实验，最初对彩色电视机进行了研究。1938年，德国人弗莱彻西格提出三枪三束彩色显像管的设想。1940年，美国人古尔马研制出机电式彩色电视系统。1949年，美国研制出世界上第一只三枪三束彩色显像管。1951年，美国科学家洛伦斯发明单枪式彩色显像管，彩色电视机开始进入家庭化。

三、晶体管电视机

20世纪50年代以前，无论黑白电视机还是彩色电视机，都是使用电子管来制造的。1954年，美国德克萨斯仪器公司研制出第一台全晶体管电视接收机，电视机进入晶体管时代。

1958年3月18日，我国的第一台黑白电视机诞生。新中国成立后，国家为了发展广播电视事业，由北京广播器材厂负责研制电视信号发射的任务，由天津无线电厂负责研制电视接收机的任务。1958年3月17日晚，我国电视中心在北京第一次试播电视节目。半年后，我国第一家电视台——北京电视台正式开播，当时全国的黑白电视机只有50多台。我国生产的第一台黑白电视机如图1—1—1所示。

图1—1—1　我国生产的第一台黑白电视机

四、集成电路电视机

1966年，美国无线电公司研制出集成电路电视机。黑白电视机开始采用“三片机”集成电路，彩色电视机开始采用“四片机”集成电路。随着集成电路制造技术的发展，彩色电视机由“四片机”发展为以TA7680、TA7698为代表的“两片机”电路，不久又推出了“单片集成电路”彩色电视机、“超单片集成电路”彩色电视机。

五、遥控彩色电视机

1955 年，美国的 Zenith 电器公司最早采用有线遥控器来控制电视机。同年，该公司经过改进，研制出无线遥控器，但这种无线遥控器必须对准电视机才可以进行控制。

1956 年，罗伯·爱德勒研究出实用性较好的电视机遥控器，它采用超声波技术来更换频道和进行音量调节，每个按键发出的频率不一样。因为这种遥控器的工作频率为超声波频段，所以其抗干扰能力不够好。20 世纪 80 年代初期，出现了红外线遥控器，这种遥控器功能强大、性能稳定、抗干扰能力好，直到现在还广泛使用。

随着大规模集成电路制造技术的出现，以及红外线遥控器的应用，20 世纪 90 年代，黑白电视机开始被淘汰，彩色电视机则向多功能化、大屏幕化发展，立体声技术、清晰度控制技术、变场频与变行频扫描技术、I^2C 技术、图像信号数字化分离处理技术不断应用于彩色电视机中，提高了声图质量，使 CRT 彩色电视机的声图质量水平达到顶峰。

六、平板电视机

平板电视机主要指等离子电视机与液晶电视机。

1. 等离子电视机（PDP TV）

20 世纪 70 年代开始研究等离子显示技术，最早的等离子产品主要用于显示文字和简单的图像。1997 年 12 月，日本先锋公司率先推出第一台家用型等离子电视机。我国的长虹公司于 2007 年正式启动等离子屏研发项目，生产等离子屏，2008 年 7 月投产，生产出我国第一台采用国产等离子屏的电视机。

等离子电视机的工作原理是：用两张超薄、密封的玻璃片制作成一个像素小空间，将每个像素的小空间内都充入混合惰性气体，然后对每个像素施加一定的工作电压，使之发生辉光放电，激发荧光粉发光而出现图像。与 CRT 电视机相比，等离子电视机的特点是分辨率高、屏幕大、超薄型、图像无几何失真、色彩比较逼真，不足之处是耗电量较大、价格偏高、使用寿命较短，现在已逐渐退出市场。

2. 液晶电视机（LCD TV）

液晶材料最早是由奥地利的植物学家于 1888 年发现的，但直到 1968 年，美国的 RCA 公司进一步研究才发现，液晶材料中的分子在外加电场的作用下会重新排列，并且可以让入射的光线产生偏转现象，液晶材料从此进入实用阶段，进而研究出液晶显示屏。1972 年，夏普公司最早推出液晶显示型的电子计算器，标志着液晶显示正式进入显示领域。1996 年，日本索尼公司制造出世界上第一台家用型液晶电视机。

液晶电视机与传统的 CRT 电视机相比，具有可平板化、图像无几何失真、环保（无 X 射线）、节能省电、图像效果良好等诸多优点，但也存在响应时间偏长、图像易出现拖尾的情况。液晶电视机具有良好的性价比，基本取代了传统的 CRT 电视机，进入千家万户。

七、数字电视机

1973 年，数字技术开始应用于广播电视，实验证明数字电视信号可通过卫星进行转播，但遇到技术不够成熟、费用也不易解决等问题。

1998 年 11 月，美国最早在大城市播出数字电视节目，我国也于 1999 年成功进行了数字电视广播，这标志着新的电视时代又开始了。普通的模拟电视机加配一个数字信号转换器（即机顶盒），即可收看普通清晰度的数字电视节目；高清晰度数字电视机加配一个机顶盒，即可收看高清晰度的数字电视节目。

数字电视技术是伴随着计算机、多媒体、互联网、卫星转播等高科技而出现的，正在改变人类社会的生活质量和方式，模拟电视技术将逐渐淘汰，这是电视技术领域的又一次革命。

八、智能电视机

电视信号可以采用数字化方式进行传输之后，从 2010 年开始，科技人员便将电视技术与互联网技术结合在一起，推出了智能电视机。所谓智能电视机就是通过电视机上的操作系统，用户可自行安装和卸载各类应用软件，电视机能从网络、AV 设备、PC 等多种渠道获得节目内容。

网络电视又称 IP TV（Interactive Personality TV），它是一种智能电视。网络电视将电视机、计算机及手持设备作为显示终端，可使计算机显示器大屏幕化，通过机顶盒或计算机与网络进行连接，可实现数字电视、时移电视、互动电视等服务功能，用户可以按需观看，何时观看、何时停看完全由用户决定。

云电视是智能化程度更高的智能电视。云电视要通过专业的云平台才能工作，云平台将网上众多的图片、视频、音乐、文字等资源集成在一起，利用云存储技术将其存储在云端，云平台实际上是一个庞大的资源平台。这种存储方式不会占用电视机的存储空间，用户在电视机工作时利用其云功能可随时与手机、平板电脑等移动设备进行互动，自动搜寻、计算、分析存储在云端的海量内容，将处理结果调取出来给用户使用，让用户可以随时随地分享各种视频、图片、文字等资源。

九、4K 电视机

4 K 电视机是指屏幕分辨率达到 3 840 × 2 160 像素或以上的电视机。4 K 电视机屏幕的分辨率是高清电视机的 4 倍，属于超高清电视机，屏幕显示的图像更加细腻，细节更加清晰，观看 4 K 电视比观看普通电视的感觉好很多。

创维公司在 2013 年首次推出 4 K 互联网电视机，TCL 公司也于 2014 年开始量产 4 K 电视机。4 K 电视机集智能化与超高清晰度于一体，深受用户欢迎，但其目前尚未普及，原因是价格较高，并且仅有 4 K 电视机还不行，还需要有 4 K 的电视节目源，因为用 4 K 电视机观看普通的高清节目是体现不了超高清功能的，只有用 4 K 电视机观看 4 K 节目源，才能让 4 K 电视机拥有超高清的效果。

十、OLED 电视机

目前，电视机正向超高清化、超大屏幕化、轻薄化、节能环保化方向发展，OLED（Organic Light Emitting Diode）电视机应运而生，并正从实验室走向市场。OLED 电视机不采用液晶材料，每一个彩色像素点由能够发出三基色光的发光二极管组成，像素亮灭响应时间很短，没有拖尾现象，厚度仅为 1 mm，抗振性好，不怕摔，还可以进行弯曲，图像色彩丰富，是电视机发展的趋势。

§1—2 黑白电视信号的传输

学习目标

1. 掌握图像的分解方法。
2. 掌握光电转换的原理。
3. 掌握图像的传输原理。

要学习电视机重现图像的原理，就必须了解电视台是如何把图像（画面）转变为电信号，并进行传输的。

电视信号的传输原理是，对要传输的图像先进行像素分解；再通过电子扫描进行光电转换，将各像素亮暗的变化转变为电压的变化；把各个像素信号电压按照一定的顺序逐行传输出去，直至传完整个图像的信号；每秒传送不少于24个完整的画面，利用人眼的视觉惰性即能产生活动画面的效果。

一、黑白图像的分解与光电转换

1. 黑白图像的分解

要把一幅图像传输出去时，先要对图像进行分解，并转变为电信号后才能进行传输。

图1—2—1a表示一幅由白到黑八级灰度等级的竖条图像，从左到右画面上各处的亮度不同。如果将图像分解成许多小块，如图1—2—1b所示，就每一个小块图像而言，其亮度可以看作是相同的。每一个小块图像通常称为一个像素，由此可见，一幅图像是由许多像素组成的。仔细观察报纸上的黑白照片，就会发现整幅画面是由很多小黑点（像素）组成的，这是因为在实际运用中，图像被分解得非常小，所以一个像素仅仅是一个点。

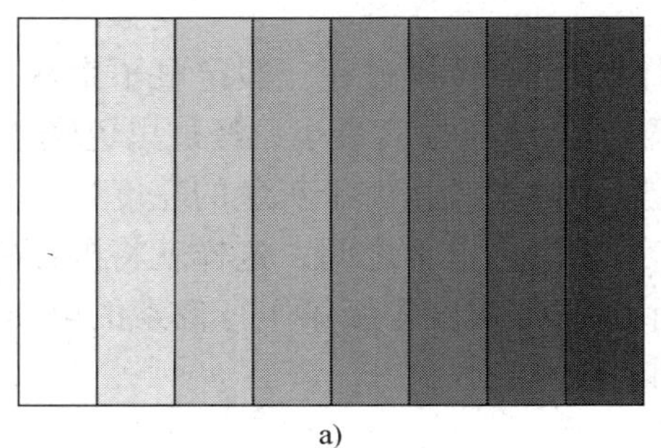

a)

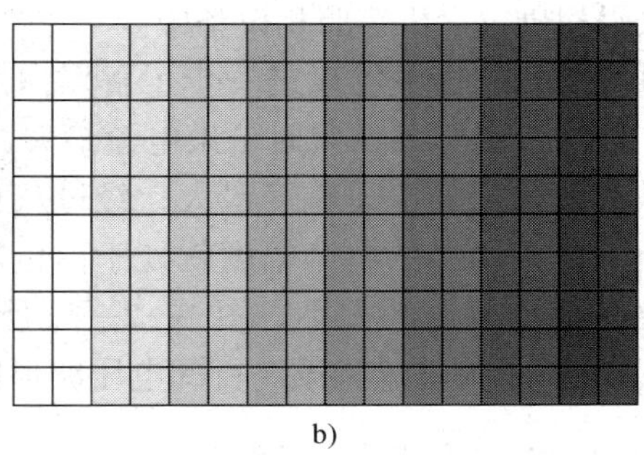

b)

图1—2—1 八级灰度竖条图像

a）八个灰度等级竖条图像 b）将八个灰度等级竖条图像进行像素分解

像素是组成图像的最小单位，一幅图像分解的像素越多，每个像素越能准确反映该点图像的亮度，越能准确反映图像的细节，因此，重现的图像就越清晰。普通电视一幅图像约有四十多万个像素，高清电视的一幅图像有几百万个像素，因而人们看到的高清节目图像要比普通电视图像更细腻、更逼真。

2. 光电转换

将图像各点（像素）亮度的变化转换为电压幅度变化的过程叫光电转换，光电转换是通过摄像机来完成的。

早期的摄像机采用电子束摄像管，是一种真空器件，主要由光电靶、电子枪等组成，如图 1—2—2 所示。摄像机镜头对准所要拍摄的景物，景物正好在光电靶上形成一幅图像，同时，这幅图像被分解成许多像素。光电靶是由光敏材料制成的，光敏材料受到不同的光照射时会呈现出不同的电阻，像素暗时，电阻值较大；像素亮时，电阻值较小。

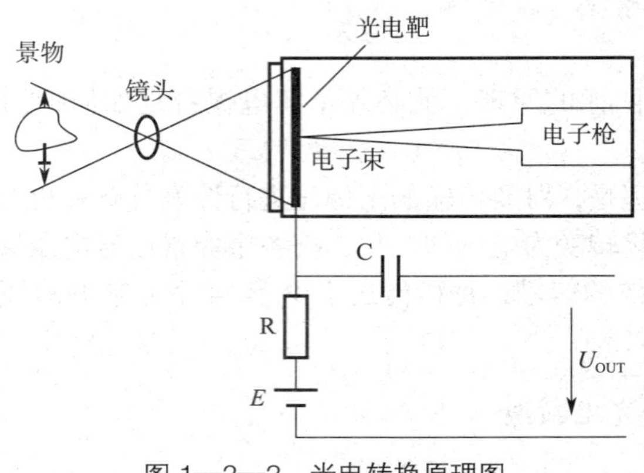

图 1—2—2　光电转换原理图

电子枪发出的电子束射向光电靶，并在光电靶上从左到右、从上到下有规律地移动，使电子束按顺序经过一行行的像素。因亮暗不同的像素其电阻不同，电子束通过时，束电流的大小亦随之发生变化，就能得到不同幅度的图像信号电压输出，完成光与电的转换。

电子束摄像管光电转换效果虽好，但存在工作电压高、功耗大、寿命短、体积大等缺点，现已很少采用，而是采用 CCD 电荷耦合器件（Charge Coupled Device）来进行光电转换。CCD 器件具有光电转换效果好、存储与读取信息方便、体积小、功耗小等诸多优点，已广泛应用在数码相机、手机等照相设备中。

通过图 1—2—3 中可以进一步了解黑白图像的光电转换过程。假定电子束从左到右移动一行，经过白色竖条像素时，束电流最大，输出的电压幅度最小；经过黑色竖条像素时，束电流最小，输出的电压幅度最大；经过灰色竖条像素时，由于灰色的亮度处于白色与黑色之间，因此，输出的电压幅度就处于白色电平与黑色电平之间，这样就将画面这一行像素的亮暗转换为电压的大小。图 1—2—3a 所示为八个灰度等级第 1 行像素的电压波形图，图 1—2—3b 所示为某景物第 3 行的电压波形图。

二、黑白电视信号的传输原理

1. 静止图像的传送

传输一幅静止图像的方法是，将经过光电转换的各个像素信号电压按照一定的顺序进行高频调制，高频信号再通过电缆传输或天线发射出去，直至传完整幅图像的信号。

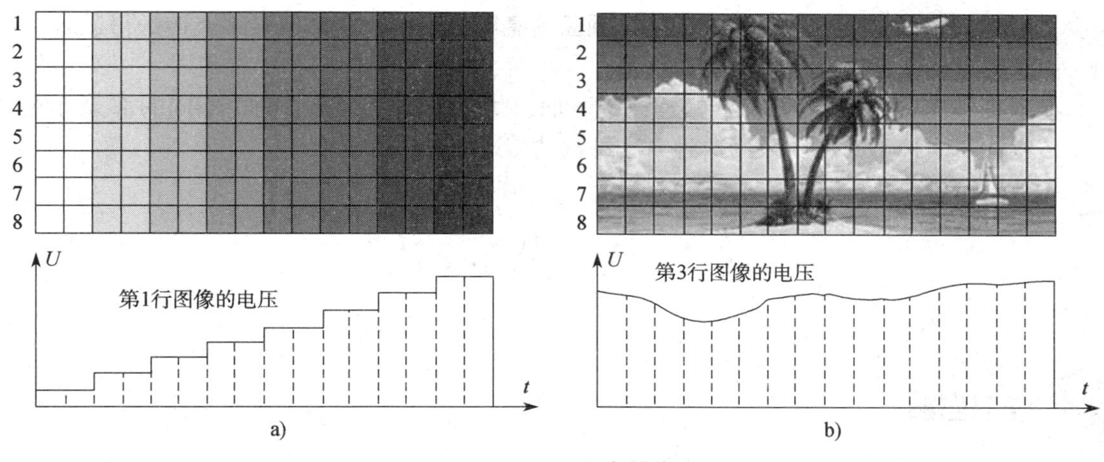

图 1—2—3　光电转换

a）八个灰度等级第 1 行像素的电压波形图　b）某景物第 3 行的电压波形图

在接收端，电视机收到高频电信号以后，经过电路的处理得到原来的图像信号，通过显像管再把电信号转换成亮度信号重现图像，显像管的这一工作过程叫作电光转换。因摄像机对图像的每一个像素进行光电转换时，是按一定的顺序进行的，故显像管必须按原来的顺序和对应的位置进行电光转换，如图 1—2—4 所示，K1 与 K2 的步调要严格一致，才能重现正确的图像。实际的电视机是通过同步信号来进行控制的。

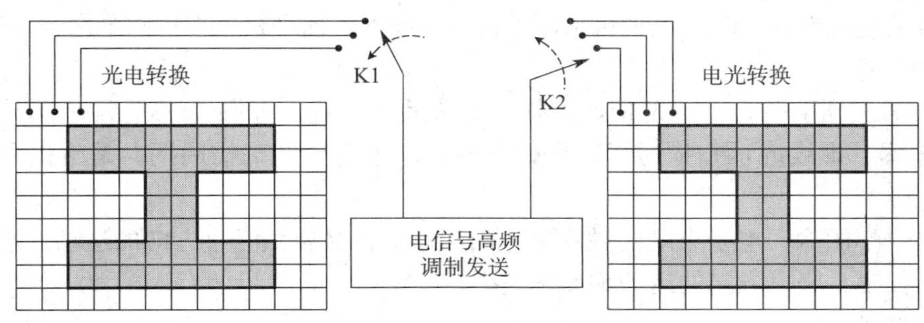

图 1—2—4　静止图像传送示意图

一幅图像的几十万个像素按顺序依次传送，在每一个时刻只传输一个像素信息。在接收端，显像管按传送顺序对应地进行电光转换。像素显示的过程是有先后之分的，为什么看到的却是一幅完整的图像呢？这是由于人眼的视觉惰性与荧光粉的余辉效应造成的。

所谓人眼的视觉惰性，就是当人的眼睛观看某一个发光点时，该光点消失后，人眼对光的感觉并不瞬间消失，会有大约 0.1 s 的瞬时保留，有一个逐渐消失的过程。荧光粉的余辉效应是指荧光屏上的荧光粉被电信号激发闪亮后，即使切断了电信号，荧光粉的光亮还要保留一定的时间。虽然图像是依次显示的，但看到的却是一幅完整的图像。

2. 活动图像的传送

电视系统传送活动图像是受到电影重现活动画面启发的结果，把连续、活动的图像分成一幅幅瞬时静止的画面，然后按顺序进行传送，每幅画面称为一帧。只要每秒传送的画面不少于 24 帧，利用人眼的视觉惰性，人们看到的就是连续、活动的画面了。传送的画面如果偏少，看到的图像将会有明显的抖动感，画面的亮度也不够稳定；但又不能传送得过多，否则，由于人眼的视觉惰性会引起图像重叠。

在电视技术中，每秒传送 25 帧连续的画面，每一帧画面又分成两个不同的部分分两次进行传送，每次称为一场，采用这种方法每秒共传送 50 场画面。

§1—3 电子扫描

学习目标

1. 了解逐行扫描的概念与方法。
2. 了解隔行扫描的概念与方法。
3. 掌握行、场扫描的基本参数。
4. 掌握黑白显像管的结构与工作原理。
5. 掌握黑白显像管电参数的测试方法。

一、电子扫描

电子束有规律地来回运动，称之为扫描。扫描可以分为逐行扫描与隔行扫描两种。根据目前电视机的显像方式，CRT 电视机采用隔行扫描技术，而平板电视机则采用逐行扫描技术。

1. 逐行扫描

电子束从上到下一行一行地依次扫描，称为逐行扫描，如图 1—3—1a 所示。图中实线表示扫描正程，虚线表示扫描逆程，也就是说，一个完整的扫描周期，是由正程和逆程组成的。

要扫描一幅图像，电子束既要做水平方向的运动，又要做竖直方向的运动，水平方向的运动称为行扫描，竖直方向的运动称为场扫描。

（1）行扫描

在行扫描过程中，电子束从画面的左边运动到画面的右边（面向荧光屏观看时），这一段扫描称为行扫描正程。正程结束后，电子束从画面的右边迅速回到画面的左边，为下一行扫描做好准备，这一段扫描称为行扫描逆程。电子束完成一次行正程和逆程扫描所需的时间，称为行扫描周期。

（2）场扫描

在场扫描过程中，电子束从画面的上方开始扫描，到画面的下方扫描结束，这一段扫描称为场扫描正程。正程结束后，电子束从画面的下方迅速回到画面的上方，为下一场图像的扫描做好准备，这一段扫描称为场扫描逆程。电子束完成一次场正程和逆程扫描所需的时间，称为场扫描周期。

（3）扫描光栅的形成

行、场扫描是同时进行的，电子束的运动轨迹称作扫描线，图 1—3—1a 中，电子束从 A 点开始到 B 点结束，其扫描线形成了一幅完整的光栅。

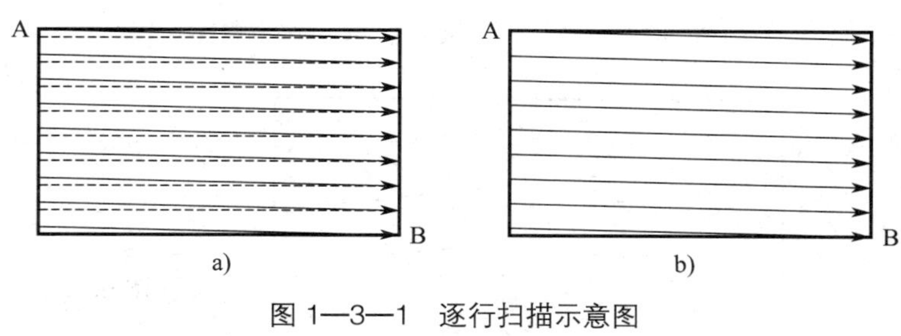

图 1—3—1 逐行扫描示意图

a）逐行扫描光栅 b）实际扫描光栅

图像信息是在扫描正程期间传送的，正程扫描占用的时间较长，逆程期间不传送图像，逆程扫描占用的时间较短。正是由于逆程期间不传送图像，所以逆程的回扫线不能在屏幕上显示出来，实际光栅如图 1—3—1b 所示。

电子束如果没有行扫描与场扫描运动时，就会一直打在屏幕的中间，只在屏幕中心形成一个亮点，如图 1—3—2a 所示；电子束如果没有场扫描运动，只有行扫描运动时，就会在屏幕中间形成一条水平亮线，如图 1—3—2b 所示；电子束如果没有行扫描运动，只有场扫描运动时，就会在屏幕中间形成一条竖直亮线，如图 1—3—2c 所示。

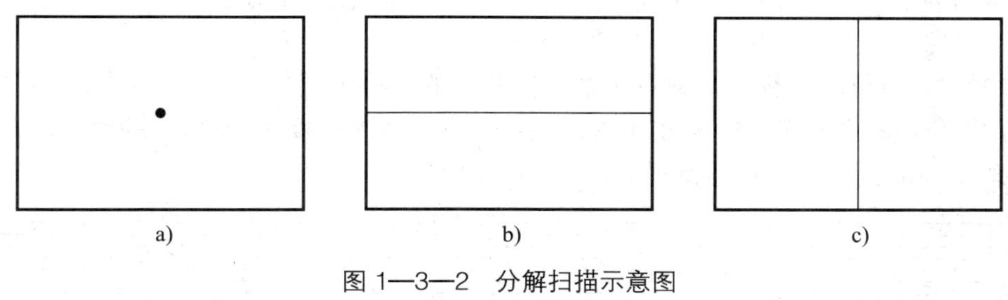

图 1—3—2 分解扫描示意图

a）无行与无场扫描 b）无场扫描 c）无行扫描

2. 隔行扫描

（1）逐行扫描方法存在的问题

采用逐行扫描方法每秒传送 25 帧画面，虽然利用人眼的视觉惰性和分辨能力实现了活动图像的传送，但是在观看图像时，会感觉到画面的平均亮度有闪烁的感觉，画面的清晰度也不够高。

要使画面不产生亮度闪烁的感觉，就要增加传送画面的帧数，每秒要传送 48 帧图像。要使画面有足够高的清晰度，每帧画面的扫描行数应在 500 行以上。但如果既增加每秒的帧数，又增加每帧的行数，图像信号的频带会很宽，将会使设备复杂化，频段的利用率也会降低。

（2）解决逐行扫描问题的方法

为了解决逐行扫描存在的问题，CRT 电视技术中采用了隔行扫描的方法。所谓隔行扫描，就是将一帧图像分两次进行扫描，每次称为一场，这样每秒传送 25 帧图像就等于每秒扫描了 50 场，即场频为 50 Hz。采用这种方法，既克服了亮度的闪烁现象与清晰度不高的问题，又减小了图像信号的频带宽度。

（3）隔行扫描原理

隔行扫描的示意图如图 1—3—3 所示，其中实线表示第一场（奇数场），虚线表示第二场（偶数场）。

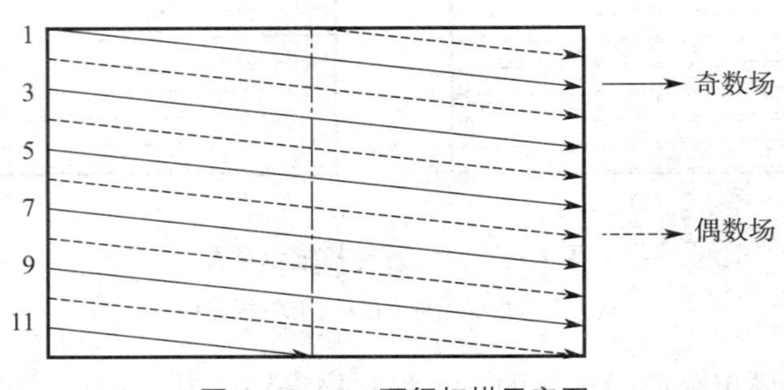

图 1—3—3　隔行扫描示意图

假设一帧图像在扫描时，传送图像的总行数是 11 行，采用隔行扫描时，电子束从左上角开始，先自上而下地扫描每帧图像中的奇数行，即 1、3、5……行，在扫描一帧图像中的奇数行时，最后一行只扫描了前半行，第一场正程结束。逆程期间，电子束回到屏幕的上方中点，准备扫描第二场。第二场先扫描了一个后半行，然后依次扫描一帧图像中的偶数行，即 2、4、6……行，最后扫描一个整行，第二场正程结束。逆程期间，电子束回到屏幕的左上角，准备扫描下一帧图像。按照这样的过程，一帧图像经过两场扫描，所有的像素全部扫完。

通常把扫奇数行的场称为奇数场，把扫偶数行的场称为偶数场。其中偶数场的光栅应刚好嵌在奇数场光栅的中间，这样才能构成一幅均匀的光栅，并得到图像的最高清晰度。图 1—3—4 所示为隔行扫描重现图像示意图。

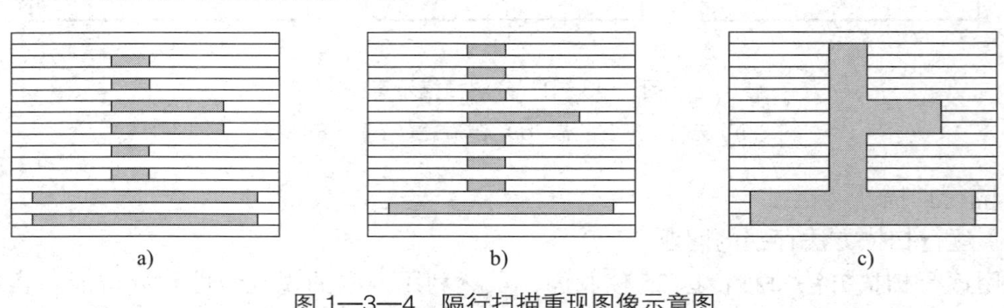

图 1—3—4　隔行扫描重现图像示意图

a）奇数场　b）偶数场　c）合成图像

两场光栅均匀交错是对隔行扫描的基本要求，否则垂直清晰度将大为下降。为了使偶数场光栅嵌在奇数场之间，每一场必须包含半行扫描，这就要求每一帧的总扫描行数为奇数。例如，我国采用 625 行的隔行扫描制，每场的扫描行数为 312.5 行；而有的国家则采用 525 行的隔行扫描制，每场的扫描行数为 262.5 行。

二、行、场扫描的电参数

关于电子扫描的电参数，我国电视标准规定如下：

行周期：	T_H=64 μs	行频：	f_H=15 625 Hz
行正程时间：	52 μs	行逆程时间：	12 μs
场周期：	T_V=20 ms	场频：	f_V=50 Hz

场正程时间：	18.4 ms	场逆程时间：	1.6 ms
每帧总行数：	625 行	每场行数：	312.5 行
每场正程：	占 287.5 行	每场逆程：	占 25 行

三、黑白显像管的结构与工作原理

1. 黑白显像管的结构

黑白显像管用于黑白电视接收机中，它能产生由图像信号调制的电子束，在行、场偏转线圈磁场的控制下进行扫描，从而在荧光屏上显示出黑白电视图像。黑白显像管的结构如图1—3—5 所示，它主要由玻璃外壳、荧光屏和电子枪构成。

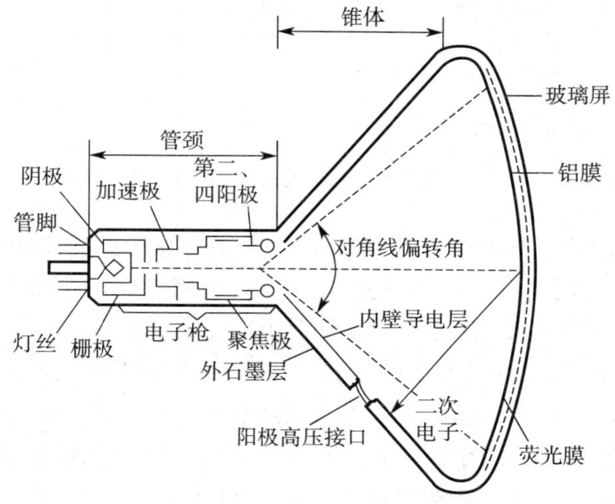

图 1—3—5　黑白显像管结构

2. 黑白显像管各部分的作用

（1）玻璃外壳和荧光屏

玻璃外壳由管颈、锥体和玻璃屏三部分组成，内部抽成真空。

管颈是一根细长的圆柱形玻璃管，内装电子枪。

矩形的玻璃屏面内壁涂有荧光粉，称之为荧光屏。当电子枪阴极发射的电子束以很高的速度打在荧光屏上时，荧光粉发光并激发出二次电子，二次电子被涂在锥体内壁的石墨导电层吸收，形成电流通路，该电流即电子束电流。

荧光屏发光的亮度除了受电子束强度控制外，还与荧光粉的发光效率、电子束轰击荧光屏的速度等因素有关，所以改变电子束电流的大小或高压阳极电压的高低，都可以改变荧光屏的亮度。

在荧光粉后层还蒸发有一层很薄的铝膜，它可以反射荧光粉发出的漫射光，提高屏幕的亮度，并能对透过的电子起过滤作用，只让质量很小的电子束通过，并打向荧光粉，而不让质量较大的负离子通过。

锥体的内壁与外表面都涂有石墨导电层，构成 500 ~ 1 000 pF 的电容，这个电容通常用作阳极高压整流后的滤波电容。锥体玻璃外侧装有阳极高压帽，它与内部的高压阳极相连，用于高压电气连接。锥体部分张开的角度决定了电子束偏转的最大角度，称为偏转角。

（2）电子枪

电子枪的作用是，发出一束能受视频图像信号控制的、聚焦良好的电子束，轰击荧光粉，使之发光。电子枪的结构如图 1—3—6 所示，它主要由灯丝，阴极，栅极，第一、二、三、四阳极等组成。

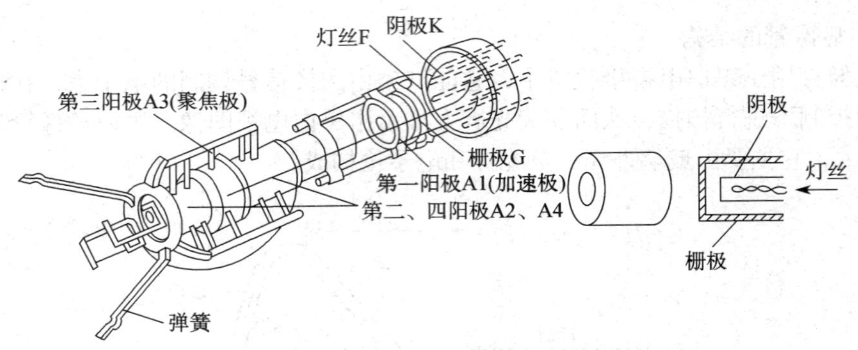

图 1—3—6　电子枪结构

灯丝（F）由钨丝制成，当接上额定电压后，灯丝会发热，其作用是对阴极进行加热。

阴极（K）的作用是发射电子，其外形是一个金属筒，筒的端部涂有容易发射电子的金属氧化物，当受到灯丝加热后，阴极就可以发射出电子。

栅极（G）的作用是控制发射电子的数量，即控制电子束电流的大小。栅极也是一个金属圆筒，中间有个小孔让电子束通过。由于它离阴极很近，阴极电位的变化对穿过的电子束有很大影响，即电子束电流的大小受阴极电压的控制。采用负极性调制方式时，栅极接地，阴极有 60 V 左右的正电压，栅、阴极之间的电压为负压。

第一阳极（A1）也称加速极，它是一个顶部开孔的金属圆筒，紧靠栅极，通常加上百余伏到几百伏的正电压，对电子束起加速作用。

第二阳极（A2）和第四阳极（A4）也称高压阳极，它们是连接在一起的两个金属圆筒，中间隔着第三阳极。高压阳极应加上 10 kV 以上的高压，其作用是让电子束进一步加速。

第三阳极（A3）也称聚焦极，加 0~500 V 的可调电压，使电子束聚焦良好。由于黑白显像管的制造工艺不断改进，第三阳极的电压高低对电子束的聚焦作用影响已不明显，所以第三阳极在实际电路中通常可以与加速极一起接入固定电压。

3. 黑白显像管的参数

显像管的参数有机械参数、电性能参数和光性能参数。

（1）机械参数

1）荧光屏尺寸。荧光屏尺寸指的是显像管对角线的长度，以英寸（厘米）为单位。例如，14 英寸（36 cm）、18 英寸（46 cm）、20 英寸（51 cm）、22 英寸（56 cm）等。

2）偏转角。从电子束偏转中心到荧光屏对角线两端的张角，称为偏转角。偏转角越大，所需的偏转功率越大。管颈越细，所需的偏转功率越小，但管颈过细时，电子枪容易碰极，致使显像管报废。

（2）电性能参数

电性能参数包括电子枪各电极所需的直流电压、灯丝电压、调制特性等。

显像管的调制特性是指显像管栅、阴极之间电压（$-U_{gk}$）与电子束电流（I_k）之间的对应关系。栅、阴极之间电压与电子束电流的关系可用曲线来表示，称为调制特性曲线，如图 1—3—7 所示。从曲线可以看出，栅、阴极间电压越负，电子束电流越小，当电子束电流为零时，栅、阴极之间的电压称为栅极截止电压。

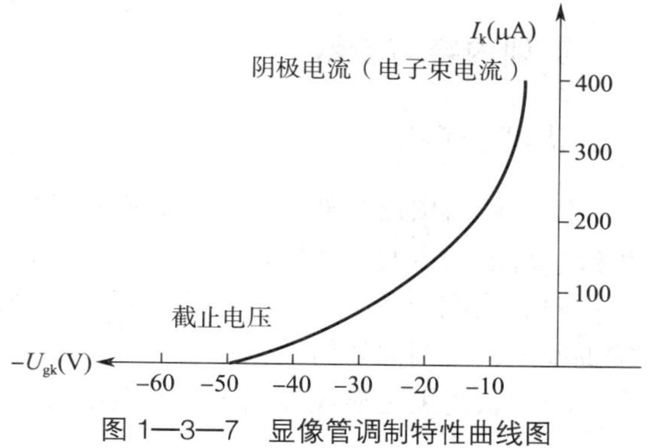

图 1—3—7　显像管调制特性曲线图

显像管的调制特性曲线是非线性的，这将对重现图像造成失真，对于显像管调制特性非线性所造成的失真，在电视台发送信号时，用 γ 校正电路加以校正。

图 1—3—8 所示是常见几种黑白显像管的管脚排列图，从电子枪尾部看，顺时针排列。第一脚与最后一脚之间的间隔较大，利用这一特点就可以正确识别管脚。

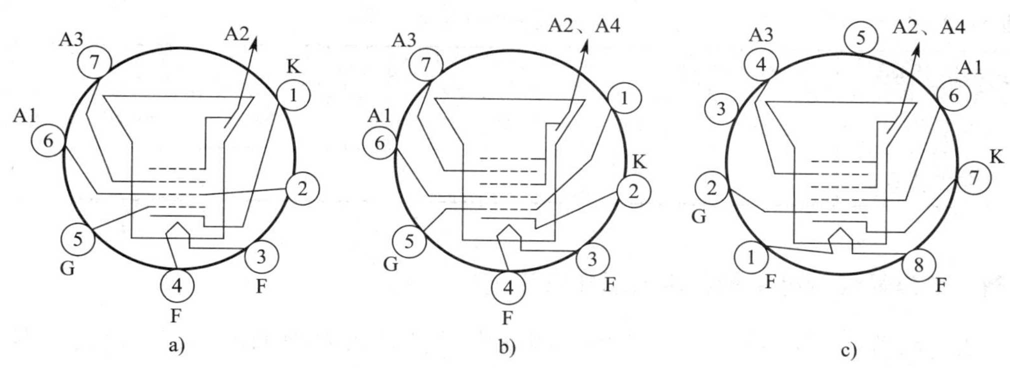

图 1—3—8　黑白显像管管脚排列图

a）23SX5B 管　b）40SX1B 管　c）43SX3B 管

（3）光性能参数

光性能参数包括电子束聚焦性能、光栅色调、平均亮度、对比度等参数。

实训 1　黑白显像管电参数测试

实训目的

1. 进一步熟悉黑白显像管的结构与工作原理。
2. 对黑白显像管的电参数进行测试。

实训设备与工具

黑白电视机、常用维修工具、双踪示波器、彩条信号源、实训指导书等。

实训内容与步骤

一、认识电子枪

（1）认清黑白显像管电子枪各电极的排列情况，即认清灯丝、阴极、栅极、加速极、聚焦极、高压阳极的排列情况。

（2）认识光栅中心位置调节磁环，并进行调节。开机，接收电子圆信号，进行光栅中心位置调节，看图像如何变化。

（3）认清黑白显像管电子枪各电极的供电情况。

二、测量黑白显像管各极电阻

不取下显像管座，用万用表测试黑白显像管各极对地的电阻值（黑表笔接地），并将结果填入表 1—3—1 中。

表 1—3—1　黑白显像管电阻值

电子枪引脚	1	2	3	4	5	6	7
电极名称	空脚	阴极	灯丝	灯丝	栅极	加速极	聚焦极
对地电阻值（Ω）							

三、测量黑白显像管电子枪各极的工作电压

开机，将亮度、对比度调至适中，测量电子枪各极对地的电压，并将结果填入表 1—3—2 中。

表 1—3—2　电子枪各极对地电压

电子枪引脚	1	2	3	4	5	6	7
电极名称	空脚	阴极	灯丝	灯丝	栅极	加速极	聚焦极
对地电压值（V）							

四、测量显像管调制特性电压

开机收台，调节亮度电位器，当亮度最大和最小时，分别测量阴极电压。由此得到一个什么结论？

五、测量图像信号波形

开机，接收标准电视信号台，在显像管阴极处进行测量，并将结果填入表 1—3—3 中。

表 1—3—3　　图像信号波形的测量

电参数			波形图
Up−p	周期T	频率f	

思考与练习

1. 如何判断黑白显像管的好坏？

2. 拆下显像管座后进行测试，灯丝的电阻为多少？除灯丝引脚外，其余任意两脚之间的阻值为多少？

3. 为什么显像管的阴极电压越高，荧光屏的亮度越暗？

§1—4　黑白全电视信号的组成

学习目标

1. 掌握黑白全电视信号的组成及作用。
2. 熟悉黑白全电视信号波形。

黑白全电视信号由图像信号、消隐信号、同步信号、槽脉冲与均衡脉冲信号组成。

一、图像信号

1. 图像信号的作用

图像信号是指在扫描、光电转换过程中，由图像亮暗转变而成的电信号。图像信号的作用是传递图像内容，在传送时按照逐行的顺序来进行，一场传完传另一场，一帧传完传另一帧。

2. 图像信号的分类

图像上明暗不同的像素，通过扫描变成按时间变化的强弱不同的电信号，按像素的亮暗与信号电平的关系，可以将图像信号分为两种：若图像越亮，信号电平越高，这样的信号称为正极性图像信号；反之，若图像越暗，信号电平越高，这样的信号称为负极性图像信号。我国使用的是负极性图像信号。

采用负极性图像信号时，干扰信号对图像影响较小，外来干扰信号一般都是宽度窄、幅度大的信号，以脉冲的形式叠加在图像信号上时，在荧光屏上表现为黑点，不易被人眼察觉，所以对图像影响较小。另外，由于图像亮的部分多一些，信号电压低，发射图像信号时的平均功率也较小，便于实现自动增益控制。

3. 图像信号的电平范围

电视台在传送图像信号时，一般规定每行信号中黑色电平幅度最大，在 75% 处白色电平幅度最小，在 12.5% 处灰色电平介于黑色与白色电平之间。如果要传送五个灰度等级的负极性图像信号，其波形如图 1—4—1 所示。

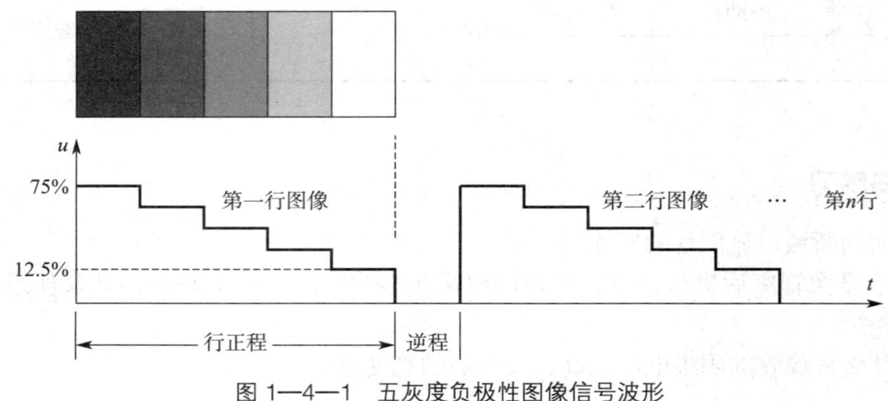

图 1—4—1　五灰度负极性图像信号波形

二、消隐信号

1. 消隐信号的作用

在行、场扫描的逆程时间内是不传送图像信号的，电视机如果不关闭电子枪，让行扫描逆程时产生的回扫线显示出来，将会对图像产生干扰；同样，在场扫描的逆程期间，有 25 行的时间不传送图像，如果让场扫描逆程时产生的回扫线显示出来，将对图像产生更为严重的干扰。为了消除行、场逆程回扫线的干扰，在行、场扫描逆程期间都要加入黑色电平信号，使电子束在逆程期间截止，即关闭电子枪，这个黑色电平信号就是消隐信号。

2. 消隐信号的参数

在行逆程期间加入的黑色电平信号称为行消隐信号，在场逆程期间加入的黑色电平信号称为场消隐信号，行消隐信号和场消隐信号合称复合消隐信号。

行、场消隐信号的幅度应与图像信号的黑色电平相同，即 75% 处。行、场消隐信号的周期应分别与行、场扫描的周期相同，其宽度与行、场扫描逆程时间相同。行消隐信号周期为 64 μs，宽度为 12 μs；场消隐信号周期为 20 ms，宽度为 1.6 ms，正好是 25 个行周期（25*H*）。五个灰度等级的负极性图像信号，其行逆程期间加入的行消隐信号波形如图 1—4—2 所示。

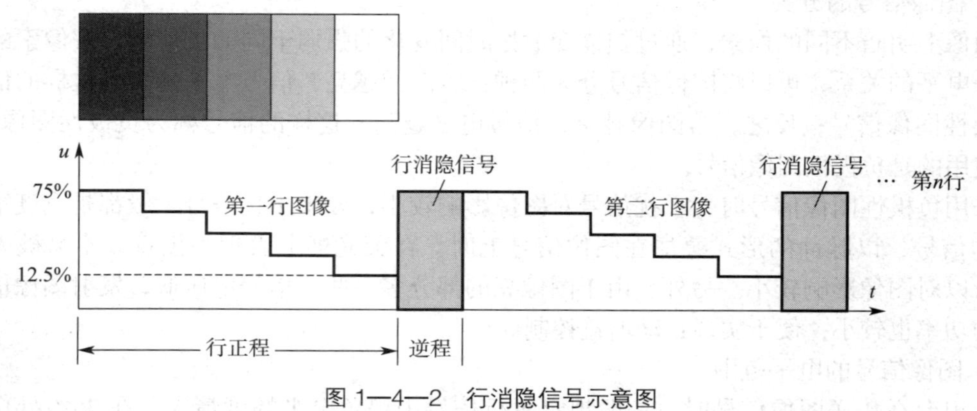

图 1—4—2　行消隐信号示意图

三、同步信号

1. 同步信号的作用

为了保证显像管正确地重现图像，电视台还要发送一个同步信号，同步信号的作用是，控制显像管与摄像管的扫描，确保两者扫描的频率和相位完全一致。

如果接收机与发送端不同步，则重现的图像将发生混乱。例如，如果行扫描周期大于 64 μs，除了扫完一行图像外，还要扫出一段行消隐信号，屏幕上出现消隐黑线，以后各行的正程时间向后推移，消隐黑线在屏幕上逐渐左移；如果场扫描周期大于 20 ms，则在扫描正程时间内获得了多于一场的图像，致使后一场提前了，并且以后各场图像都要依次提前，结果看到的图像会不断上移。

2. 同步信号的参数

由于在正程期间要传送图像，因此，同步信号只能在逆程时间内加入。在行消隐期间加入行同步信号，在场消隐期间加入场同步信号，行同步信号和场同步信号合称为复合同步信号。每扫完一行时要传送一个行同步信号，每一场结束时要传送一个场同步信号。图 1—4—3 所示为行同步信号波形。

行同步信号延迟行消隐脉冲约 1.3 μs 出现，称作行同步脉冲前肩，行同步脉冲的宽度为 4.7 μs。场同步脉冲延迟场消隐脉冲 160 μs，正好是 2.5 个行周期，场同步脉冲的宽度为 160 μs，也是 2.5 个行周期。

为了使行、场同步信号既不影响消隐信号，又能与消隐信号区分开，应将同步信号叠加在消隐脉冲之上，即使同步脉冲电平高于消隐脉冲电平。在视频图像信号中，行、场同步脉冲的幅度最大，在 75% ~ 100% 范围。行同步信号的周期为 64 μs，场同步信号的周期为 20 ms。

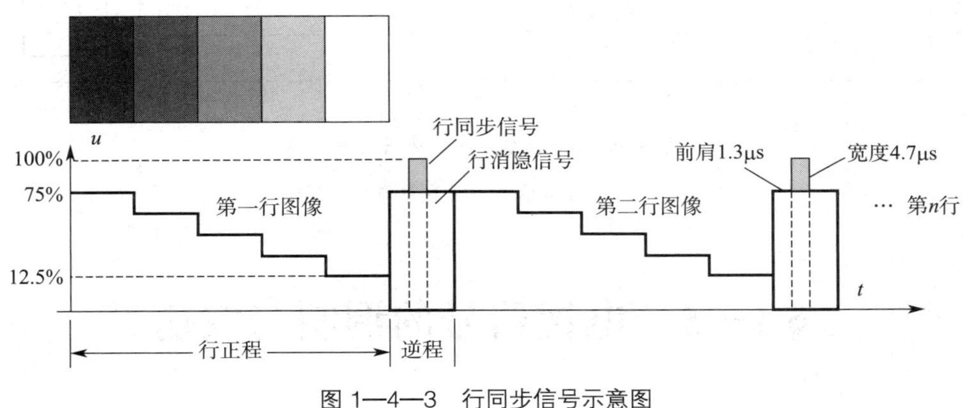

图 1—4—3　行同步信号示意图

四、槽脉冲与均衡脉冲

1. 槽脉冲的作用及参数

场同步信号的宽度为 2.5H，在此期间的行同步信号被场同步信号所覆盖，造成行同步信号丢失。这几行期间，会因丢失行同步脉冲信号而发生行扫描失步，引起场扫描正程开始部分同步紊乱，图像上部产生扭曲。为了在场同步信号期间不丢失行同步信号，保证行扫描同步，应在场同步信号中开五个小槽，称为槽脉冲。槽脉冲的后沿必须对准行同步脉冲的前沿，槽脉冲宽度等于行同步脉冲宽度，槽脉冲的周期为半个行周期。

2. 均衡脉冲的作用及参数

为了保证电视机隔行扫描的准确性，让奇数场与偶数场的画面完全地镶嵌在一起，还要在场同步脉冲信号的前、后位置各增加五个窄脉冲，称为前、后均衡脉冲，宽度为行同步脉冲的一半，即 2.35 μs，间隔为半个行周期。槽脉冲与均衡脉冲的波形如图 1—4—4 所示。

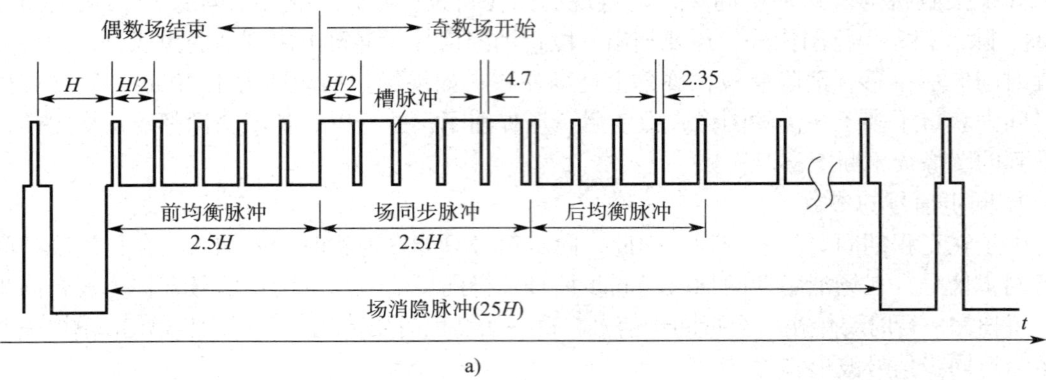

a)

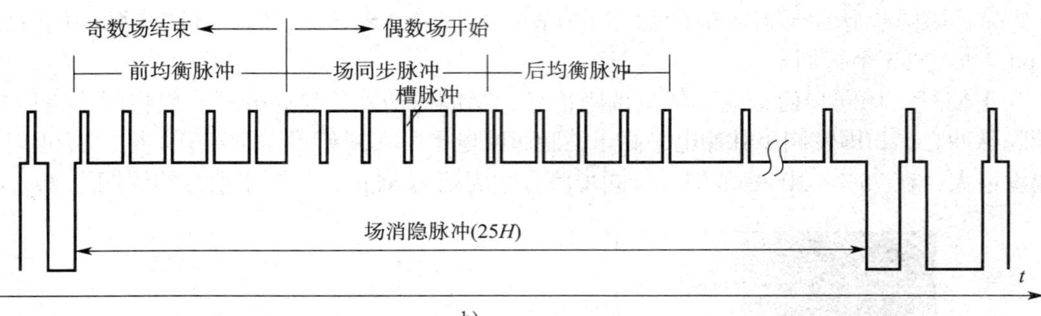

b)

图 1—4—4　槽脉冲与均衡脉冲波形图

a）奇数场　b）偶数场

§ 1—5　电视信号的调制与发送

学习目标

1. 掌握模拟电视信号的调制方式。
2. 了解残留边带发送与频道划分方法。

全电视信号又叫视频信号，其频率范围为 0 ~ 6 MHz，伴音信号的频率范围为 50 Hz ~ 15 kHz。视频信号和伴音信号都是低频信号，不能以电磁波的形式在空间传输。要想把它们以无线电波的形式发射出去，需先将它们调制在频率较高的载波上，然后进行发射。

视频信号和伴音信号在电视台是同时发射的，电视接收机也是同时接收的，为了避免两种信号互相影响，对它们采用了不同的调制方式。视频信号采用调幅调制的方式，伴音信号采用调频调制的方式。

一、模拟电视信号的调制

1. 视频信号的调制

图 1—5—1 所示为四个灰度等级的调制波形，其中图 1—5—1a 是光电转换得到的一行行视频信号；图 1—5—1b 所示为高频载波振荡器产生的高频载波信号；当用视频信号对高频载波进行调制时，高频载波振荡器输出幅度随视频信号幅度变化的调幅波，波形如图 1—5—1c 所示，调幅波的正、负峰包络线都包含了视频图像信息。

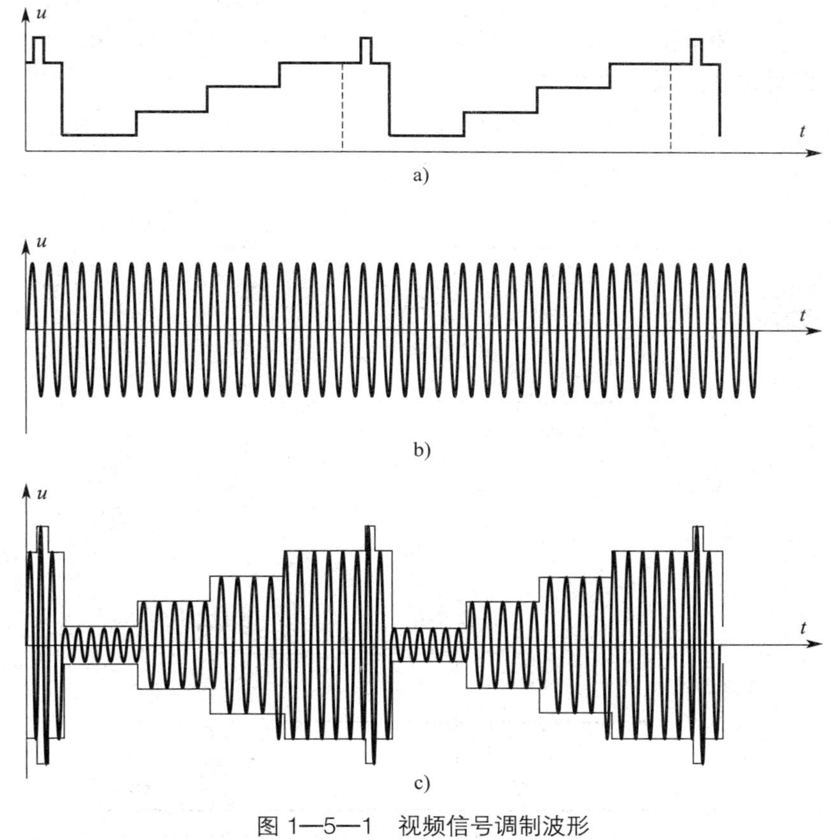

图 1—5—1　视频信号调制波形

a）视频信号　b）高频载波信号　c）调制信号

2. 伴音信号的调制

我国电视标准规定，伴音信号的最高频率为 15 kHz，伴音调频波的最大频偏为 ±50 kHz，所以伴音调频信号的频带宽度为 2×（50+15）=130 kHz。

在伴音信号中，高频分量的振幅比低频分量要小，容易受到干扰信号的影响。因此，在电视发送端调制伴音信号时，一般先对音频信号放大电路进行高频补偿，让音频信号高频端的增益比低频端的增益高一些，称为预加重；在电视接收端，再将音频信号中的高频分量予以衰减，以恢复伴音信号的原来状况，称为去加重。

二、残留边带发送和频道的划分

1. 残留边带发送

由信号调幅理论可知，单一频率的低频信号经过调制后，在高频载波 f_p 两侧会产生上、下两个边频，两个边频的低频内容是相同的，如图 1—5—2a 所示。例如，用 1 000 kHz 高频载波信号调制 1 kHz 的信号，调制后上边频为 1 001 kHz，下边频为 999 kHz，上、下边频中都含有 1 kHz 的信号，调制后频带的宽度为 2 kHz。

图像信号的频率范围为 0 ~ 6 MHz，不是单一频率信号，进行调幅调制后将产生上、下两个边带，如图 1—5—2b 所示，f_p 为图像载波频率，图像信号经调制后，靠近 f_p 两侧的频带反映了图像信号的低频成分，远离 f_p 两侧的频带反映了图像信号的高频成分，上、下两个边带的内容也是完全相同的，整个频带的宽度达到 12 MHz。这么宽的频带不仅给发送带来一定的困难，而且也使频段利用率大大降低。

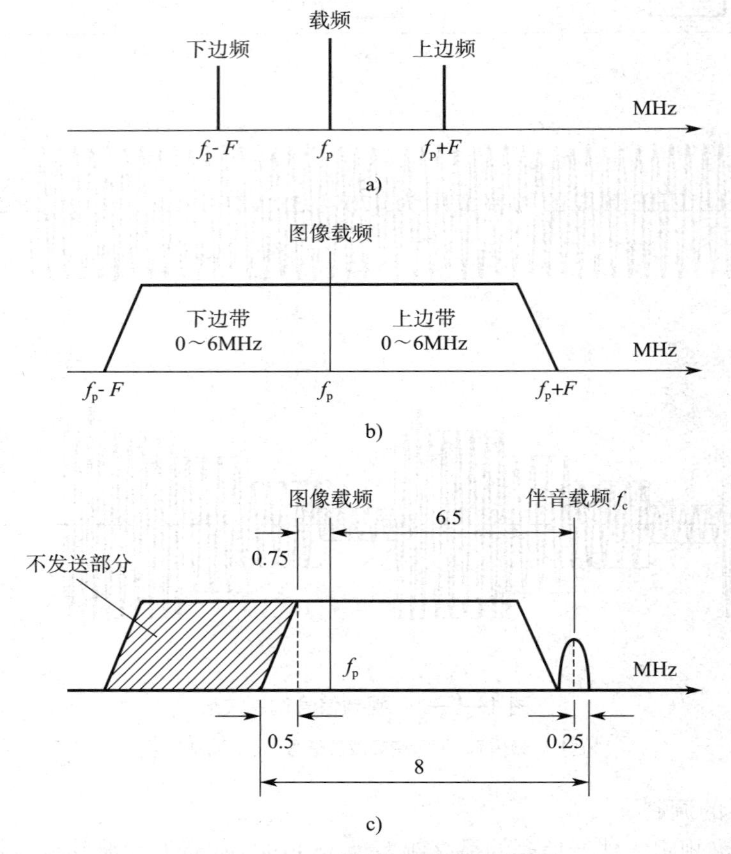

图 1—5—2 残留边带发送频谱图

a）单一频率信号调制频谱 b）图像信号调制频谱 c）残留边带频谱

为了减小频带宽度，可以采用单边带发送，即只发送一个边带就可以反映出图像信号的全部内容。要实现单边带发送，就要把另一个边带滤去，但是，由于图像信号中包含有很低的频率成分，这些成分离载频很近，难以滤除，因此，采用残留边带发送。残留边带发送时，用滤波器将下边带滤去一部分，仅发送上边带全部及下边带残留部分，残留边带发送如图 1—5—2c 所示，图像载频 f_p 两侧 0.75 MHz 范围内的频率成分采用双边带发送，即低频成分采用双边带发送，0.75 MHz 以上的高频成分采用单边带发送。

采用这种发送方式虽然减少了信号的频带宽度，但是，由于图像信号的低频成分用双边带发送，图像信号的高频成分用单边带发送，如果接收机将接收的信号进行均匀放大，势必会因低频分量过重而造成失真。要克服这种原因产生的失真，在接收机中通过调整中频放大器的幅频特性曲线，将靠近图像载频 0.75 MHz 范围内的增益下降一半，使图像信号 0 ~ 6 MHz 的各种频率成分得到均衡。

伴音调频信号频带宽度比图像调幅信号宽度小得多，因此，伴音调频信号采用双边带发送。我国电视标准规定，模拟电视信号同一套节目中，伴音载频 f_c 比图像载频 f_p 高 6.5 MHz。电视台发送一套节目所占用的频率范围为 8 MHz，一套节目所占的频率范围称为一个频道。

2. 电视频道的划分

（1）标准频道

对图像信号进行调制时，载波频率要比图像信号的最高频率高十倍以上，因此，电视台发射电视信号是由超短波或微波来传送的。我国电视广播应用频段为甚高频段（VHF）和特高频段（UHF）。VHF 又分为 VHF-L 与 VHF-H 两个频段，为 1~12 频道。VHF 频段的频率分配见表 1—5—1。UHF 频段的频率范围为 470 ~ 958 MHz，为 13 ~ 68 频道。1 ~ 68 频道也称为标准频道。

表 1—5—1　　我国电视频道 VHF、UHF 频段的频率规定值

频段	频道	频率范围（MHz）	图像载频（MHz）	伴音载频（MHz）
VHF-L 频段	1	48.5~56.5	49.75	56.25
	2	56.5~64.5	57.75	64.25
	3	64.5~72.5	65.75	72.25
	4	76~84	77.25	83.75
	5	84~92	85.25	91.75
VHF-H 频段	6	167~175	168.25	174.75
	7	175~183	176.25	182.75
	8	183~191	184.25	190.75
	9	191~199	192.25	198.75
	10	199~207	200.25	206.75
	11	207~215	208.25	214.75
	12	215~223	216.25	222.75
UHF频段	13 ~ 68	470 ~ 958	471.25 ~ 951.25	477.75 ~ 957.75

（2）增补频道

标准电视频道主要供无线电视广播使用。近年来我国各地有线电视系统的普及日趋广泛，新型电视接收机既能接收无线广播电视节目信号，又能接收有线电视节目信号，有线电视节目占用的电视频道称为增补频道。

从标准频道频率的划分可知，在 L 与 H 之间，以及在 H 与 U 频段之间有部分未使用的空频段，这一部分空频段划作为增补频道使用，供有线电视系统传输节目，如图 1—5—3 所示。

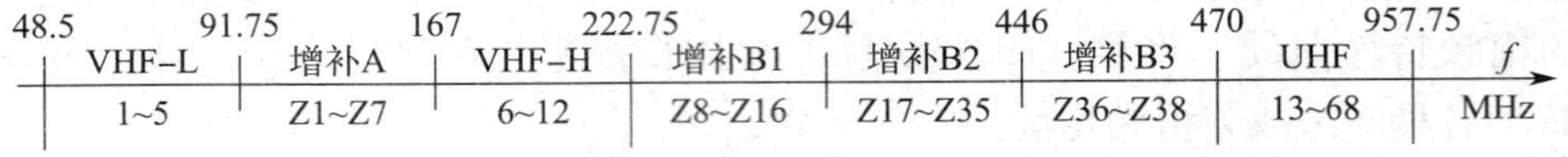

48.5	91.75	167	222.75	294	446	470	957.75
VHF–L	增补A	VHF–H	增补B1	增补B2	增补B3	UHF	f
1~5	Z1~Z7	6~12	Z8~Z16	Z17~Z35	Z36~Z38	13~68	MHz

图 1—5—3　频道划分示意图

在 L 与 H 频段之间，91.75~167 MHz 频率范围内，增补 Z1~Z7 七个频道，称为增补 A 频段。在 H 与 U 频段之间 222.75~294 MHz 频率范围内，增补 Z8~Z16 九个频道，称为增补 B1 频段；294~446 MHz 频率范围内，增补 Z17~Z35 十九个频道，称为增补 B2 频段；446~470 MHz 频率范围内，增补 Z36~Z38 三个频道，称为增补 B3 频段。全频段通过有线方式共可以传输 106 个频道。

§1—6　三基色原理

学习目标

1. 掌握光的特性。
2. 掌握三基色原理与混色原理。
3. 了解彩色显像管的结构与工作原理。
4. 掌握 CRT 彩色显像管电参数的测试方法。

一、光的特性

1. 可见光的特性

光是一种以电磁波形式存在的物质，其属性与无线电波一样，传播速度为 3×10^8m/s。人眼能看得见的光称为可见光，其波长为 380~780 nm，仅占极小的一段，如图 1—6—1 所示。

光的颜色由光的波长决定。例如，波长为 400 nm 左右的光给人以紫色的感觉，波长为 700 nm 左右的光则给人以红色的感觉。

单一波长的光对应一种颜色，这种可见光叫单色光，由两种以上单色光组成的光称为复色光。白光是由多种颜色的光组成的，太阳所发出的白光就包含了所有的单色光。如果把一束太阳光斜射到一块玻璃棱镜上，太阳光会被分解成按红、橙、黄、绿、青、蓝、紫的顺序排列的连续光谱，表明太阳光包含有各种颜色的彩色光，但基本上可分成上述七类。

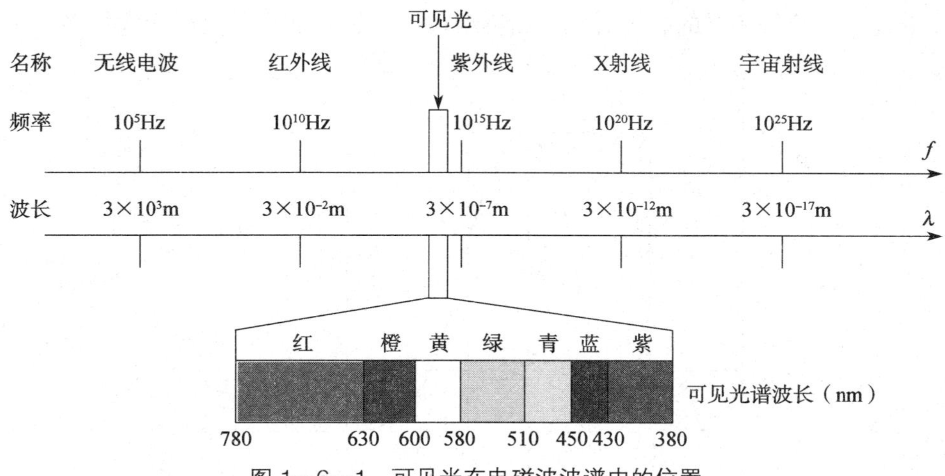

图 1—6—1　可见光在电磁波波谱中的位置

光具有可逆性，白光可以分解成各种颜色的单色光，各种颜色的单色光也可以重新聚合成白光。

2. 物体的颜色

物体的颜色分两种情况来决定，一种是发光体，另一种是不发光体。本身会发光的发光体，其所呈现的颜色取决于所发光的颜色。本身不发光的物体，其所呈现的颜色取决于两个方面，一是用来照射物体的光源的颜色，二是物体固有的光学属性。物体的光学属性是指不同的物体对光有不同的吸收、反射和透射特性。

实验表明，本身不发光的物体，当用来照射的光的颜色与物体的颜色相同时，物体并不吸收该光，只会反射该光；当用来照射的光的颜色与物体的颜色不相同时，物体会吸收该光；透明体只让与透明体颜色相同的光通过，与透明体颜色不相同的光会被透明体吸收掉。

当太阳光照射到红领巾上时，看到的红领巾是红色，这是因为红领巾反射了太阳光中的红色光，其他光被吸收了。当绿色霓虹灯照射到红领巾上时，看到的红领巾会变成黑色，这是因为绿光被红领巾吸收了，所以红领巾变成了黑色。白色的布可以反射全部白光，因而呈现白色；黑色的石墨可以吸收全部的白光，因而呈现黑色。

当白光照射到透明物体上时，某一光谱的光能够透射过去，而其他光谱的光被吸收，透过光的颜色就成了透明物体的颜色。利用这个特性，可以做出各种颜色的滤色片。当我们戴上绿色眼镜时，白光中的绿光成分可以透过绿色镜片映入眼睛，而其他颜色的光被吸收了，看到的环境便是绿色的视野。

3. 人眼的视觉特性

人眼对物体亮暗的感觉与两个因素有关，一是进入眼睛的光的强度，二是光的波长（颜色）。同一波长的光，当光的强度不一样时给人眼的亮度感觉是不同的；相同强度而波长不同的光，给人眼的亮度感觉也是不同的。

人眼对光的波长改变的感觉是，不仅颜色的感觉不同，而且亮度的感觉也是不同的。人眼对光谱的响应情况如图 1—6—2 所示，图中实线和虚线分别表示白天、夜间人眼对光的响应。从白天的曲线可以看出，人眼感到最暗的是红色，其次是蓝色和紫色，而最亮的是黄绿

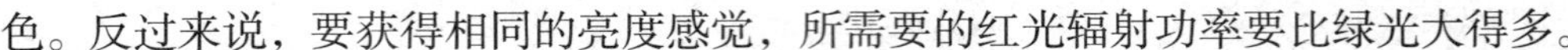

色。反过来说，要获得相同的亮度感觉，所需要的红光辐射功率要比绿光大得多。

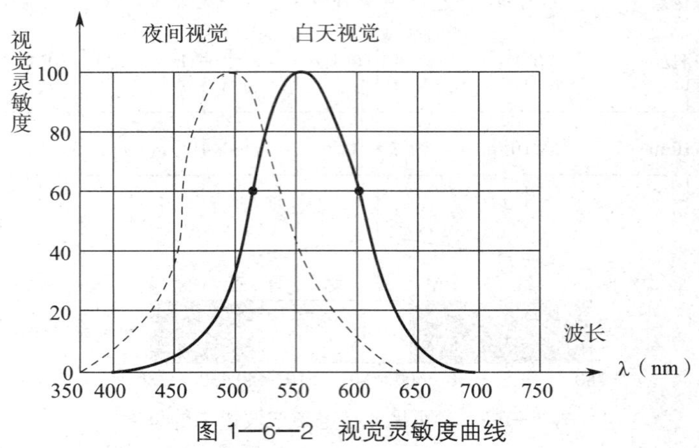

图 1—6—2　视觉灵敏度曲线

4. 彩色三要素

对任意的彩色光，都可以用亮度、色调、色饱和度这三个物理量来进行描述。亮度、色调、色饱和度称为彩色的三要素。

（1）亮度

亮度是光作用于人眼时，引起的明亮程度的感觉。亮度与彩色光的强弱、波长有关。

（2）色调

色调就是彩色光的类别。通常所说的红色、绿色、蓝色等指的就是色调。彩色物体的色调与物体本身的属性（吸收、反射或透射）及照射的光源有关。

（3）色饱和度

色饱和度是指彩色光所呈现的彩色的深浅程度，即颜色的浓度。对于同一色调的彩色光，其饱和度越高，颜色越深；饱和度越低，颜色越浅。如在某一色调的彩色光中掺入白光，会使彩色光的饱和度下降。饱和度下降的程度反映了彩色光被白光冲淡的程度，可见饱和度反映了某种色光的纯度。色饱和度最高的称为纯色或饱和色。色度学中把纯色的饱和度定为 100%，而饱和度低于 100% 的彩色，被称为非饱和色，白色的饱和度为零。

色调和色饱和度又合称为色度，它既说明彩色光的颜色类别，又说明颜色的深浅程度。在电视系统中传输彩色图像信号，其实就是传输图像的亮度和色度信号。

二、三基色原理与混色原理

1. 三基色原理

不同波长的单色光会引起人眼不同的彩色感觉，但相同的彩色感觉却可以来源于不同的光谱成分的组合。例如，以适当比例让红光和绿光相混合，可以产生与黄单色光相同的彩色效果；白色日光也可以由适当比例的红、绿、蓝三种单色光混合而得到。

根据人眼的视觉特性，在彩色重现的过程中，并不要求恢复原景物反射光的光谱成分，重要的是获得与原景物相同的彩色感觉。于是，可以选择几种单色光作为基色光，将它们按不同比例进行混合，以获得需要的彩色感觉，即利用混色的方法来得到重现彩色图像的目的。

彩色电视中选用的三基色光是红、绿、蓝这三种颜色的光，因为这三种单色光符合三基色原理。三基色原理的内容如下：

（1）自然界中的绝大多数彩色光几乎都可以用三种基色光按一定比例混合得到；反之，任何一种彩色光都可以被分解为三种基色光。

（2）三种基色光必须是相互独立的彩色，即其中任一种基色光都不能由其他两种基色光混合产生。

（3）三种基色光之间的混合比例决定混合色光的色调与色饱和度。

（4）混合色光的亮度等于三种基色光的亮度之和。

三基色原理是对彩色光进行分解、混合的重要原理。这一原理为彩色电视技术奠定了基础，极大地简化了用电信号来传送彩色的技术问题。对于色度千差万别的彩色景物，根据三基色原理，只需将要传送的各种彩色分解成红、绿、蓝三种基色光，然后再将它们变成三种电信号进行传送。在接收端，用这三种电信号分别控制能发红、绿、蓝三色光的彩色显像管，就能重现原来的彩色图像。

2. 混色原理

利用三基色原理，将三基色光按不同比例进行混合来获得彩色光的方法称为混色法。为了说明相加混色原理，可以将红、绿、蓝三种基色光部分重叠地投射到白色屏幕上，在屏幕上便会呈现出一幅品字形的三基色圆图，如图 1—6—3 所示。由图可知：

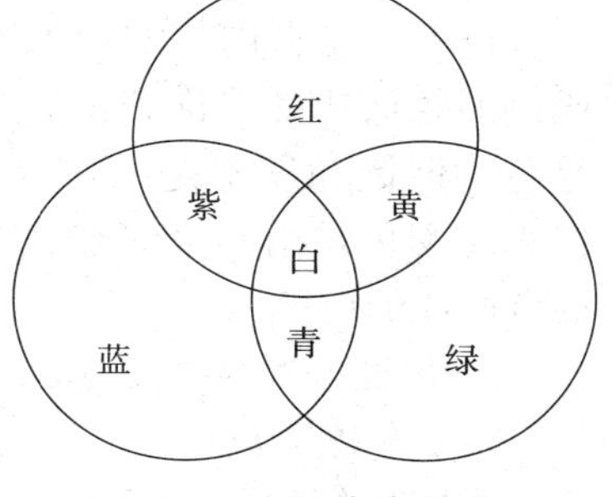

图 1—6—3　相加混色

红色 + 绿色 = 黄色

绿色 + 蓝色 = 青色

蓝色 + 红色 = 紫色

红色 + 青色 = 白色

绿色 + 紫色 = 白色

蓝色 + 黄色 = 白色

红色 + 绿色 + 蓝色 = 白色

混色规律可以这样来记忆，由红颜色开始，沿顺时针方向，“红绿蓝两两相加，变为黄青紫”。

红、绿、蓝是基色，而黄、青、紫称为补色。如果基色与补色相加混色后成为白色，则该基色和补色称为互补色，即红色与青色为互补色，绿色与紫色为互补色，蓝色与黄色为互补色。

（1）相加混色的方法

相加混色的方法又可分为空间相加混色法和时间相加混色法。

1）空间相加混色法。利用人眼分辨能力有一定限度的特点，将红、绿、蓝三基色光按一定比例，分别投射到同一平面的三个相邻点上，只要这三个光点足够小，且相距足够近，人眼就会产生三种基色光混合后的彩色感觉，这种方法称为空间相加混色法。空间相加混色法主要用于彩色电视机中。

2）时间相加混色法。利用人眼的视觉惰性，将三种基色光按一定顺序，以足够快的轮换速度投射到同一平面的同一个点上，以获得相同的彩色效果，这种混色法称为时间相加混色法。时间相加混色法一般用于设备的面板显示中。

（2）色度三角形

色度三角形是一个以三基色光为顶角的等边三角形，是表示混色结果的另一种方法，如图1—6—4所示。三条边上各点所代表的颜色表示由两种基色按不同比例混合得到的饱和色。例如，RG边上各点都是由红色和绿色混合后得到的彩色，黄色位于RG边中点，表示由等量的红色和绿色相加而得；橙色在黄色与红色之间，表示橙色中红色的比例大于绿色；如果绿色的比例大于红色，则形成位于绿、黄之间的黄绿色。

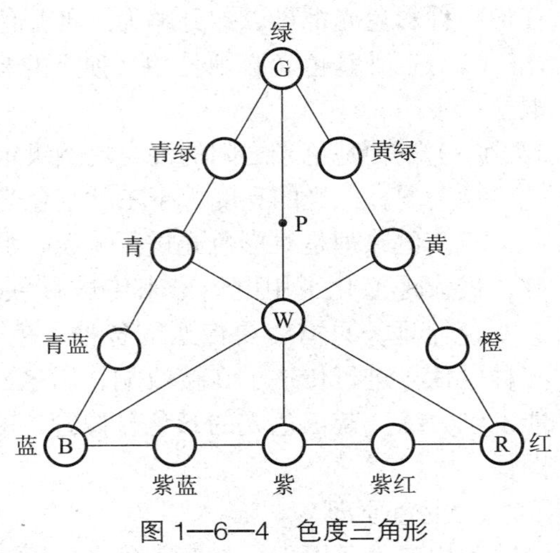

图1—6—4　色度三角形

色度三角形内部的彩色表示由三基色按不同比例混合而成的非饱和色。如图中P点，色调为绿色，但饱和度不是100%。三角形的中心点W代表的彩色是由等量的红、绿、蓝三种基色相加混合而成的白色。

3. 色度方程与亮度方程

（1）色度方程

不同比例的红、绿、蓝三基色光进行相加混色可以得到各种彩色。对于任意彩色光而言，其相加的结果可以用色度方程表示：

$$F=R(\mathrm{R})+G(\mathrm{G})+B(\mathrm{B})$$

式中，R、G、B为三基色比例系数，不同的比例关系决定了配色光F的色调和色饱和度。对于白色光而言，$R=G=B=1$，则：

$$F_{\mathrm{E}}=1(\mathrm{R})+1(\mathrm{G})+1(\mathrm{B})$$

（2）亮度方程

从人眼视觉灵敏度曲线可以看出，等强度的红、绿、蓝三基色光给人眼的亮度感觉是不一样的。实验证明，如果白色光的亮度为100%，分解成三种基色光时，亮度分别为红色占30%，绿色占59%，蓝色占11%。反之，不同强度的三基色光进行混合时，总亮度也符合这个比例关系，这种关系用亮度方程表示为：

$$Y=0.30R+0.59G+0.11B$$

式中，R、G、B表示三基色光的强度，Y表示混合后各颜色的亮度之和，它示出了混合色亮度与三基色亮度之间的关系。

在彩色广播电视节目中，三基色光是转换为电压形式来传送的，三基色电压分别用U_{R}、U_{G}、U_{B}来表示，用电压形式来表示的亮度方程式为：

$$U_{\mathrm{Y}}=0.30U_{\mathrm{R}}+0.59U_{\mathrm{G}}+0.11U_{\mathrm{B}}$$

三、彩色显像管的结构与工作原理

彩色显像管的作用是，在末级视放电路三基色信号电压控制下，调制三枪阴极的电子束，完成电—光转换，在屏幕上重现彩色图像。

1. 彩色显像管的结构

彩色显像管主要由电子枪、荧光屏、荫罩板、玻璃外壳这四大部分组成，如图 1—6—5 所示。

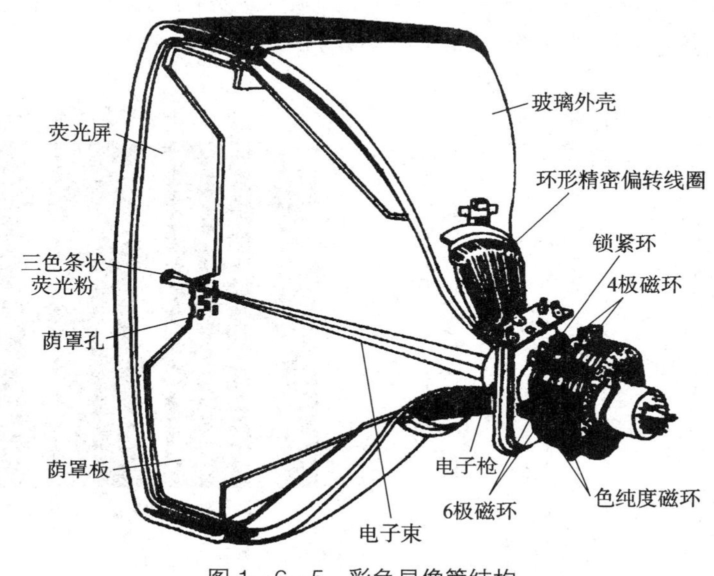

图 1—6—5　彩色显像管结构

（1）电子枪

电子枪主要由灯丝等六部分组成，其作用是产生受控的电子束。

1）灯丝。灯丝的作用是加热阴极，其电压一般为 6.3 V 行频脉冲交流电压。目前的彩色电视机灯丝电压都是由行逆程变压器供给的。灯丝共有三组，三组灯丝并联使用。

2）阴极。阴极的作用是发射电子，在阴极筒端面涂有金属氧化物（俗称电子粉），当阴极被灯丝加热后就能发射电子。正常工作时，阴极电压约为 135 ~ 160 V。阴极共有三个，在水平方向上按一字形排列，彼此之间的间距很小，各自独立使用，分别与三基色视放管的输出端相连。

3）调制栅极。调制栅极的作用是控制电子束电流的大小。当调制栅极上加交变信号电压时，通过栅极的电子数量将随着信号幅度的高、低变化而增加或减小，也就是电子束能被信号幅度所调制。被调制的电子束打在荧光屏上，就能产生与信号幅度变化相对应的亮度变化，借助扫描的方法，就能在荧光屏上组成一幅由不同亮度构成的图像。

4）第一阳极。第一阳极又叫加速极，其作用是使电子加速。电压一般为零至几百伏。

5）聚焦极。聚焦极的作用是使电子束聚焦成极细的束电流。聚焦电压约在 1 000~6 000 V 可调。

6）第二阳极。第二阳极的作用是对电子束进行会聚与加速，以获得足够的动能来激励荧光粉发光。第二阳极电压一般为 25 kV 左右 。

（2）荧光屏

荧光屏主要是指屏面及涂在屏面玻璃内壁的荧光粉薄层。在荧光屏上的每一个像素都涂有红、绿、蓝三种荧光粉，能分别显示红、绿、蓝三基色光。为提高图像的对比度，显像管都在没有荧光粉的空隙处涂上黑色的石墨。

（3）荫罩板

荫罩板的作用是使每一个像素的红、绿、蓝三条电子束只能轰击与之对应的荧光粉。荫罩板放在荧光屏后面 1 cm 处。荫罩板上的槽孔必须与荧光粉的排列相对应，每个荫罩孔对应着一个像素的三基色条状荧光粉，如图 1—6—6 所示。

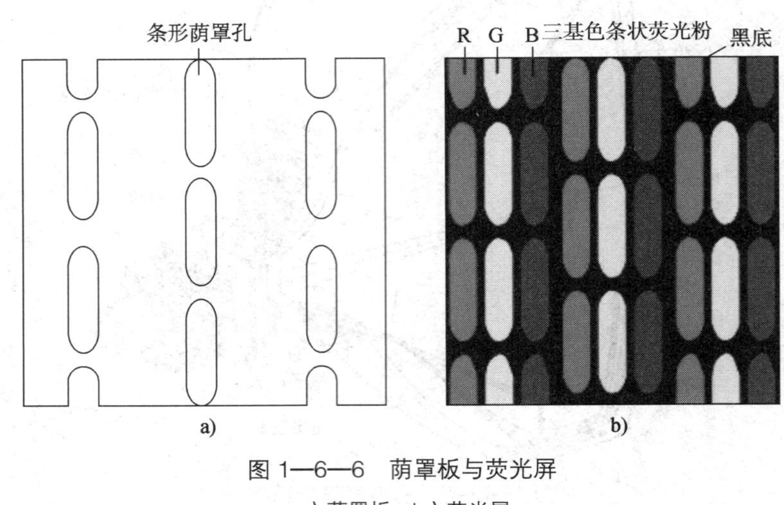

图 1—6—6　荫罩板与荧光屏

a）荫罩板　b）荧光屏

（4）玻璃外壳

彩色电视机的玻璃外壳与黑白电视机的玻璃外壳相同。外壳的尾部装有行、场偏转线圈，以及色纯度与会聚调整磁环。行偏转线圈所产生的磁场是枕形的，而场偏转线圈所产生的磁场是桶形的，这样的磁场分布能使三条电子束在整个荧光屏上自动会聚。

2. 彩色显像管的调整

彩色显像管的调整分为色纯度的调整与会聚的调整。

（1）色纯度的调整

色纯度就是指单色光栅纯净的程度，也就是要求红、绿、蓝三条电子束只能分别激发其对应的红、绿、蓝三种荧光粉，分别让三个电子枪单独工作时，应出现相对应的纯净单色光栅。色纯度不良是由于显像管制造工艺的误差引起的，解决色纯度不良的办法是调整管颈处的色纯度磁环，调整时可以两片磁环相对转动，也可整体绕管颈转动，以使电子束的位置偏移，纠正显像管制造工艺的误差。

（2）会聚的调整

会聚是指将三条电子束合在一起，在扫描的任何时刻，电子束都能同时穿过同一荫罩孔，使它们分别同时击中荧光屏上同一组相对应的荧光粉，称为会聚，如图 1—6—7 所示。会聚又分为静会聚和动会聚两种，对荧光屏中心部位的会聚称为静会聚，对荧光屏四周部分的会聚称为动会聚。

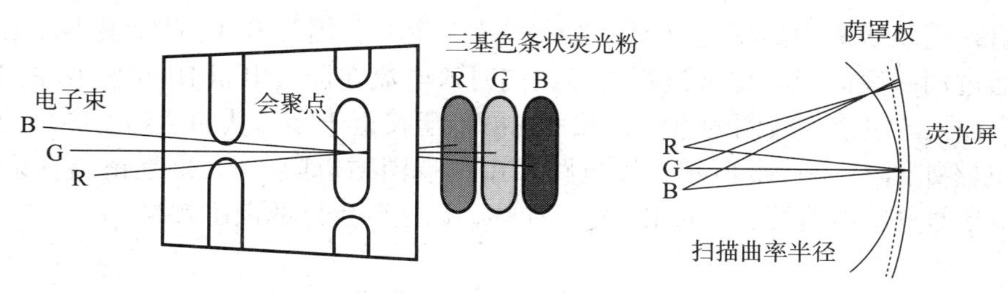

图 1—6—7　会聚原理

静会聚不良是由于电子枪在管内安装有偏差造成的，可通过调整管颈处四极、六极磁环的相对位置来解决。

动会聚不良是由于电子枪的扫描偏转半径与荧光屏的半径不一致引起的，可采用特殊的偏转线圈，使行偏转线圈产生枕形磁场、场偏转线圈产生桶形磁场来解决。

3. 彩色显像管的消磁

彩色显像管内的铁制部件，如荫罩板等，在使用过程中会因周围磁场的作用而被磁场磁化，这会严重影响色纯度和会聚，因此，需要经常对显像管的铁制部件进行消磁。彩色电视机中都安装有自动消磁电路，在每次开机时，自动消除所有不需要的剩余磁场。

（1）彩色显像管的消磁方法

彩色显像管采用的消磁方法是，用逐渐减小的交变磁场来消除铁制部件的剩磁。这种磁场可以利用一个逐渐变小的交流电流流过一个线圈而得到，消磁原理如图 1—6—8 所示。

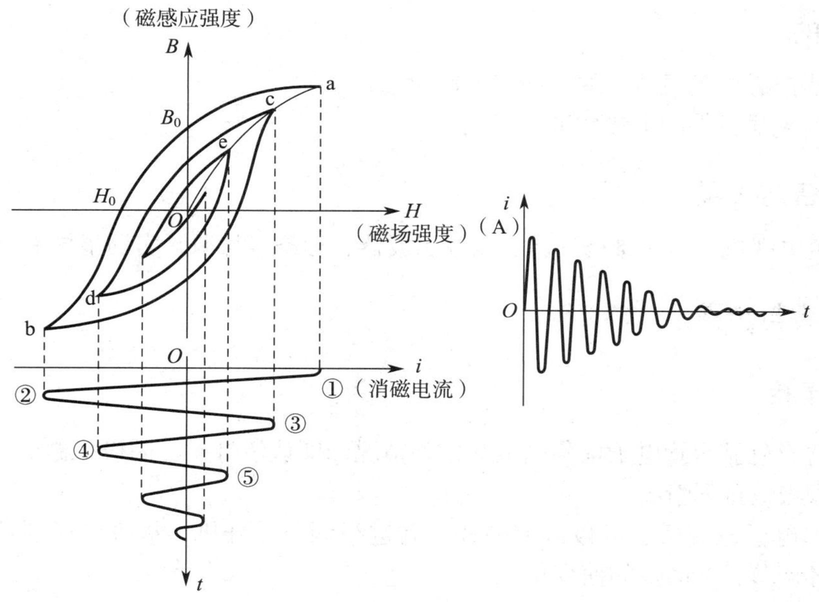

图 1—6—8　消磁原理

（2）常用的消磁电路

常用的消磁电路如图 1—6—9a 所示，L 为消磁线圈；R_T 为正温度系数热敏电阻，在常温下其阻值仅为 20Ω 左右，当温度升高时，其阻值急剧升高；C 为电容器，其作用是用来消除行辐射在消磁线圈中的感应电流。当开关刚合上时，因为 R_T 的阻值很小，故有很大的消磁电流通过消磁线圈对显像管进行消磁，同时该电流在流过电阻 R_T 时使 R_T 的温度上升，阻值迅速增加，流过消磁线圈的电流在几秒内降低至接近于零，从而达到消磁目的。消磁效果更好的电路如图 1—6—9b 所示，该电路采用三端消磁电阻，R_{T1} 也是正温度系数热敏电阻，其作用是通电后迅速发热，对 R_{T2} 进行加热，以达到更好的消磁效果。

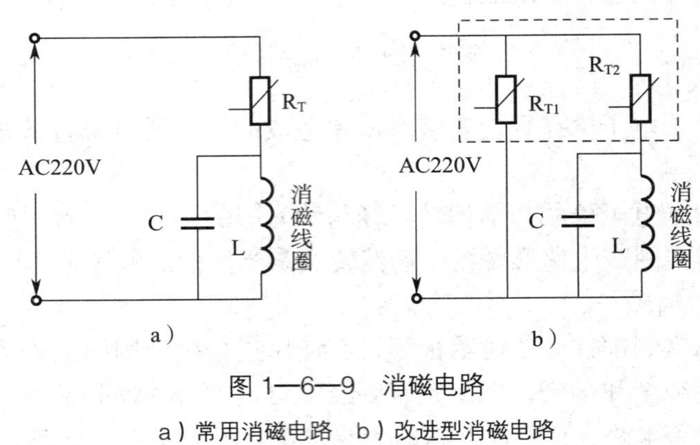

图 1—6—9　消磁电路

a）常用消磁电路　b）改进型消磁电路

实训 2　彩色显像管电参数测试

实训目的

1. 进一步熟悉彩色显像管的结构与工作原理。
2. 能对彩色显像管的电参数进行测试。

实训设备与工具

普通彩色电视机、常用维修工具、双踪示波器、彩条信号源、实训指导书等。

实训内容与步骤

一、认识电子枪

（1）认清彩色显像管电子枪各电极的排列情况，即认清灯丝、阴极、栅极、加速极、聚焦极、高压阳极的排列情况。

（2）认识电子枪四极、六极调节磁环，并进行调节。开机，接收电子圆信号，进行四极、六极磁环调节，看图像如何变化。

（3）认清彩色显像管电子枪各电极的供电情况。

二、测量彩色显像管各极电阻

不取下显像管座，用万用表测试彩色显像管各极对地的电阻值（黑表笔接地），并将结果填入表 1—6—1 中。

表 1—6—1　　彩色显像管电阻值

电子枪电极	KR	KG	KB	灯丝	栅极	加速极
对地电阻值（Ω）						

三、测量彩色显像管电子枪各极的工作电压

电视机通电，收台，将亮度、对比度调至适中，测量电子枪各极对地的电压值，并将结果填入表 1—6—2 中。注意，测试时，不可碰触电路板，以防人身触电。

表 1—6—2　　电子枪各极对地电压

测量点	KR	KG	KB	灯丝	栅极	加速极
对地电压值（V）						

四、测量阴极电压高低与图像亮暗关系电压

开机，接收彩条信号，当电视机调到最亮时、电视机调到最暗时、电视机处于蓝背景状态时，测量表 1—6—3 中各点电压，并记录数据。

表 1—6—3　　阴极电压高低与图像亮暗关系电压

测量点	R–Y	G–Y	B–Y	Y	KR	KG	KB
画面最亮时							
画面最暗时							
蓝背景时							

五、测量图像信号波形

1. 测量色差信号与亮度信号波形

接收彩条信号，将亮度、对比度、彩色调到适中，在视放电路板上测量表 1—6—4 中各点波形，并记录相关参数。

表 1—6—4　　色差信号与亮度信号波形

	（R–Y）波形	（G–Y）波形	（B–Y）波形	Y 波形
画出波形				
U_{P-P}				
周期T				
频率f				

2. 测量三基色信号波形

接收彩条信号，将亮度、对比度、彩色调到适中，在视放电路板上测量表 1—6—5 中各点波形，并记录相关参数。注意，测 KR、KG、KB 的波形时，探头应衰减 10 倍。

表 1—6—5　　三基色信号波形

	KR 波形	KG 波形	KB 波形
测量点			
画出波形			
U_{P-P}			
周期T			
频率f			

【想一想】

1. 用示波器测 R、G、B 的信号波形时，为什么要使用衰减探头？
2. 能否在拆下显像管座后给电视机通电？
3. 调节对比度时，三个阴极电压会改变吗？
4. 蓝背景时，R–Y、G–Y、B–Y 与 KR、KG、KB 电压的大小如何变化？

§ 1—7　彩色电视信号的传输

学习目标

1. 掌握彩色图像三基色电信号的产生方法。
2. 掌握亮度信号与色差信号的产生方法。
3. 了解黑白与彩色电视信号的兼容方法。
4. 了解彩色电视信号的传输方法。

要传输彩色图像信号，根据三基色原理，首先需要将一幅彩色画面分解成红、绿、蓝三基色图像；再用三个摄像管对各个基色图像进行扫描，变为三基色电信号；为了与黑白节目进行兼容，再把三基色电信号转变为亮度信号与色差信号，与其他辅助信号混合后，才能进行调制与传输。

一、彩色图像三基色电信号的产生

1. 彩色图像的分解

要将一幅画面的彩色光变为三基色电信号，首先要将这幅彩色画面分解成红、绿、蓝三基色图像（单色），再用三个摄像管分别对各个基色图像进行扫描，以转变为三基色信号，这一过程是利用彩色摄像机来完成的。彩色摄像机的镜头后面装有棱镜分色系统，可将一幅彩色画面分解为三基色图像，如图 1—7—1 所示。

彩色景物产生的彩色光在经过镀有多层薄膜的三角棱镜时，使其中一种基色光从薄膜表面反射出去，让另两种基色光透过薄膜，透过的两种基色光经过另一个薄膜时再反射出一种

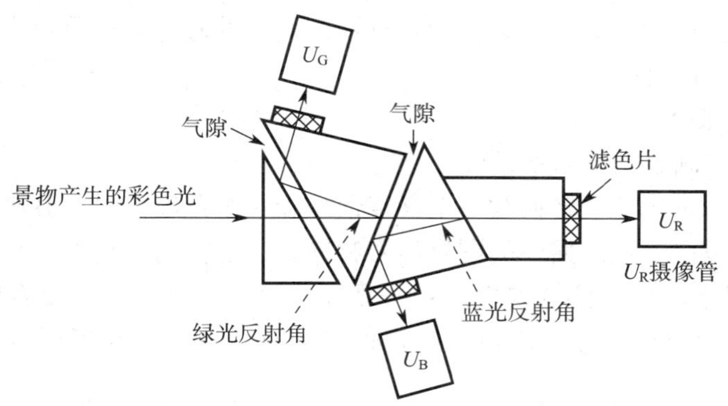

图 1—7—1　彩色摄像机棱镜分色系统

基色光，剩下最后一种基色光则透射出去。这样将彩色光分解为三种基色光，分别射向三个摄像管，在摄像管的光电靶上分别形成三基色图像。

三个摄像管在进行扫描时，彼此之间必须保持完全同步，这样才能保证在任一瞬间，三个摄像管输出的基色信号电压都对应于景物的同一点上。

2. 标准彩条图像信号的波形

以标准的彩条图像为例，彩色摄像机的分光系统将彩条图像分解成三个基色图像，在三个摄像管的光电靶上分别形成了如图 1—7—2a 所示的三个基色画面。三个电子枪分别对三个基色画面进行扫描时，就可以输出三基色信号电压，其电压波形如图 1—7—2b 所示。

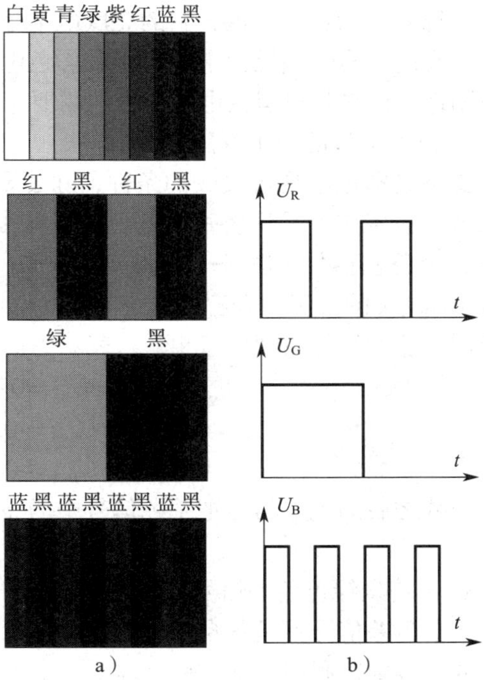

彩色电视机的显像管有红、绿、蓝三个电子枪，三基色信号电压分别加在电子枪的三个阴极上，对各个阴极进行调制，就可以重现彩色图像。

图 1—7—2　彩条图像的三基色图像与三基色信号电压波形
a）三基色图像　b）三基色信号电压波形

二、彩色电视信号的兼容

1. 兼容的原因

电视台传输彩色图像信号时，如果只传送三基色信号，彩色电视机虽然可以重现彩色图像，但是黑白电视机却不能接收这样的信号；同样，电视台播送黑白节目时，彩色电视机也不能接收黑白信号。故黑白电视系统与彩色电视系统必须进行兼容。

2. 兼容的含义

所谓兼容，就是既能用彩色电视机收看黑白电视节目，又能用黑白电视机收看彩色电视节目，看到的都是黑白图像。实现兼容后，电视台发射的彩色电视节目广播信号，彩色电视机与黑白电视机都可以接收。

3. 实现兼容的条件

要实现兼容，应满足两个基本条件：

一是需要将三基色电信号转换为一个亮度信号和一个色度信号。其中亮度信号只反映图像的亮度信息，与黑白电视广播中的图像信号相同，供黑白与彩色电视机使用。色度信号只反映图像的色度信息，供彩色电视机使用。亮度信号、色度信号、复合同步信号、复合消隐信号组成了彩色全电视信号。彩色全电视信号的频带宽度应与黑白电视信号一样，也为0~6 MHz。

二是彩色电视与黑白电视的基本参量要尽量一致。例如，调制方式、图像载频、伴音载频、扫描方式、扫描频率和频带宽度等都要相同。

三、亮度信号与色差信号的产生方法

1. 亮度信号的产生方法

产生亮度信号的依据是亮度方程。根据亮度方程，利用三基色信号可以得到亮度信号。标准彩条图像信号的波形如图 1—7—3 所示，图 1—7—3d 所示为亮度信号。从图中可以看出，一幅标准的彩条图像，它的亮度电平是八级灰度等级的信号电压。传输的彩色信号中有了这一亮度信号，当黑白电视机接收彩色电视节目时，只需对亮度信号进行处理就可以显示黑白图像，以满足对黑白电视兼容的需要。

2. 色差信号的产生方法

要满足彩色电视机接收的条件，除了要传输亮度信号外，还必须传输代表彩色的信号。彩色电视技术中，采用将每个基色信号减去亮度信号（使基色信号中不含有亮度成分），变换为三个色差信号（图 1—7—3e~ 图 1—7—3g），然后只传输红色差信号（U_{R-Y}）与蓝色差信号（U_{B-Y}）的方法，来解决这个问题。

用基色信号与亮度信号相减，表示为：

$$U_R-U_Y=U_{R-Y}=0.70U_R-0.59U_G-0.11U_B$$

$$U_G-U_Y=U_{G-Y}=-0.30U_R+0.41U_G-0.11U_B$$

$$U_B-U_Y=U_{B-Y}=-0.30U_R-0.59U_G+0.89U_B$$

相减之后的色差信号把基色信号中的亮度信号去掉了，只含有色度信息，实现了亮、色分离。

3. 不传送绿色色差信号

三个色差信号不是各自独立的信号，每一个色差信号都可以由另外两个色差信号按一定比例混合得到，利用亮度方程可推出三个色差信号之间的关系。

因 $U_Y=0.30U_R+0.59U_G+0.11U_B$

则 $U_Y=0.30U_Y+0.59U_Y+0.11U_Y=0.30U_R+0.59U_G+0.11U_B$

因此 $0.30(U_R-U_Y)+0.59(U_G-U_Y)+0.11(U_B-U_Y)=0$

即 $0.30U_{R-Y}+0.59U_{G-Y}+0.11U_{B-Y}=0$

由上式可知，若已知两个色差信号，即可求出第三个色差信号，故只需传输两个色差信号即可。

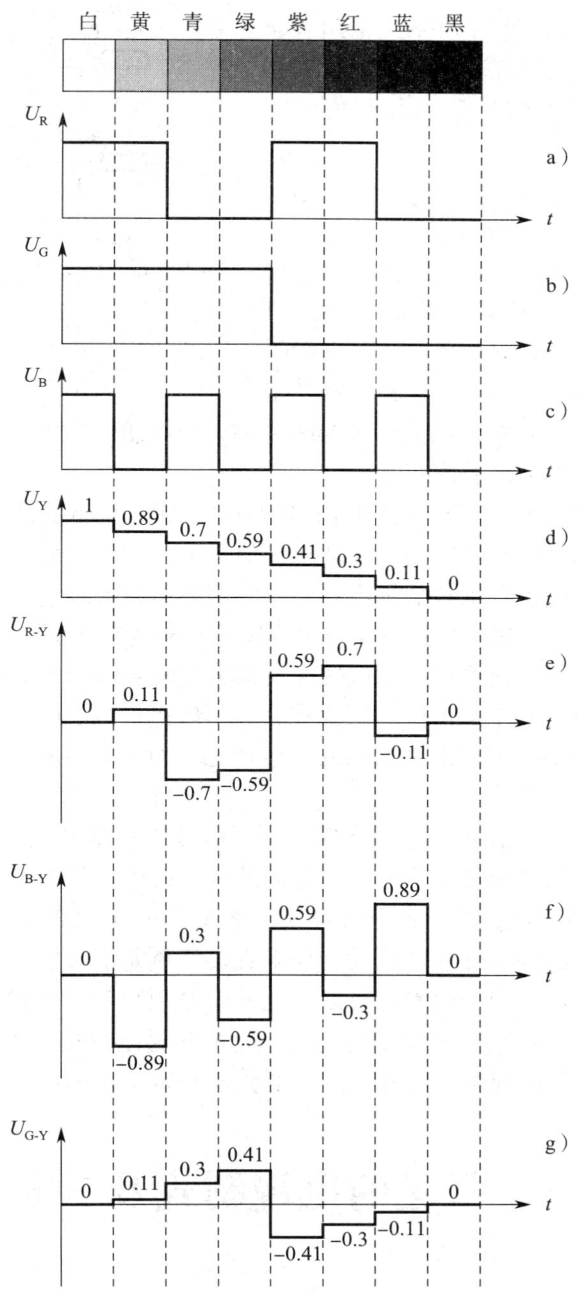

图 1—7—3　彩条图像的基色、亮度与色差信号波形图

a）~c）三基色信号波形图　d）亮度信号波形图　e）~g）色差信号波形图

在彩色电视传输技术中，只传输亮度信号与 U_{R-Y}、U_{B-Y} 两个色差信号，不传输 U_{G-Y}，理由是绿色差信号的幅度相对较小，不利于提高传送信号时的信噪比。

4. 亮度信号与色差信号产生电路

亮度信号与色差信号是通过编码矩阵电路产生的，如图 1—7—4 所示。根据亮度方程，将三基色信号比例相加，就得到亮度信号 U_Y。再将亮度信号反相后分别与红基色信号、蓝基色信号相加，就得到红色差信号 U_{R-Y} 和蓝色差信号 U_{B-Y}。

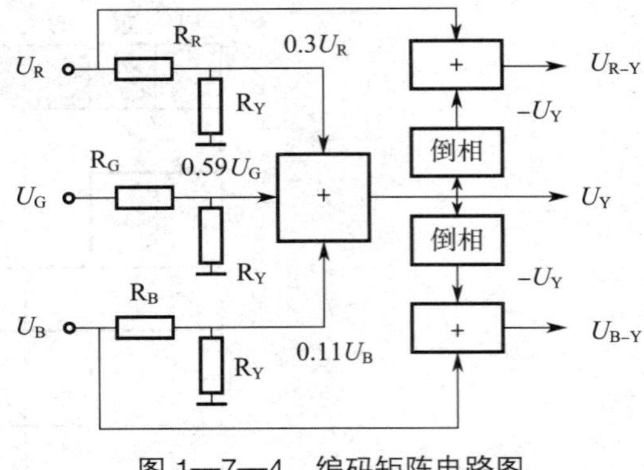

图 1—7—4　编码矩阵电路图

四、彩色电视信号的传输

电视台传输彩色电视信号时，需要将每一行的 U_Y、U_{R-Y}、U_{B-Y} 三个信号同时传输出去，但这三个信号都是由 U_R、U_G、U_B 产生的，它们的频带宽度都是 0~6 MHz，如何将三个频带宽度相同的信号合在一起，而只让它们共占 0~6 MHz 的带宽传输出去呢？在现代彩色电视技术中，主要采用以下两个措施来满足上述的要求：

1. 采用大面积着色法——只传送色差信号中 0~1.3 MHz 的低频成分

画家在绘画时总是将轮廓描绘得非常清晰，但在上色时是不分细节的，只进行大面积着色即可。尽管没有用彩笔进行细致的描绘，整个画面还是给人以色彩鲜艳、绚丽的感觉，这是因为人眼对彩色细节的分辨力远远低于对黑白图像细节的分辨力。

根据人眼的这一特性，就可以利用低通滤波器将反映色调与饱和度的色差信号频带进行压缩，只传送色差信号中 0~1.3 MHz 的低频成分，不传送 1.3 MHz 以上的高频成分。这是因为色差信号的低频成分反映了图像大面积的彩色情况，而 1.3 MHz 以上的高频成分反映的是彩色的细节，人眼很难分辨。

2. 采用频谱间置法——让色差信号穿插在亮度信号的高频端

经过压缩后的色差信号与亮度信号有着相同的频谱结构，其频谱分布不是连续的，由一组组间隔为行频的谱线组成，其中有许多空隙，色差信号可以叠加在空隙中进行传播。另外，亮度信号低频端比高频端的幅度要大，如果直接将色差信号插入亮度信号的低频端，会产生严重的干扰。综合以上两个因素，可以将色差信号调制在一个载波上，然后在亮度信号的高频端相加，并且让色差信号的频谱与亮度信号的频谱刚好错开半个位（采用 1/2 行频间置）再相加，这样，彩色电视图像信号的总频带宽度仍为 0~6 MHz。

§1—8　常见的电视制式及 NTSC 制

学习目标

1. 了解常见的电视制式。
2. 掌握正交平衡调幅制的概念与方法。
3. 了解 NTSC 制副载波的选择。
4. 掌握 NTSC 制色度信号的产生方法。
5. 掌握 NTSC 制彩色全电视信号的组成与表示方法。

一、常见的电视制式

对电视信号进行处理与传输的方式，称为电视制式。

1. 黑白电视制式

对于黑白电视系统，制式通常指扫描的频率、每帧扫描的行数、信号带宽、第二伴音载频、调制方式等内容。常见的黑白电视制式见表 1—8—1。

表 1—8—1　　常见的黑白电视制式

制式代号	扫描行数	频道带宽（MHz）	视频带宽（MHz）	第二伴音载频（MHz）
B	625	7	5	5.5
D	625	8	6	6.5
G（H）	625	8	5	5.5
I	625	8	5.5	6
K	625	8	6	6.5
M	525	8	4.2	4.5

2. 彩色电视制式

彩色电视制式主要指对两个色差信号的处理与传输方式。目前世界上最常用的彩色电视制式主要有 NTSC 制、PAL 制和 SECAM 制。

（1）NTSC 制

NTSC（National Television Systems Committee，国家电视系统委员会）制于 1954 年在美国首次推出，目前日本、加拿大等国都在使用。这种制式的特点是，将每一场中每一行的两个色差信号，分别对频率相同而相位相差 90° 的两个副载波进行正交平衡调幅，将已调制的两个色差信号叠加在一起形成色度信号，再穿插到亮度信号的高频端进行叠加（亮色相加），最后进行高频调制发送。该制式的主要缺点是对信号的相位失真较敏感，重现的图像易产生色调失真。

（2）PAL 制

PAL（Phase Altemative Line，隔行倒相）制即隔行倒相正交平衡调幅制，1967 年在德国、英国首先使用，我国也采用这种制式。这种制式将每一场中每一行的两个色差信号，分别对频率相同而相位相差 90° 的两个副载波进行正交平衡调幅，将已调制的 U_{R-Y} 色差信号隔一行倒一次相，同一行的两个色差信号叠加在一起形成色度信号，再穿插到亮度信号的高频端进行叠加（亮色相加），最后进行高频调制发送。该制式利用相邻两行 U_{R-Y} 信号的互补作用消除由相位变化引起的色调失真，其主要缺点是电视接收机的电路比较复杂。

（3）SECAM 制

SECAM（法文 Sequential Couleur Avec Memoire 的缩写）制又称为顺序传输存储制，1966 年在法国首先使用。在 SECAM 制中，每一行的两个色差信号分别用频率不同的两个副载波进行调频调制，再将两个已调色差信号逐行轮换，分别插入亮度信号的高频端，形成彩色图像信号。在同一时间内传输通道中只有一行的一个色差信号与亮度信号，同一行中的亮度信号要传输两次，两个色差信号不会发生串扰现象。该制式的缺点是电视接收机的电路比较复杂。

NTSC 制、PAL 制、SECAM 制虽然都能和黑白电视兼容，但是，由于传送色差信号的方式不同，致使这三种制式之间不能相互兼容收看。三种彩色电视制式的参数见表 1—8—2。

表 1—8—2　三种彩色电视制式的参数

参数 \ 制式	PAL（中国）	NTSC（美国）	PAL（德国）	SECAM（法国）
频道宽度（MHz）	8	6	7	8
第二中频频率（MHz）	6.5	4.5	5.5	6.5
伴音调制方式	调频	调频	调频	调频
色副载波（MHz）	4.43	3.58	4.43	4.43
副载波调制方式	逐行倒相正交平衡调幅	正交平衡调幅	逐行倒相正交平衡调幅	调频
视频带宽（MHz）	6	4.2	5	6
视频信号调制方式	负极性	负极性	负极性	正极性
行扫描频率（Hz）	15625	15734	15625	15625
场扫描频率（Hz）	50	60	50	50
每帧行数	625	525	625	625

二、NTSC 制

1. 正交平衡调幅制

所谓正交平衡调幅制，就是把正交调幅与平衡调幅结合到一起的调幅方法。

（1）平衡调幅

平衡调幅是指信号调幅后又把载波抑制掉的调幅。它与普通调幅波的不同之处是平衡调幅不输出载波信号，即调制的低频信号为零时载波信号也为零。

信号进行平衡调幅的目的不是用来发射信号，而是对信号的频谱位置进行移动，以便于两个信号进行叠加。

下面将平衡调幅与一般调幅进行比较。

设调制信号 $u_m=U_m\cos\Omega t$，载波信号 $u_s=U_s\cos\omega t$，则当进行一般调幅时，形成的一般调幅信号可表示为：

$$
\begin{aligned}
u_a &= (U_s+u_m)\cos\Omega t \\
&= (U_s+U_m\cos\Omega t)\cos\omega t \\
&= U_s\cos\omega t+U_m\cos\Omega t\cos\omega t
\end{aligned}
$$

也可以写成：

$$u_a=U_s\cos\omega t+\frac{1}{2}U_m\cos(\omega+\Omega)t+\frac{1}{2}U_m\cos(\omega-\Omega)t$$

由此可以看出，一般调幅波是由以载频 ω 为中心、上下边频为 $\omega\pm\Omega$ 的三个分量组成的，其波形如图 1—8—1c 所示。

如果把调制信号中的 $U_s\cos\omega t$ 载波分量去掉，即变为平衡调幅波，其表达式为：

$$u_b=U_m\cos\omega t\cos\Omega t=\frac{1}{2}U_m\cos(\omega+\Omega)t+\frac{1}{2}U_m\cos(\omega-\Omega)t$$

由此可以看出，平衡调幅波为调制信号与载波信号的乘积，平衡调制器实质上是一个乘法器。平衡调幅波的频谱只有 $\omega\pm\Omega$ 的边频分量，没有载频 ω，其波形如图 1—8—1d 所示。

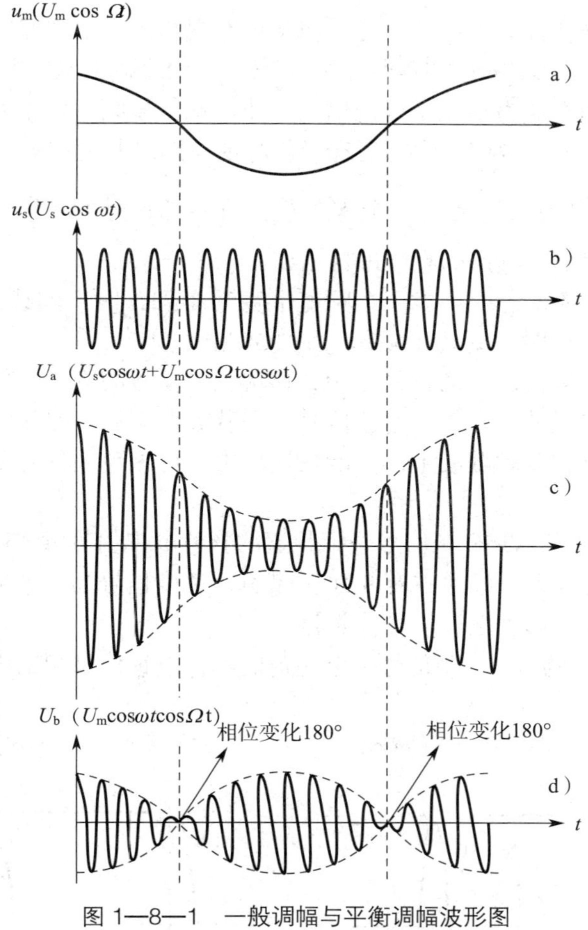

图 1—8—1　一般调幅与平衡调幅波形图

a）调制信号　b）载波信号　c）一般调幅波　d）平衡调幅波

采用抑制副载波的平衡调幅来传送色度信号，不但能减少色度信号对亮度信号的干扰，还可大大减小发射功率。

（2）正交调幅

用两个调制信号分别对频率相同、相位相差 90° 的两个载波信号进行调幅，然后再将它们矢量相加，就得到正交调制信号，这种调制方法叫正交调幅。

（3）正交平衡调幅

如果用两个调制信号分别对两个正交载波进行平衡调幅，就叫正交平衡调幅。两个调幅信号的矢量和，就是正交平衡调幅信号。

设用载频为 ω 的正交副载波分别对 u_1 与 u_2 进行平衡调幅，再进行相加，即成为正交平衡调幅波，合成信号表达式为：

$$u=u_1\sin\omega t+u_2\cos\omega t$$

两个信号进行正交调幅的目的是，让两个调幅信号相互叠加后还能重新进行分离，以便于多个信号混合以后一起传输出去。

2. NTSC 制副载波的选择

平衡调幅使用的载波称为副载波。为了使彩色电视与黑白电视兼容，根据大面积着色原理，只传送 0 ~ 1.3 MHz 范围的色差信号。先用正交的两个副载波分别对两个色差信号进行平衡调幅；再相互叠加，成为正交平衡调幅波，使色差信号频谱发生移动；最后根据频谱交错原理，将色差信号插入亮度信号中，实现彩色电视与黑白电视兼容。

NTSC 制在选择副载波时，采用 $\frac{1}{2}$ 行频间置，即色差信号的频谱与亮度信号频谱要交错半行，而且要靠近亮度信号频谱的高端进行相加。

在 NTSC 制彩色电视系统中，当一个频道带宽为 8 MHz 时，副载波频率选用 4.43 MHz；当一个频道带宽为 6 MHz 时，副载波频率选用 3.58 MHz。

色差信号对副载波进行调幅的目的是为了移动色差信号的频谱，以便实现频谱间置，这和无线电发送中的调幅目的不一样。色差信号经副载波调制后仍然作为视频信号，它和亮度信号混合后还需要调制在高频载波上，才能发送出去。可见色差信号要经过两次调幅，但两次调幅的目的不一样。

副载波为 4.43 MHz 的 NTSC 制信号一个频道的彩色电视信号频谱图如图 1—8—2a 所示。它也采用残留边带发送，每一频道占有 8 MHz 带宽，色度信号插入亮度信号中传送，不增加视频信号的带宽，实现了彩色电视信号的兼容。

副载波为 3.58 MHz 的 NTSC 制信号一个频道的彩色电视信号频谱图如图 1—8—2b 所示。

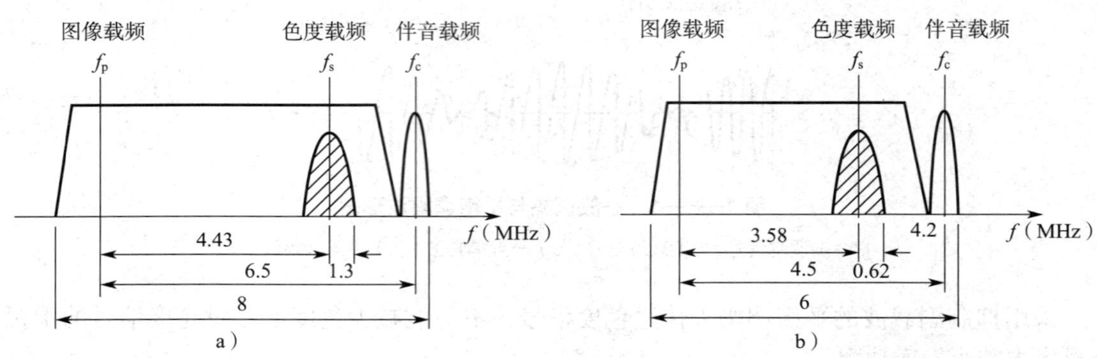

图 1—8—2 彩色电视高频信号频谱

a）副载波为 4.43 MHz 的频谱 b）副载波为 3.58 MHz 的频谱

3. NTSC 制色度信号的形成

色度信号的形成方法是，先对红、蓝两个色差信号进行压缩，然后分别与相位相差 90° 的副载波进行平衡调幅，再将两个平衡调幅信号相加，即可得到正交平衡调幅的色度信号。

两个色差信号之所以要先进行压缩，是因为幅度过大时会对亮度信号产生干扰。压缩后的两个色差信号分别用 U 和 V 表示，即：

$$U=0.493U_{B-Y}$$

$$V=0.877U_{R-Y}$$

式中，0.493 和 0.877 分别是两个色差信号 U_{B-Y} 和 U_{R-Y} 的压缩系数。压缩后的色差信号分别对两个正交副载波 $\sin\omega t$ 和 $\cos\omega t$ 进行平衡调幅，得到两个平衡调幅信号：

$$F_U=U\sin\omega_s t$$

$$F_V=V\cos\omega_s t$$

这两个平衡调幅信号频率相等，相位相差 90°，将它们相加可得到正交平衡调幅色度信号：

$$F=F_U+F_V=U\sin\omega_s t+V\cos\omega_s t$$

F 称为已调色度信号或简称色度信号，它可以用矢量来表示，叫彩色矢量，如图 1—8—3 所示。

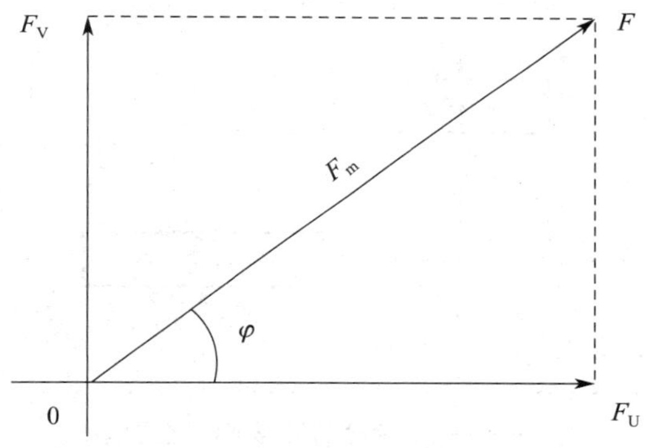

图 1—8—3 彩色矢量图

由图 1—8—3 可知，色度信号的幅值和相角为：

$$F_m=\sqrt{U^2+V^2}$$

$$\varphi=\arctan\frac{V}{U}$$

由上式可以看出，色度信号的振幅 F_m 由色差信号 U、V 的大小决定，它反映了彩色的饱和度；色度信号的相角 φ 由色差信号 V、U 的比值决定，它反映了彩色的色调。这说明色度信号包含了全部色度信息。

色差信号 U、V 的带宽为 2.6 MHz，它与亮度信号相加后的频谱如图 1—8—4 所示。

色度信号形成电路的方框图如图 1—8—5 所示。由副载波发生器产生的副载波信号经放大后，直接加至 U 平衡调制器，对 U 信号进行平衡调幅，产生平衡调幅波 F_U；同时副载波信号经 90° 移相后成为正交副载波 $\cos\omega_s t$，送入 V 平衡调制器，对 V 信号进行平衡调幅，得到平衡调幅波 F_V。将 F_U 和 F_V 同时送往加法器进行混合，在输出端便得到色度信号 F。

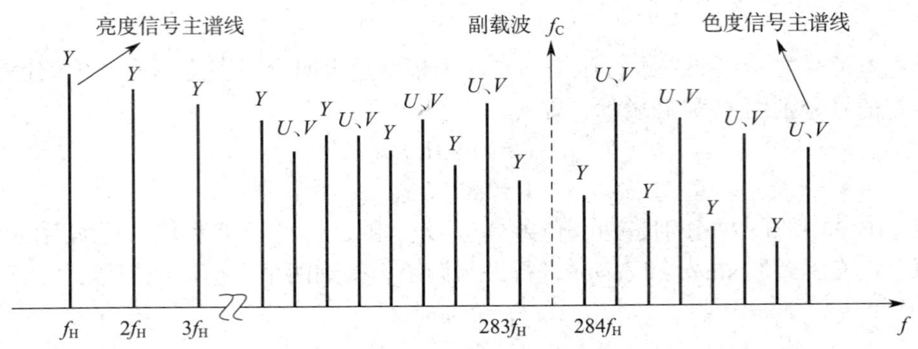

图 1—8—4　NTSC 制亮度信号与色度信号频谱图

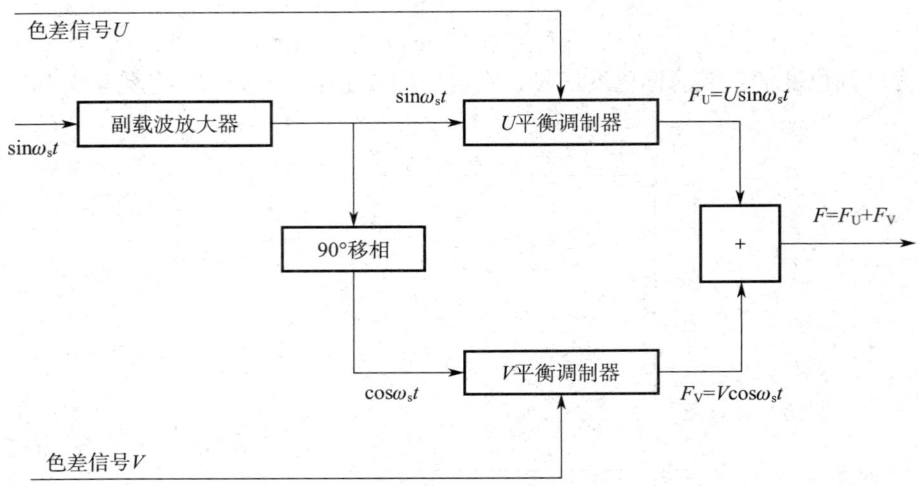

图 1—8—5　色度信号形成电路方框图

色度信号与亮度信号相加后，其波形如图 1—8—6 所示。图 1—8—6e 中的信号幅度是通过式 $F_m=\sqrt{U^2+V^2}$ 计算得出的。

4. NTSC 制色同步信号与彩色全电视信号

（1）NTSC 制色同步信号的作用

色度信号 F 是正交平衡调幅波，在接收机中，要利用同步检波器把其还原成 U 和 V 两个色差信号。同步检波器在工作时，必须有一个与副载波同频、同相的信号才能完成检波。但由于平衡调幅波抑制了副载波，为了保证接收机中副载波恢复电路产生的副载波与发送端调制用的副载波同频、同相，发送端还要传输一个控制信号，称为色同步信号。色同步信号由一小串副载波群组成，约有 9 ~ 11 个周期，宽度约为 2.25 μs，它能反映发送端副载波的频率和相位信息。

（2）NTSC 制色同步信号的位置

色同步信号是在逆程期间传送的，它位于行消隐信号之上、行同步信号之后，幅度和行同步信号相同，如图 1—8—7a 所示。

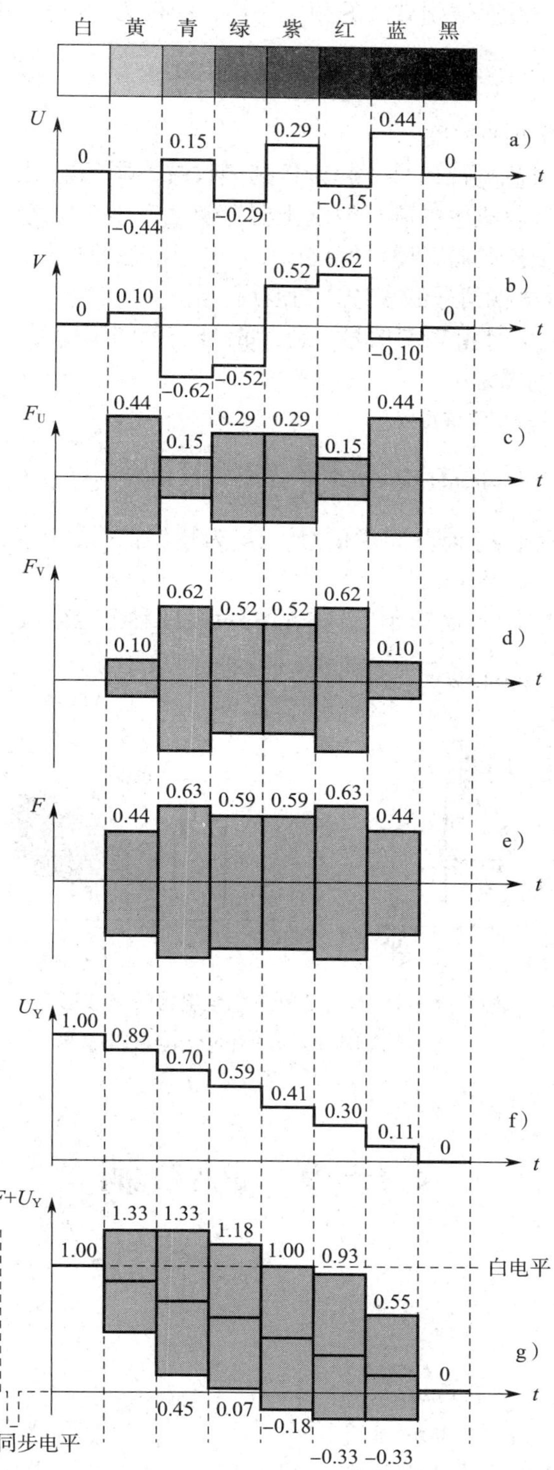

图 1—8—6　兼容制亮度信号与色度信号波形图

（3）NTSC 制色同步信号的表达式

色同步信号的频率与发送端副载波的频率一样，相位为 180°，可表示为：

$$F_b=\frac{B}{2}\sin(\omega_s t+180°)$$

式中，B 为色同步脉冲的幅度。

色同步信号与其他彩色电视信号一起传送到接收端，彩色电视接收机将它从彩色电视信号中分离出来，去控制接收机中的副载波发生器，使之产生与发送端同频、同相的再生副载波，将该副载波加至同步检波器，便可解调出 U、V 两个色差信号。

（4）NTSC 制彩色全电视信号的表达式与波形

NTSC 制彩色全电视信号由亮度信号、色度信号、色同步信号、复合同步信号、复合消隐信号等组成。它的表达式为：

$$FBYS=F+F_b+U_Y+U_s$$
$$=U\sin\omega_s t+V\cos\omega_s t+\frac{B}{2}\sin(\omega_s t+180°)+U_Y+U_s$$

式中，F 为色度信号，F_b 为色同步信号，U_Y 为亮度信号，U_s 为辅助信号（复合同步信号、复合消隐信号等）。

图 1—8—7b 所示是 NTSC 制彩条信号一行的负极性彩色全电视信号波形图。

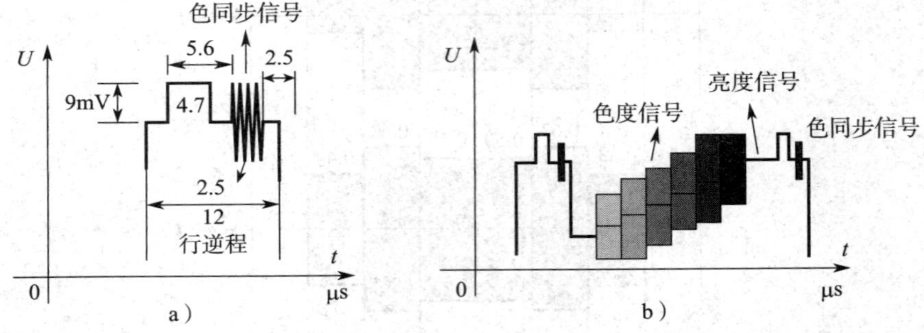

图 1—8—7　NTSC 制彩色全电视信号波形图

a）色同步信号波形　b）彩色全电视信号波形

§ 1—9　PAL 制

学习目标

1. 掌握彩条信号的矢量表示法。
2. 了解 PAL 制克服相位失真的原理。
3. 掌握 PAL 制色度信号的产生原理。
4. 掌握 PAL 制彩色全电视信号的组成与波形。

PAL 制是在 NTSC 制基础上改进的制式，其最大的优点是能克服相位变换引起的色调失真。

一、彩条信号矢量表示法

1. 彩条信号矢量表示法

彩条信号既可以用波形图来表示，又可以用矢量图来表示。在彩色矢量图中，矢量的模值表示色度信号的饱和度，模值越小，饱和度越低，坐标原点的饱和度为零。矢量水平轴正方向的夹角 φ 称为相角，它表示色度信号的色调，相角 φ 的变化反映了颜色类别的改变。按矢量的长短和相角就可以准确求得色度信号的饱和度和色调失真情况。

根据式 $F_m=\sqrt{U^2+V^2}$ 可以计算得出 NTSC 制彩条信号的幅度，通过 $\varphi=\arctan\frac{V}{U}$ 计算出各彩条的相角，计算结果见表 1—9—1。

表 1—9—1　　NTSC 制压缩后彩条信号的幅度与相角

彩条	U_Y	U	V	F_m	φ
白	1.00	0	0	0	—
黄	0.89	−0.439	0.097	0.44	167°
青	0.70	0.148	−0.614	0.63	283°
绿	0.59	−0.291	−0.517	0.59	241°
紫	0.41	0.291	0.517	0.59	61°
红	0.30	−0.148	0.614	0.63	103°
蓝	0.11	0.439	−0.097	0.44	347°
黑	0	0	0	0	—

2. 彩条信号的彩色矢量图

根据表 1—9—1 中的数据可以画出 NTSC 制压缩后的彩条信号彩色矢量图，如图 1—9—1 所示。

由图 1—9—1 可知，各种彩色在矢量图中均有确定的位置；任意两个彩色矢量，按平行四边形法则都可以合成另外一个彩色矢量。

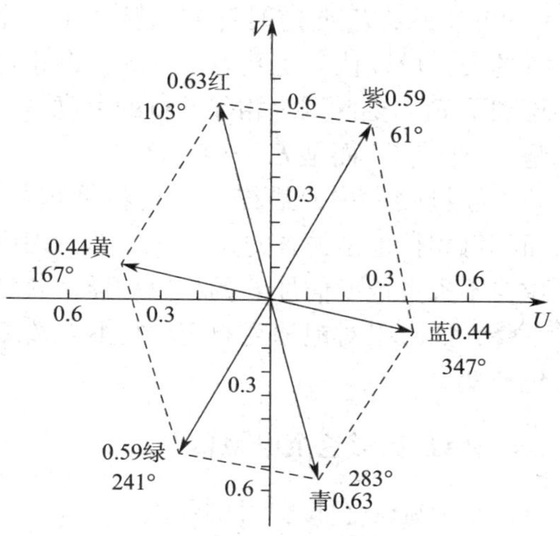

图 1—9—1　NTSC 制的彩色矢量图

二、彩色失真的原因与克服方法

1. 彩色失真的含义

彩色的失真可分为亮度失真、饱和度失真和色调失真。亮度失真主要影响景物的层次；饱和度失真主要影响彩色的深浅程度，在矢量图中表现为矢量长短的变化；而色调失真则会改变景物的颜色，在矢量图中表现为矢量相位的变化。在这三种失真中，人眼对色调的失真最敏感，特别是对比较熟悉的一些颜色，如绿叶、红花、人的肤色等，失真后会使人感到很不真实。

2. 彩色失真的原因

引起相位失真的原因有很多，其中以传输系统的非线性引起的相位失真最为严重。实践证明，为了使人感觉不到色调的畸变，相位失真应小于 ±5°。

3. PAL 制克服色调失真的原理

PAL 制是利用将 V 信号隔行倒相来克服色调畸变的，下面用图 1—9—2 来说明 PAL 制克服色调畸变的原理。

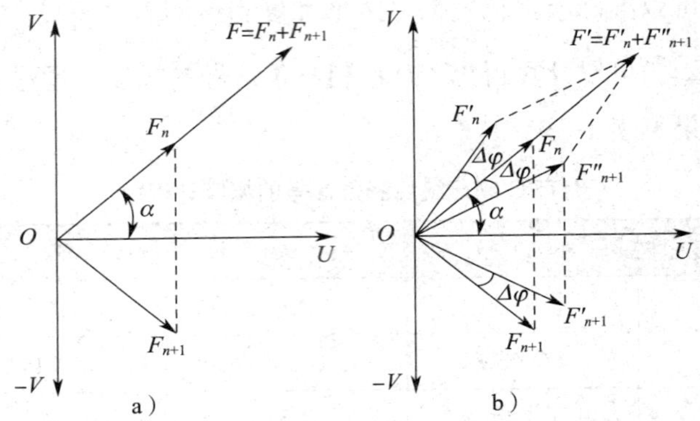

图 1—9—2　PAL 制克服色调畸变的原理图

在信号的发送端，如果用 F_n 表示第 n 行的色度信号矢量，F_{n+1} 表示第 n+1 行的色度信号矢量，由于第 n 行和第 n+1 行是相邻行，可以认为它们的颜色是一样的，即 $F_n=F_{n+1}$，而且可以认为 $F=F_n=F_{n+1}=（F_n+F_{n+1}）/2$。

在发送第 F_n 行的色度信号时，V 分量不进行倒相；在发送第 n+1 行的色度信号时，对 V 分量进行倒相，如图 1—9—2a 所示，色度信号矢量 F_n（不倒相行）与 F_{n+1}（倒相行）的 U 分量相等，V 分量绝对值相等而符号相反，即 F_n 与 F_{n+1} 互为镜像。

如果信号在传输时相位发生了失真，即不倒相行的色度信号 F_n 发生相位失真，如图 1—9—2b 所示，F_n 向逆时针方向转动了一个 $\Delta\varphi$，偏移到了 F_n' 处，在下一行时，由于相邻两行的失真可以认为是基本一样的，倒相行 F_{n+1} 的色度信号相位也逆时针转动了一个 $\Delta\varphi$，偏移到了 $F_n{'}_{+1}$ 处。因为相邻两行的色度信号在传送过程中都产生了失真，所以接收机收到的不是 F_n 与 F_{n+1}，而是 F_n' 与 $F_n{'}_{+1}$。

在接收机中，最终还是要将倒相行 $F_n{'}_{+1}$ 重新倒回来，因此，失真的 $F_n{'}_{+1}$ 变成了 $F_n{''}_{+1}$，而不倒相行也是失真的，为 F_n'。从图中可以看出，F_n' 与 $F_n{''}_{+1}$ 合成后的色度信号矢量 F' 的相位与不失真色度信号 F 的相位一样，只是矢量的长度比原来略短了一点，这只会引起饱和度下降，而人眼对饱和度的变化是不太敏感的。上述表明，PAL 制可以消除相位失真引起的彩色畸变。

三、PAL 制彩色全电视信号

1. PAL 制色度信号的形成

PAL 制色度信号的形成与 NTSC 制方法大致相同，也是先把三个基色信号 U_R、U_G、U_B

变成一个亮度信号 U_Y 和两个色差信号 U、V，然后对 U、V 信号进行正交平衡调幅，再把两个已调色差信号合成色度信号，并插入到亮度信号的高频端中去。与 NTSC 制不同的是，PAL 制将色度信号中的 F_V 分量进行隔行倒相，隔行倒相后的色度信号是：

第一行：$F=U\sin\omega_s t+V\cos\omega_s t$

第二行：$F=U\sin\omega_s t-V\cos\omega_s t$

第三行：$F=U\sin\omega_s t+V\cos\omega_s t$

第四行：$F=U\sin\omega_s t-V\cos\omega_s t$

如此类推，PAL 制色度信号的数学表达式为：

$$F=U\sin\omega_s t\pm V\cos\omega_s t$$

式中，± 号表示第 n 行取（+）号，第 $n+1$ 行取（–）号。通常把与 NTSC 制一样取正号的行叫 NTSC 行，把取负号的行叫 PAL 行。即：

$$F_{NTSC}=U\sin\omega_s t+V\cos\omega_s t$$

$$F_{PAL}=U\sin\omega_s t-V\cos\omega_s t$$

PAL 制隔行倒相的原理图如图 1—9—3 所示，它与 NTSC 制的区别是增加了一个 PAL 开关和一个倒相器。PAL 开关是一个由半行频对称方波控制的电子开关，它能隔行改变开关的接通位置。NTSC 行时方波是正值，使开关与接点 1 相连，输出 $\cos\omega_s t$ 副载波信号；PAL 行时方波是负值，使开关与接点 2 相连，输出 $-\cos\omega_s t$ 副载波信号，这样经 V 平衡调制器调制后的信号就是隔行倒相的 F_V 信号。U 平衡调制器对 U 信号进行调制，输出的 F_U 信号与 NTSC 制是相同的。

即：

$$F_U=U\sin\omega_s t$$

$$F_V=\pm V\cos\omega_s t$$

将两个已调色差信号相加后，就得到 PAL 制色度信号 F（$F=F_U\pm F_V$）。

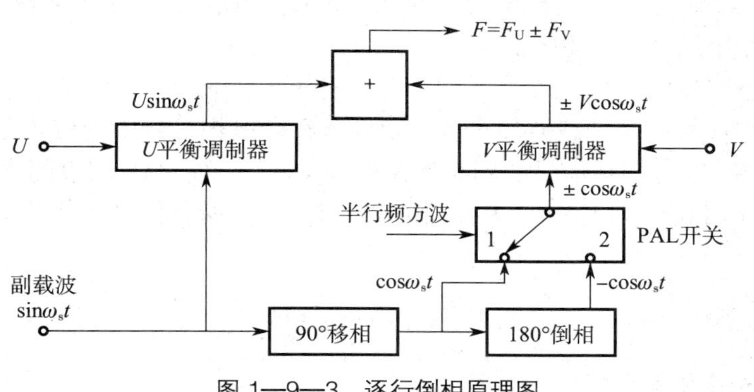

图 1—9—3　逐行倒相原理图

在接收机中必须将 PAL 行色度信号分量 F_V 重新倒回来，为此在接收机中送入 V 同步检波器的副载波也应与发送端一样，交替地送入 $\pm\cos\omega_s t$ 副载波，用 $+\cos\omega_s t$ 解调 NTSC 行，用 $-\cos\omega_s t$ 解调 PAL 行，从而正确解调出 V 信号。

2. PAL 制副载波的选择

PAL 制将色度信号的 F_V 隔行倒相进行传送，频谱结构与 NTSC 有所不同，PAL 制副载波采用 $\frac{1}{4}$ 行频间置，即亮度信号的频谱与色度信号的频谱应错开 $\frac{1}{4}$ 行进行相加，副载波的频率选用 4.433 MHz。

采用 $\frac{1}{4}$ 行频间置的 PAL 制亮度信号与色度信号相加后的频谱如图 1—9—4 所示。

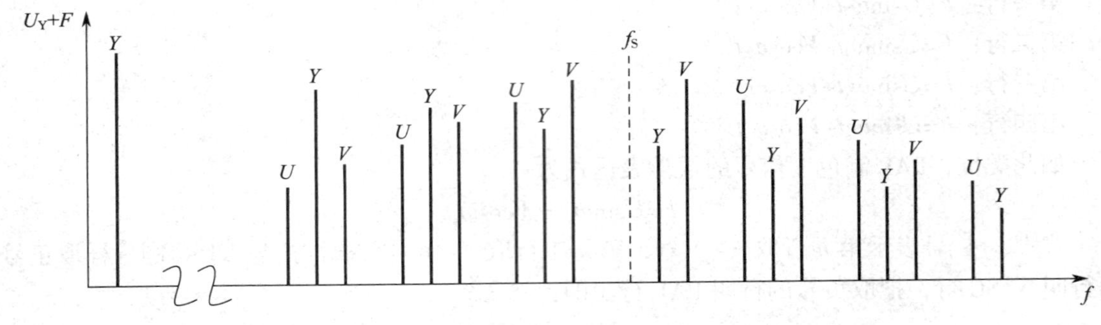

图 1—9—4　PAL 制亮度信号、色度信号的频谱

3. PAL 制色同步信号

（1）PAL 制色同步信号的作用

PAL 制彩色电视接收机在对色度信号进行解调时，要把 F_V 分量的相位再逐行倒回来，要求 PAL 开关能够正确识别哪一行是 NTSC 行，哪一行是 PAL 行。发送过来的是 NTSC 行信号时，PAL 开关输出 $+\cos\omega_s t$ 副载波；发送过来的是 PAL 行信号时，PAL 开关输出 $-\cos\omega_s t$ 副载波。为此，发送端就要发送一个附加的控制信号，这个信号就是色同步信号。

在发送色同步信号时，NTSC 行与 PAL 行的色同步信号相位是不同的。NTSC 行的色同步信号相位为 +135°，PAL 行的色同步信号相位为 −135°。因此，PAL 制的色同步信号除了为接收机恢复副载波提供一个相位基准，使其与发送端副载波同频、同相外，还要能完成对 PAL 行的识别，保证收、发两端隔行倒相同步进行。前一个作用与 NTSC 制色同步信号是一样的，后一个作用是 PAL 制独有的。

（2）PAL 制色同步信号表达式

PAL 制色同步信号所含副载波的个数、幅度和在全电视信号中的位置等都与 NTSC 制一样，不同的是 NTSC 制色同步信号的副载波相位为 180°，而 PAL 制色同步信号的副载波相位逐行变化，NTSC 制时为 +135°，PAL 制时为 −135°，两行的平均相位为 180°，其表达式为：

$$F_b=\frac{B}{2}\sin(\omega_s t\pm 135°)$$

4. PAL 制彩色全电视信号

（1）PAL 制彩色全电视信号的表达式

PAL 制彩色全电视信号也是由亮度信号、色度信号、色同步信号及复合同步信号、复合消隐信号等组成，与 NTSC 制不同的是，色度信号 F_V 分量逐行倒相，色同步信号的相位逐行变动，其表达式为：

$$\begin{aligned}FBYS&=F+F_b+U_Y+U_s\\&=U\sin\omega_s t\pm V\cos\omega_s t+\frac{B}{2}\sin(\omega_s t\pm 135°)+U_Y+U_s\end{aligned}$$

（2）PAL 制彩色全电视信号的波形

标准彩条 PAL 制彩色全电视信号的波形与 NTSC 制是相同的，只是色同步信号的相位不同，图 1—9—5 所示为 PAL 制彩条图像的彩色全电视信号波形图。

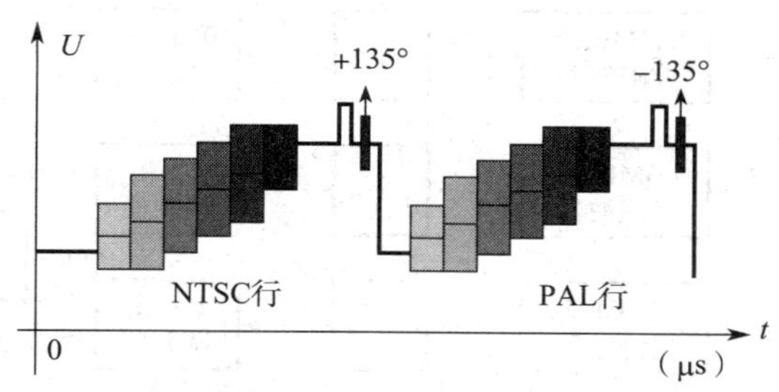

图 1—9—5　PAL 制彩色全电视信号波形图

§1—10　PAL 制解码器和 NTSC 制解码器

1. 了解 PAL 制彩色全电视信号的编码过程。
2. 掌握 PAL 制解码器的组成与工作原理。
3. 了解 NTSC 制解码器的组成与工作原理。

一、PAL 制彩色全电视信号的编码过程

把三基色信号 U_R、U_G、U_B 按一定方式编制成彩色全电视信号的过程称为编码，完成这一任务的电路称为编码器，PAL 制编码器的方框图如图 1—10—1 所示。其编码过程如下：

（1）将 U_R、U_G、U_B 三个基色信号送入矩阵电路进行变换，产生出亮度信号 U_Y 和色差信号 U_{R-Y} 和 U_{B-Y}。

（2）为了减小色度信号的干扰，让亮度信号通过一个中心频率为 4.43 MHz、带宽为 2.6 MHz 的陷波器，以滤去（4.43 ± 1.3）MHz 的色度信号。亮度信号经过放大后，与行、场同步信号和消隐信号 U_s 混合。此外，由于色差信号经过低通滤波器后会引起附加延时，为了使亮度信号与色度信号同时进入信号混合电路，需要对亮度信号进行适当延时，延时量为 0.6 μs 左右。

（3）色差信号经过适当的幅度压缩和频谱压缩（0 ~ 6 MHz 变为 0 ~ 1.3 MHz）后，得到新的色差信号 U 和 V。

（4）$\sin\omega_s t$ 经 90° 移相、180° 倒相和 PAL 开关电路后，得到 $\pm\cos\omega_s t$ 副载波，将色差信号 V 与 $+K$ 脉冲混合后，再与副载波 $\pm\cos\omega_s t$ 进行平衡调幅，得到已调色差信号 F_V 和色同步信号分量 F_{bV}。将色差信号 U 与 $-K$ 脉冲混合后，再与副载波 $\sin\omega_s t$ 进行平衡调幅，得到已调色差信号 F_U 和色同步信号 F_{bU}。上述这些信号混合后，形成色度信号 F 和色同步信号 F_b。

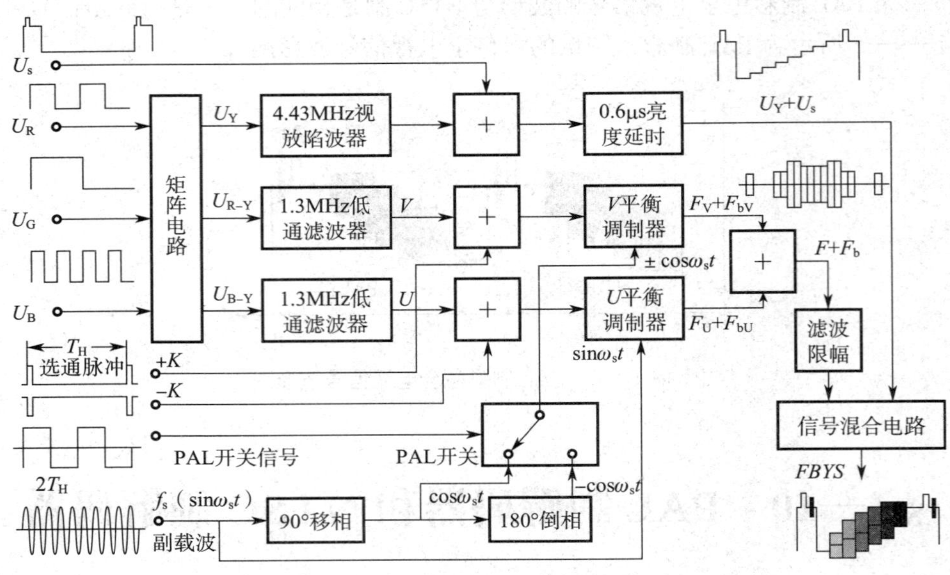

图 1—10—1　PAL 制编码器方框图

（5）将色度信号，色同步信号，亮度信号，行、场同步信号和消隐信号在信号混合电路中混合后，即形成彩色全电视信号。

二、PAL 制解码器的组成与工作原理

1. PAL 制解码器的组成

把彩色全电视信号还原成三基色信号的过程叫解码，它是编码的逆过程。完成解码任务的电路叫解码器，PAL 解码器由亮度通道、色度通道、基准副载波恢复电路和矩阵电路四大部分组成，其组成方框图如图 1—10—2 所示。

由图可以看出，从预视放输出的彩色全电视信号进入解码器后，首先将色度信号与亮度信号进行分离，然后从色度信号中解调出色差信号，再将亮度信号与色差信号同时送入矩阵电路，最后得到三基色信号。另外，为了解调出色差信号，需要给解调器提供副载波，因此，解码器中要设置基准副载波恢复电路。

2. PAL 制解码器的工作原理

（1）亮度信号和色度信号的分离

首先通过频率分离电路将彩色全电视信号中的亮度信号和色度信号进行分离。在亮度通道中，用一个 4.43 MHz 的陷波器将彩色全电视信号中的色度信号滤除，保留亮度信号；在色度通道中，设立一个色度带通滤波器，其中心频率为 4.43 MHz，带宽为 2.6 MHz，用它从彩色全电视信号中选出色度信号，如图 1—10—3 所示。

（2）亮度信号的处理

滤除色度信号后的亮度信号送入 0.6 μs 延时电路，延时后的亮度信号经放大后送至基色矩阵电路中。

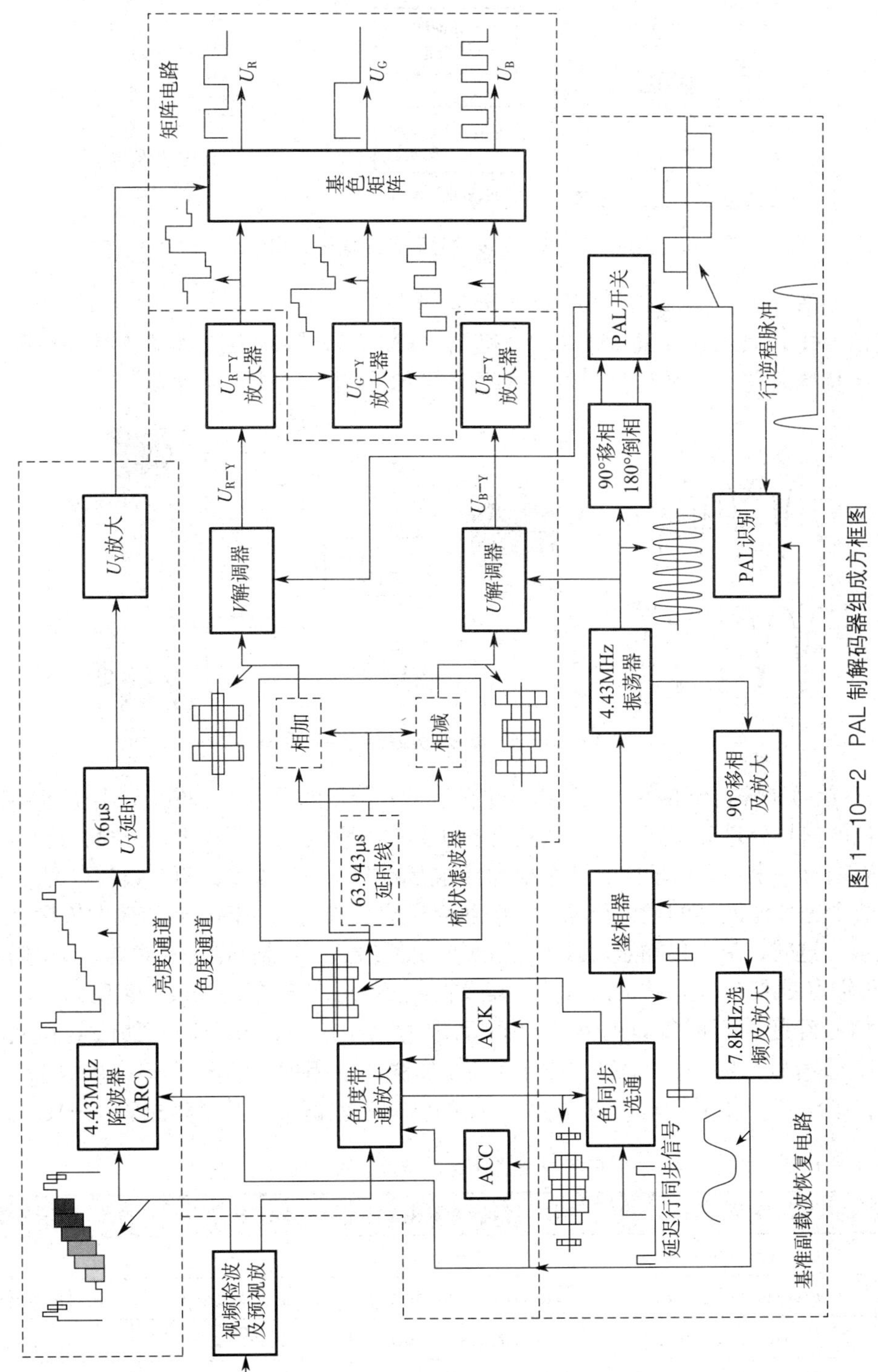

图 1—10—2　PAL 制解码器组成方框图

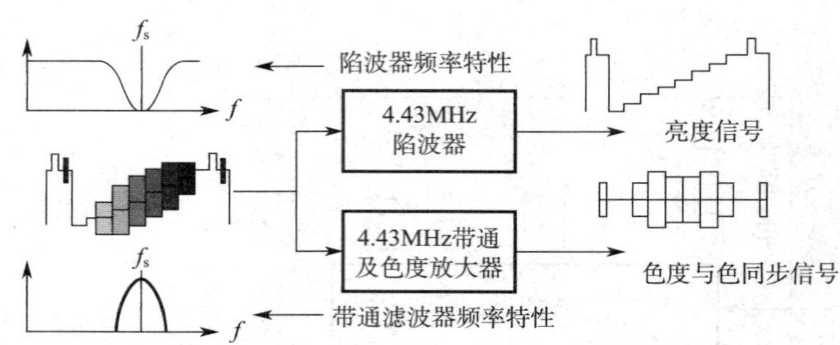

图 1—10—3　亮度信号和色度信号分离电路

（3）色度信号 F 分离成 F_U 和 F_V 两个分量

色度信号中包含有两个正交分量 F_U 和 F_V，PAL 解码器采用梳状滤波器来实现 F_U 和 F_V 的分离。梳状滤波器又叫延时解调器，其组成方框图如图 1—10—4 所示。

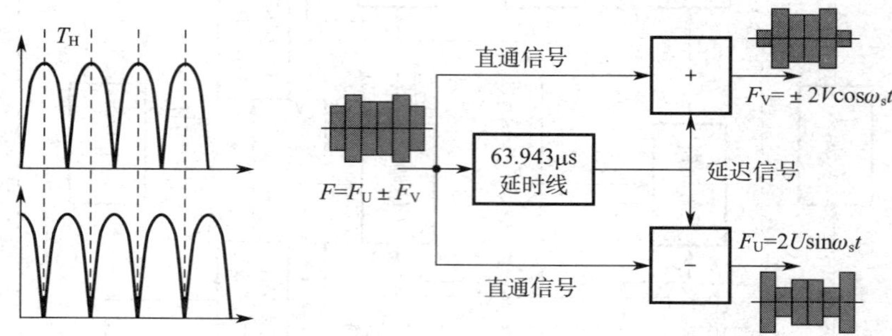

图 1—10—4　梳状滤波器组成方框图

由于 F_V 信号是隔行倒相的，频谱中两个色度信号分量的主谱线正好错开半个行周期。为了把这两个色度信号分量分离开来，采用具有梳状频率特性的滤波器来进行分离，这种滤波器每隔一个行周期有一个最大传输点，两个最大传输点的中心是吸收点，两个吸收点的间距也为行周期。将两个这种滤波器的最大传输点和吸收点做成交错的，并将它们的最大传输点对准 F_U、F_V 的主谱线，这时，最大传输点对准 F_U 主谱线的滤波器，其吸收点正好对准 F_V 的主谱线，同理，最大传输点对准 F_V 主谱线的滤波器，其吸收点正好对准 F_U 的主谱线，实现 F_U、F_V 的分离。

色度信号经超声延时线延时 63.943 μs 后成为反相信号，分别送入加法器和减法器中。当前行的直通信号与前一行的延时倒相信号在加法器中相加，输出 $F_V=\pm 2V\cos\omega_s t$ 的已调色差信号；在减法器中相减，输出 $F_U=2U\sin\omega_s t$ 的已调色差信号。其过程见表 1—10—1。

表 1—10—1　　梳状滤波器分离 F_V 与 F_U 的原理

行数	直通信号	前一行延时倒相信号	加法器输出	减法器输出
n	$U\sin\omega_s t+V\cos\omega_s t$	—	—	—
$n+1$	$U\sin\omega_s t-V\cos\omega_s t$	$-U\sin\omega_s t-V\cos\omega_s t$	$-2\ V\cos\omega_s t$	$2\ U\sin\omega_s t$
$n+2$	$U\sin\omega_s t+V\cos\omega_s t$	$-U\sin\omega_s t+V\cos\omega_s t$	$+2\ V\cos\omega_s t$	$2\ U\sin\omega_s t$
$n+3$	$U\sin\omega_s t-V\cos\omega_s t$	$-U\sin\omega_s t-V\cos\omega_s t$	$-2\ V\cos\omega_s t$	$2\ U\sin\omega_s t$
$n+4$	$U\sin\omega_s t+V\cos\omega_s t$	$-U\sin\omega_s t+V\cos\omega_s t$	$+2\ V\cos\omega_s t$	$2\ U\sin\omega_s t$

（4）F_U 和 F_V 信号的解调

梳状滤波器输出的 F_V 信号经 V 同步解调器解调后输出 V 信号；输出的 F_U 信号经 U 同步解调器解调后输出 U 信号。U、V 信号经放大电路和矩阵电路输出三个色差信号 U_{R-Y}、U_{G-Y}、U_{B-Y}。

为了实现同步解调，解码器中还必须有一个本机副载波振荡电路，通过锁相环路得到与色同步信号同频、同相的基准副载波。同步解调过程及波形变换如图 1—10—5 所示。

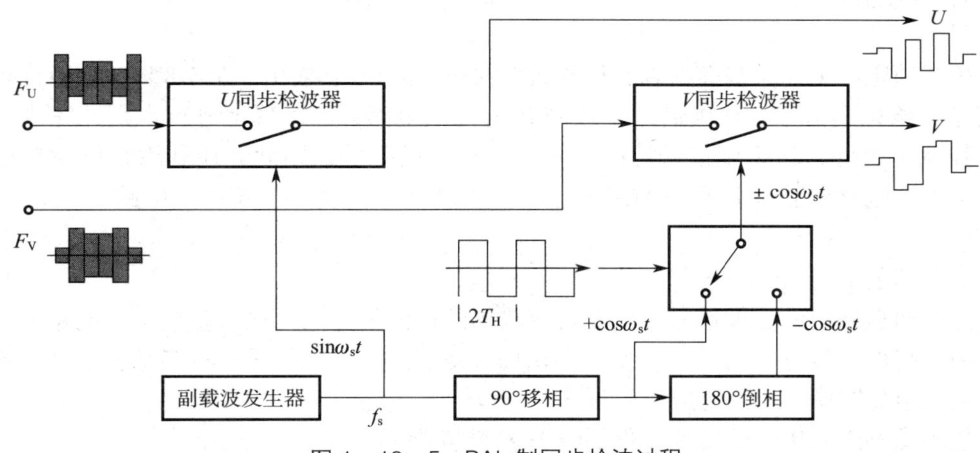

图 1—10—5　PAL 制同步检波过程

（5）色同步信号与色度信号的分离

利用色同步信号和色度信号出现的时间不同（色同步信号在行逆程期间出现，色度信号在行正程期间出现），采用时间分离的方法，将色同步信号和色度信号进行分离，其分离电路如图 1—10—6 所示。

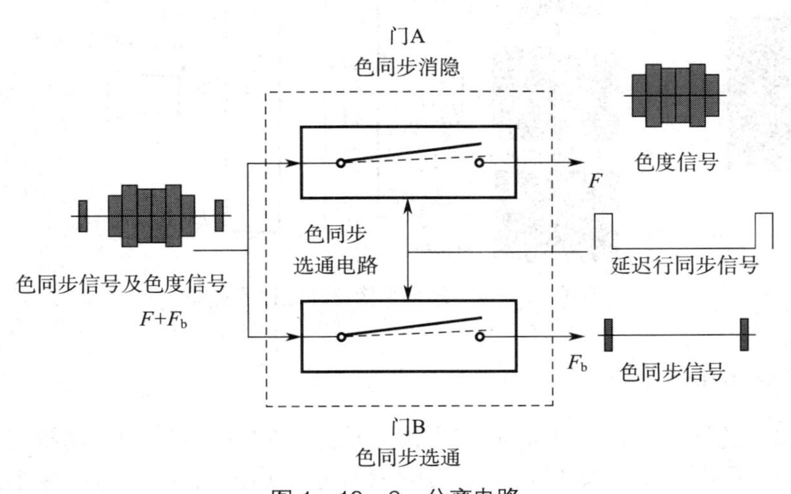

图 1—10—6　分离电路

图 1—10—6 中，A、B 两个门电路在门控脉冲控制下交替导通。门控脉冲是将行同步脉冲经过一定的延时后取得，它与色同步脉冲在时间上是一致的。在门控脉冲到达时，门 A 关

断，门 B 导通，在门 B 输出色同步信号；门控脉冲过去后，门 A 导通，门 B 关断，在门 A 输出色度信号，这样就实现了色度信号和色同步信号的分离。

（6）基准副载波的恢复

将色同步信号和副载波振荡电路送来的副载波信号一起送入鉴相器中进行比较，鉴相器输出一个误差控制电压，去控制副载波振荡器的频率和相位，使它和发送端同步。与发送端同频、同相的副载波一路送入 U 同步检波器解调出 U 信号；另一路将经过 90° 移相和 180° 倒相的副载波送入 PAL 开关，完成对副载波的逐行倒相，然后送入 V 同步解调器解调出 V 信号。

鉴相器锁定后（此时基准副载波和发送端同频、同相），输出一个 7.8 kHz 的半行频 PAL 识别信号。该识别信号经放大后用于控制 PAL 开关电路，能准确地进行识别并完成对 PAL 开关的控制。另外，该识别信号还能反映色度信号的强弱，因此，还利用它作为自动色度控制（ACC）电路、自动消色（ACK）电路、自动清晰度控制（ARC）电路的输入与控制信号。

（7）三基色信号的还原

由亮度通道输出的亮度信号和色度通道输出的色差信号同时输入基色矩阵电路中；在矩阵电路中，亮度信号分别与三个色差信号相加，得到三个基色信号；将三基色信号送到彩色显像管重现彩色图像，从而完成解码工作。

彩色图像发送与接收的处理过程如图 1—10—7 所示。

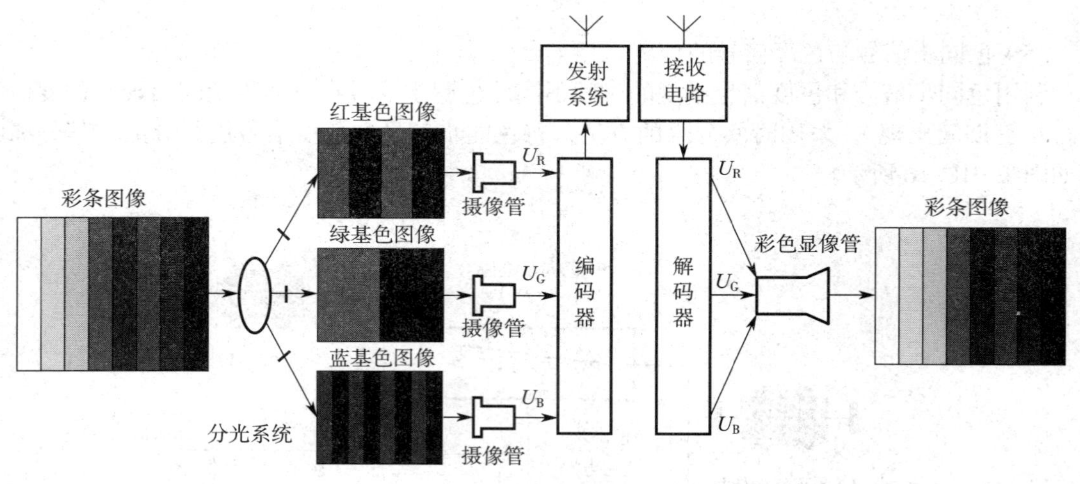

图 1—10—7　彩色图像处理过程示意图

三、NTSC 制解码器的组成

目前生产的电视机都具有 NTSC 制信号接收功能，NTSC 制与 PAL 制解码器的组成是不同的。NTSC 制解码器组成方框图如图 1—10—8 所示。由图可见，NTSC 制解码器的组成比 PAL 制解码器简单许多，除了亮度通道等部分电路相同外，它没有梳状滤波器、PAL 开关等电路，U 和 V 同步检波器仍采用双差分模拟乘法器。

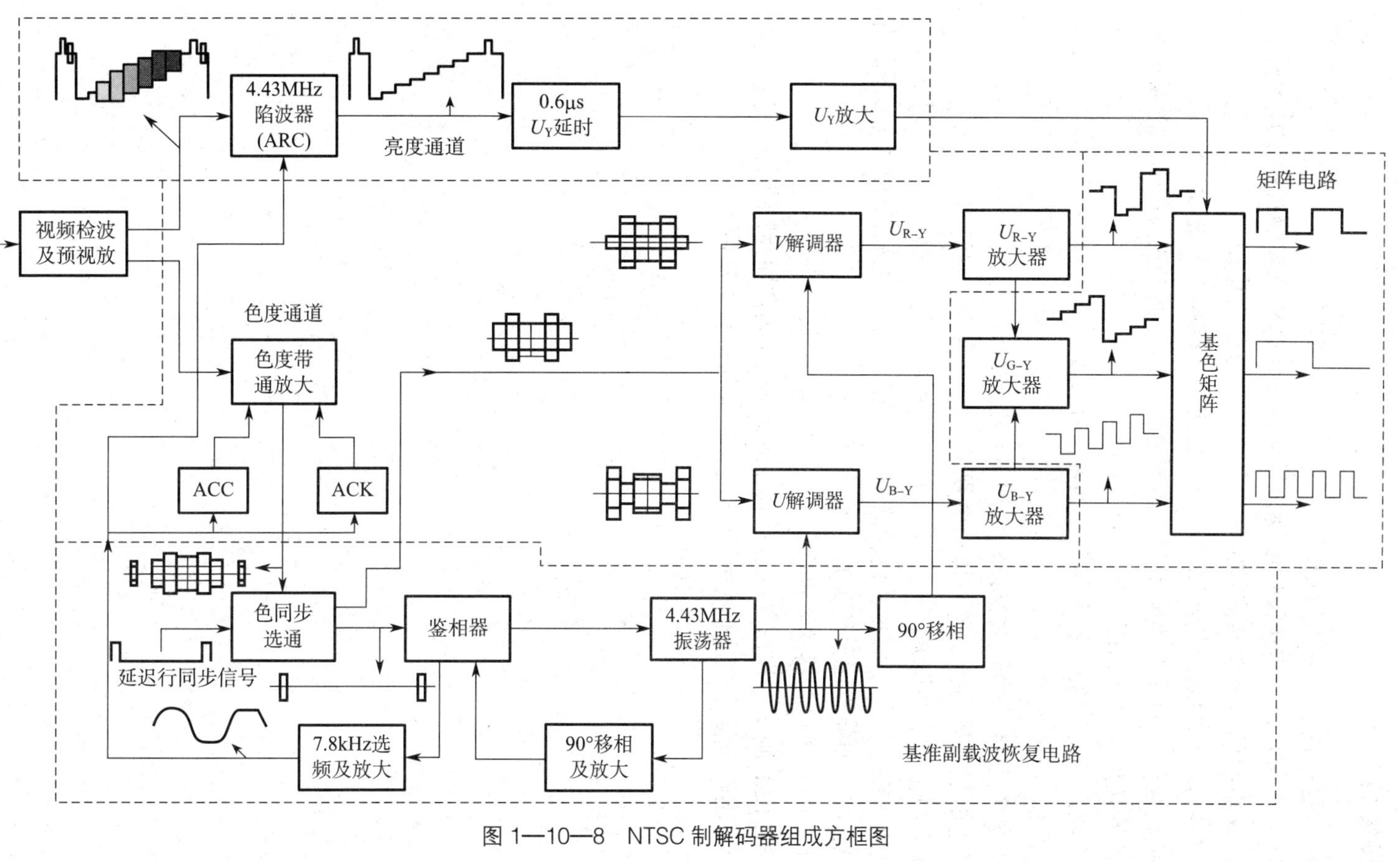

图 1—10—8　NTSC 制解码器组成方框图

思考与练习

1. 如何传送一幅静止的图像?
2. 什么叫隔行扫描?传送模拟电视信号时,为什么要采取隔行扫描技术?
3. 黑白全电视信号由哪些信号组成?各个信号有什么作用?
4. 画出一行六级的灰度竖条图像波形,标出信号的幅度与宽度。
5. 模拟电视信号为什么要采用残留边带进行发送?画出残留边带发送频谱图。
6. 物体的颜色是由什么因素决定的?
7. 什么叫彩色三要素?各个要素分别是由什么所决定的?
8. 简述三基色原理。
9. CRT 彩色显像管为什么要设置自动消磁电路?
10. 彩色电视信号为什么要与黑白电视信号进行兼容?如何实现兼容?
11. 什么叫正交平衡调幅制?
12. 画出 NTSC 制色差信号、色度信号、亮度信号、全电视信号的波形图,并标出参数。
13. PAL 制是如何克服色调失真的?
14. 画出 PAL 制解码器的方框图。
15. 写出 PAL 制全电视信号的表达式,画出全电视信号的波形图。
16. PAL 制解码器中亮度信号与色度信号是如何进行分离的?

第二章　遥控彩色电视机原理与维修

第一章主要对电视机图像信号与伴音信号的调制、发送过程，黑白全电视信号与彩色全电视信号的组成、产生原理，彩色电视信号制式与解码器的组成、工作原理进行了系统介绍。本章将以单片集成电路 LA7685 组成的彩色电视机为例，系统分析遥控彩色电视机的工作原理与维修方法。

§ 2—1　遥控彩色电视机的组成

学习目标

1. 掌握遥控彩色电视机的组成。
2. 能分析遥控彩色电视机的主要信号流程。

随着大规模集成电路制造技术的不断发展，彩色电视机的集成电路先后出现了四片机、二片机、单片机、超单片机电路，集成度的提高使电视机的电路越来越简洁，功能越来越先进，可靠性越来越高。下面以单片集成电路 LA7685 组成的电视机（TCL9614C）为例，介绍单片集成电路彩色电视机的组成。

一、LA7685 集成电路简介

LA7685 单片集成电路是可以完成彩色电视机图像中频、伴音中频、亮度通道、色度通道解码、行 / 场小信号处理等功能的集成电路。它有 64 个引脚，双列直插塑料封装。

1. 图像中频通道电路

其功能与特点如下：

（1）声音与图像采用准分离技术，声图干扰小。

（2）采用直接耦合的中频放大器，中放增益高，频带宽。

（3）采用压控振荡锁相环同步检波技术，图像检波失真小。

（4）采用峰值自动增益控制（AGC）电路，线路简单，控制灵敏度高。

（5）自动频率微调（AFT）电路采用双差分乘法电路，控制灵敏度高，性能稳定。

（6）有自动消噪（ANC）电路，能自动抑制黑白噪声，抗脉冲干扰能力强。

2. 伴音中频电路

其功能与特点如下：

（1）第一伴音中频信号（31.5 MHz）采用声图准分离技术，由 LC 滤波电路在声表面滤波器（SAWF）之前取出，声图干扰小。

（2）第二伴音中频信号由第一伴音中频信号与压控振荡器产生的 38 MHz 基准信号进行差频后得到，无声、色中频信号差频（33.57–31.5=2.07 MHz）干扰。

（3）采用双差分正交伴音鉴频电路，电路简单，音质好。

（4）有 AV/TV 切换功能。

3. 亮度通道电路

亮度通道电路主要包括陷波器、延时电路、对比度调节电路、亮度调节电路、自动亮度限制电路、行 / 场消隐电路、锐度调节电路、黑色电平扩展电路。

4. 色度通道解码电路

色度通道解码电路主要包括带通放大电路、梳状滤波器、同步检波电路、彩色副载波恢复电路、色饱和度调节电路、ACC 电路、字符显示叠加电路，能进行 PAL 制 4.43 MHz、NTSC 制 4.43 MHz 和 3.58 MHz 多制式解码，输出 R–Y、G–Y、B–Y 色差信号。

5. 同步分离及扫描电路

这部分电路包括复合同步信号分离电路、32 倍行频振荡电路、分频电路、AFC 电路、行推动电路、场同步矩形脉冲形成电路。

6. 单片集成电路 LA7685 各引脚功能

单片集成电路 LA7685 各引脚功能见表 2—1—1。

表 2—1—1　　单片集成电路 LA7685 各引脚功能表

引脚	引脚功能	符号	引脚	引脚功能	符号
1	调频检波输出	FM DET OUT	19	自动相位控制滤波	APC F
2	图像中频电路供电	IF VCC	20	B–Y色差信号输入	B–Y IN
3	调频检波移相	FM DET SHIFT	21	制式选择控制	X–TAL SW
4	AV音频输入	EXT AUDIO IN	22	R–Y色差信号输入	R–Y IN
5	高放AGC输出	RF AGC OUT	23	色调控制输入	TINT
6	音频信号输出	AUDIO OUT	24	R–Y色差信号输出	R–Y OUT
7	AV/TV切换控制	AV/TV	25	G–Y色差信号输出	G–Y OUT
8	图像中频信号输入	PIF IN	26	B–Y色差信号输出	B–Y OUT
9	图像中频信号输入	PIF IN	27	亮度信号输出	Y OUT
10	图像中频电路接地	IF GND	28	红色字符信号输入	OSD R
11	第一伴音中频信号输入	SIF IN	29	绿色字符信号输入	OSD G
12	亮色电路供电	VCD VCC	30	字符消隐/蓝屏控制信号输入	OSD B
13	消色滤波	KILLER	31	空脚	—
14	对比度控制输入	CONTRAST	32	行扫描电路供电	H VCC
15	色度信号输出	CHROMA OUT	33	行逆程脉冲信号输入	FBP IN
16	识别滤波	IDENT F	34	X射线保护（未用接地）	X–RAY
17	3.58 MHz振荡	X–TAL	35	行激励信号输出	H OUT
18	4.43 MHz振荡	X–TAL	36	32倍行频振荡	H X–TAL

续表

引脚	引脚功能	符号	引脚	引脚功能	符号
37	行AFC滤波	AFC F	51	色饱和度控制输入	COLOR
38	水平同步检出	H COIN	52	外接AV视频信号输入	VIDEO IN
39	50/60 Hz场频检测输出	50/60	53	自动增益控制滤波	AGC F
40	场激励信号输出	V OUT	54	视频信号输入	VIDEO IN
41	复合同步脉冲信号输入	SYNC	55	高放AGC延迟调节	RF AGC
42	亮度控制输入	BRIGHT	56	视频信号输出	VIDEO OUT
43	接地	GND	57	AFT检波	AFT
44	清晰度控制输入	SHARP	58	AFT检波	AFT
45	TV视频信号输入	VIDEO IN	59	第二伴音中频信号输出	SIF OUT
46	消隐脉冲滤波	CALMP F	60	AFT控制电压输出	AFT IST
47	开关，未用接地	—	61	压控振荡	VCO
48	黑电平扩展信号输入	BLACK	62	压控振荡	VCO
49	PAL/NTSC色度信号输入	CHROMA IN	63	自动相位控制滤波	APC F
50	视频信号输出	VIDEO OUT	64	第二伴音中频信号输入	SIF IN

二、由单片集成电路 LA7685 组成的彩色电视机

9614C 型彩色电视机的组成方框图如图 2—1—1 所示。整机主要由遥控系统、高频调谐器、图像中频通道、伴音中频通道、亮色通道、行扫描电路、场扫描电路、视频输出电路、伴音功放、开关稳压电路等电路组成。

在整机组成中，由 IC201 完成图像中频信号、伴音中频信号、伴音鉴频信号、亮度信号、色度信号、行 / 场小信号等信号的处理；由 IC001、IC002、遥控接收器等电路完成遥控系统的控制功能；由 IC102 完成 6.5 MHz 与 6.0 MHz 第二伴音中频多制式信号的自动转换；由 IC601 完成伴音功放；由 IC301 完成场扫描放大与输出；由 IC101 完成两位二进制频段译码；在开关电源中，IC801 起电压调整及各种保护作用。

9614C 型彩色电视机的电路原理图见附图。

三、整机的主要信号流程

1. 公共通道信号流程

从天线输入的信号，经高频头 TU101 变频等处理后，输出 38 MHz 的图像中频信号和 31.5（或 32）MHz 的第一伴音中频信号。高频头输出的中频信号幅度都很小，只有 mV 级。38 MHz 的图像中频信号经 Q101 放大后，由 Z101 声表面波滤波器进行滤波，去掉第一伴音中频信号，从 8、9 脚进入 IC201。31.5（或 32）MHz 的第一伴音中频信号经 Q101 放大后，由 T102 进行滤波，去掉 38 MHz 的图像中频信号，从 11 脚进入 IC201。

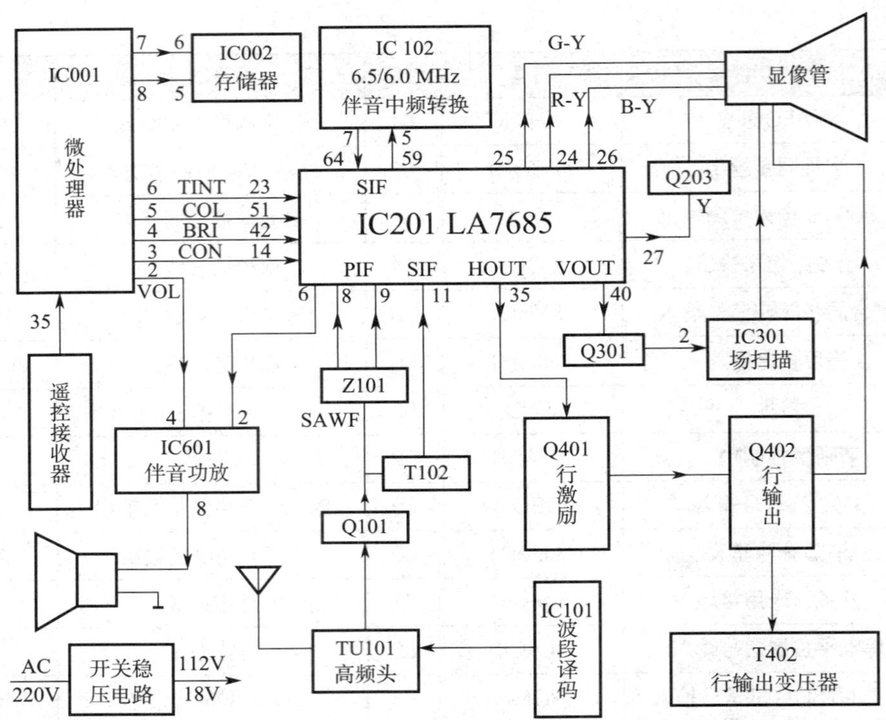

图 2—1—1　单片集成电路（LA7685）彩色电视机的组成方框图

2. 伴音通道信号流程

从 IC201 的 11 脚进入的 31.5（或 32）MHz 的第一伴音中频信号，与压控振荡电路产生的 38 MHz 正弦波信号进行差频，变为 6.5（或 6.0）MHz 的第二伴音中频信号，从 IC201 的 59 脚输出，送入 IC102 的 5 脚进行第二伴音中频信号自动变换，6.5（或 6.0）MHz 的第二伴音中频信号统一变成 6.0 MHz，输出的信号经 Z104 滤波后，取出 6.0 MHz 的信号，从 64 脚进入 IC201。6.0 MHz 信号经鉴频后变为音频信号，与 4 脚送来的外接音频信号进行 AV/TV 转换后，从 IC201 的 6 脚输出，送入 IC601 的 2 脚进行功率放大，然后从 IC601 的 8 脚输出，送往扬声器还原声音。

3. 亮度通道信号流程

图像中频信号在 IC201 内经中放与检波后，彩色全电视信号从 IC201 的 56 脚输出，经 Z103 滤波（滤去残留的 6.5 MHz 信号），从 54 脚送回 IC201，与 52 脚送来的外接图像信号进行 AV/TV 转换后，又从 IC201 的 50 脚输出，送往 Q204 进行放大，然后从多路输出。从 Q204 e 极输出的一路，经 T202 滤波取出亮度信号，当 Q212 截止时，进行 4.43 MHz 陷波；当 Q212 饱和时，进行 3.58 MHz 陷波。取出的亮度信号从 45 脚输入，经过内部处理后，亮度信号 Y 从 IC201 的 27 脚输出，由 Q203 跟随放大，送入视放矩阵电路。

4. 色度通道信号流程

Q204 e 极输出的一路由 C245、L204、C244 进行高通滤波后，取出色度信号，从 IC201 的 49 脚输入。当 Q211 截止时，进行 4.43 MHz 带通滤波；当 Q211 饱和时，进行 3.58 MHz 带通滤波。色度信号经过内部处理后，从 IC201 的 15 脚输出，经 X206、T203 等元件组成的梳状滤波器滤波后，变为 F_U 与 F_V 两个信号，分别从 20、22 脚进入 IC201。解调后从 24、

25、26 脚输出三个色差信号，送入视放矩阵电路。

5. 行场扫描信号流程

Q204 e 极输出的另一路经 R238 等从 IC201 的 41 脚输入，进行同步分离。行同步信号控制压控振荡器的振荡，产生的行驱动信号从 IC201 的 35 脚输出，经 Q401 行推动和 Q402 行输出，完成行扫描任务。产生的场驱动信号从 IC201 的 40 脚输出，经 Q301 倒相放大，进入 IC301 的 2 脚，经 IC301 场锯齿波形成、激励与放大电路后，从 11 脚输出，完成场扫描任务。

§2—2　高频调谐器电路分析与故障检修

学习目标

1. 掌握高频调谐器电路的组成与工作原理。
2. 掌握高频调谐器电路电参数的测量内容。
3. 掌握高频调谐器电路的故障特点、检修方法。

由天线传输过来的信号，首先进入电视机的高频调谐器电路，高频调谐器又称为高频头。高频调谐器的作用是将天线传输过来的信号进行选择、放大、差频变换，输出 38 MHz 的图像中频信号和 31.5 MHz 的第一伴音中频信号。

一、高频调谐器的种类与性能要求

1. 高频调谐器的种类

（1）按接收频段来分，可分为 VHF、UHF、V/U 一体化全频段高频调谐器。

（2）按电路结构来分，可分为机械式与电调谐式高频调谐器。

（3）按选台方法来分，可分为电压合成式与频率合成式高频调谐器。电压合成式又有普通高频调谐器与 I^2C 总线技术控制的高频调谐器之分。

目前普通的彩色电视机一般使用 V/U 一体化、电调谐、电压合成方式的高频调谐器，而高清晰 CRT 电视机与平板电视机一般使用 V/U 一体化、频率合成式、I^2C 总线技术控制式高频调谐器。

2. 高频调谐器基本的电路组成（即单频段高频调谐器的电路组成）

单频段的高频调谐器不论何种结构，其电路都是由高通（带通）滤波器、输入回路、高频放大器、本机振荡器和混频器组成的。单频段高频调谐器的基本组成方框图如图 2—2—1 所示。

需要注意的是，若是全频段高频调谐器，则是由 VL、VH、U 三个频段的电路组成的，各个频段的工作频率虽不同，但其组成结构是一样的。

3. 高频调谐器各部分的作用

（1）高通（带通）滤波器

高通（带通）滤波器的作用是滤除 40 MHz 以下的各种干扰信号，取出某一频段内的电视信号，如取出 VHF 频段的信号。

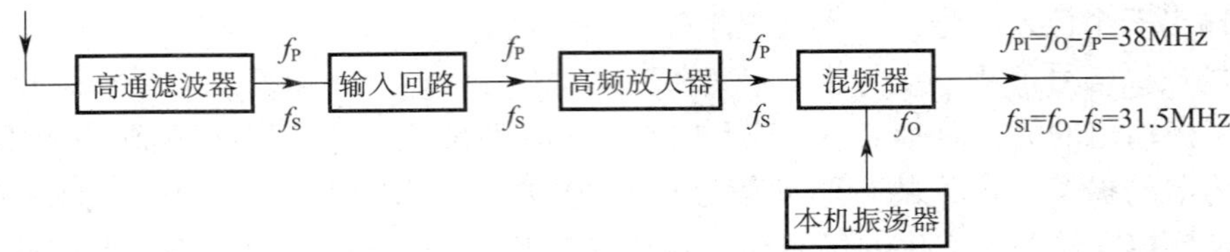

图 2—2—1　单频段高频调谐器的基本组成方框图

（2）输入回路

输入回路是由电感与电容组成的 LC 串联谐振回路，谐振于某一频道（节目）对应的中心频率，并有不小于 8 MHz 的带宽，其作用是选出某一频道的电视信号。

（3）高频放大器

高频放大器的作用是对输入回路送来的微弱高频电视信号进行放大，它是一个增益受 RF AGC 电压控制、有足够带宽、LC 双调谐回路的选频放大器。

（4）本机振荡器

本机振荡器的作用是产生高频振荡信号，其任一频道的振荡频率总是高出所接收频道的图像载频 38 MHz 和伴音载频 31.5 MHz。

全频段高频调谐器一般通过改变电感量来转换频段，通过改变变容二极管的电容量来转换频道。

（5）混频器

混频器的作用是将本机振荡器产生的、频率为 f_O 的本振信号与所接收到的图像载频为 f_P、伴音载频为 f_S 的信号进行差频，输出 38 MHz（f_O-f_P=38 MHz）的图像中频信号和 31.5 MHz（f_O-f_S=31.5 MHz）的伴音中频信号。混频原理与收音机完全相同。

4. 高频调谐器的性能要求

高频调谐器位于电视接收机的最前端，其性能直接影响到整机的灵敏度及声图质量，对高频调谐器的主要性能要求如下：

（1）选择性要好。高频信号中包含有用的电视信号和各种干扰信号，调谐器在选出有用电视信号的同时，还要求能最大限度地抑制邻近频道和其他干扰信号带来的影响。选择性不好的高频调谐器，会出现邻近频道节目的模糊干扰图像。

（2）增益要足够大，噪声系数要小，否则电视机重现图像的清晰度会变差。

（3）本机振荡器振荡频率的稳定性要高。本机振荡频率的稳定性不好时，会直接影响到输出中频信号频率的稳定性，即输出的中频会偏离 38 MHz 与 31.5 MHz，电视机会出现走台现象。

（4）电路的带宽不应小于 8 MHz，否则会出现一个频道的节目中声图不能完全兼顾的现象，即图像清晰时，伴音有杂音，或伴音清楚时，图像又不清晰。

（5）自动增益控制能力要强。不同频道信号的强弱差异是很大的，要求高频调谐器能随输入信号强弱的变化自动调整高放级的增益，以尽量保持输出的中频信号幅度基本不变。

二、电压合成式高频调谐器的工作原理

1. 全频段高频调谐器的组成方框图

前面已介绍了高频调谐器的基本组成，那是单频段高频调谐器的组成结构。由于目前大

部分电视机使用的高频调谐器都是全频段、电压合成式高频调谐器，故以这种高频调谐器为例，介绍其组成结构与工作原理。这种高频调谐器的内部组成方框图如图 2—2—2 所示。

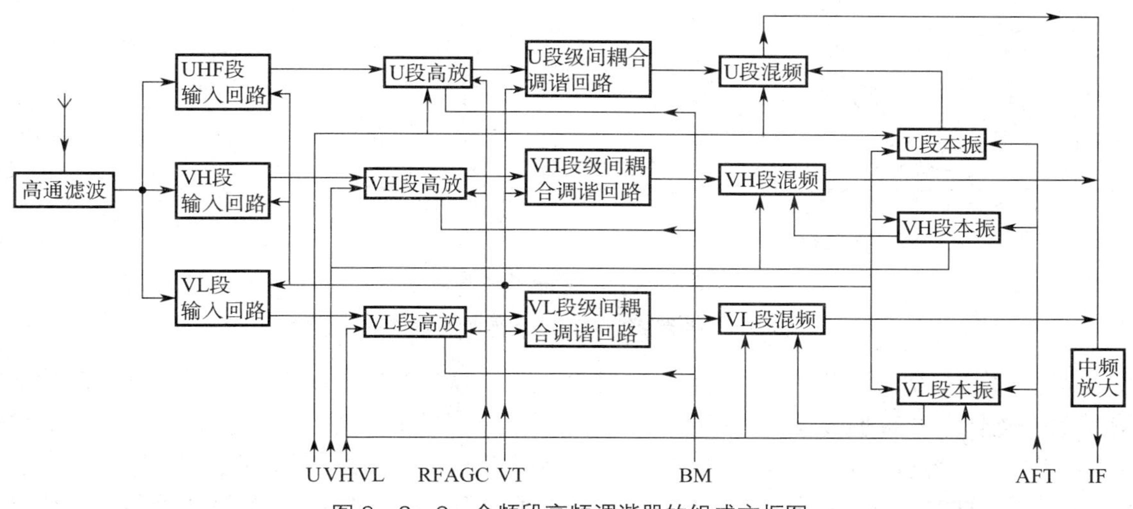

图 2—2—2　全频段高频调谐器的组成方框图

由图 2—2—2 可见，高频调谐器是由 VL、VH、U 三个相对独立的调谐通道构成的，每个通道都有各自的输入选台回路、高放电路、级间耦合调谐回路、本振电路及混频电路。

VL、VH、U 三个频段的高放级都受 RF AGC 电压控制。VT 电压同时送到每个通道的输入选台回路、级间耦合调谐回路、本振电路。AFT 电压同时送到三个频段的本振电路。

高频调谐器内的本振电路、混频电路、中频放大电路等一般都集中在一个集成电路里，电路非常简洁。

2. 接收频段的切换方法

电视台在 VL、VH、U 三个频段里都传送电视信号，电视机的高频调谐器是通过什么方法转换接收频段的呢?

转换接收频段的方法通常有两种：其一是用一个开关二极管的通断来改变 LC 回路中的电感量，其他元件则是公共的；另一种是让每个频段都有高放、本振、混频电路，各频段相对独立，互不影响。目前使用的高频调谐器，尤其是 I^2C 总线技术控制的高频调谐器，改换频段的方法以第二种居多。

其实，电视机中的高频调谐器，不论用哪一种方法来切换频段，都是通过控制 VL、VH、U 三个频段电压的有无来实现的。当 VL=12 V、VH=0 V、U=0 V 时，电视机接收的是 VL 频段内的节目；当 VH=12 V、VL=0 V、U=0 V 时，电视机接收的是 VH 频段内的节目；当 U=12 V、VL=0 V、VH=0 V 时，电视机接收的是 U 频段内的节目。

3. 选台的原理

电视台在每一个频段内都传送好几个台，电视机的高频调谐器是通过什么方法来进行选台的呢?

电视机是通过改变变容二极管所加反向电压的大小，从而改变其等效电容量，也即改变 LC 回路谐振频率来实现选台的，与单波段收音机选台的方法完全相同。

变容二极管的特性曲线及 LC 调谐回路的工作原理如图 2—2—3 所示。

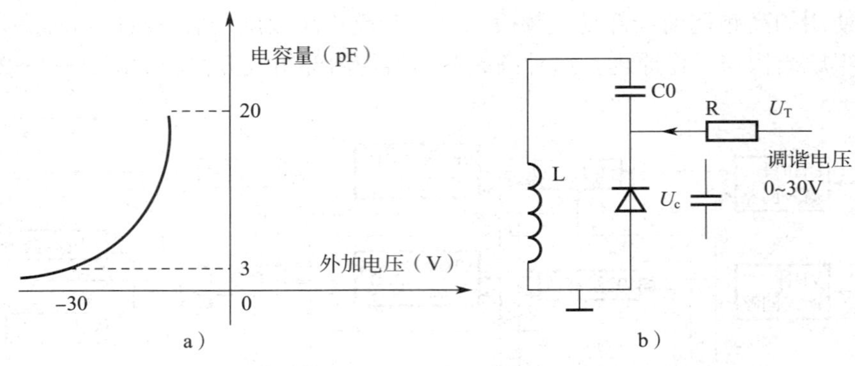

图 2—2—3　选台工作原理

a）变容二极管特性曲线　b）调谐回路工作原理

图 2—2—3a 表示给变容二极管施加一个 0 ~ 30 V 连续可调的反向电压 U_T 时，其等效电容量的变化情况，所加的反向电压越大，其等效电容量越小。图 2—2—3b 所示为实际应用电路，图中 C0 容量较大，为隔直流电容，并不是谐振电容，R 为隔离电阻。

值得注意的是，根据超外差接收机的工作原理，选台时，其输入回路的电容量、高放级输出的电容量、双调谐回路的电容量与本振回路的电容量应是同步变化，才能协调工作，故在高频调谐器 VL、VH、U 任一频段中，其输入回路、高放电路、双调谐回路和本振回路中，都有一只变容二极管（共有四只），调谐电压也就应送往各只变容二极管。

4. 高频调谐器各引脚的名称及作用

常见的电压合成式高频调谐器引脚图如图 2—2—4 所示。

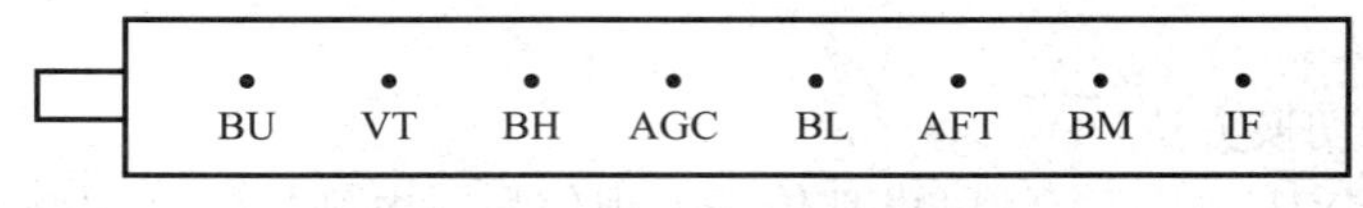

图 2—2—4　高频调谐器引脚图

各引脚的作用如下：

（1）IF（中频信号输出端）：输出的图像中频信号频率为 38 MHz，第一伴音中频信号的频率为 31.5 MHz，输出电压的大小为 mV 级。

（2）BM（电源输入端）：一般为 12 V，由稳压电路进行供电。

（3）AFT（自动频率微调电压输入端）：由图像中频通道的 AFT 鉴频电路送来，与 VT 端输入的调谐电压一起控制高频头的本振频率，确保本振频率稳定。AFT 的电压一般为 5 V。

（4）AGC（高放管 RF AGC 电压输入端）：由图像中频通道送来，电压大小约为 5 V。

（5）BL（有时写成 VL 或 I，VHF−L 频段的供电端）：提供 VL 频段转换电压。

（6）BH（有时写成 VH 或Ⅲ，VHF−H 频段的供电端）：提供 VH 频段转换电压。

（7）BU（有时写成 U，UHF 频段的供电端）：提供 U 频段转换电压。

（8）VT（调谐电压输入端）：在 0 ~ 30 V 内连续可调，用于改变高频头的本振频率和调谐电压的大小，即可接收不同频道的节目。

5. 接收不同频段的电视信号时，高频调谐器各引脚的电压值

高频调谐器可以接收 VL、VH、U 任一频段内的电视信号，工作在不同频段时，各引脚

电压有的有变化，有的无变化，见表 2—2—1。

表 2—2—1　　接收不同频段的电视信号时，高频调谐器各引脚的电压值

引脚	IF	BM	VT	AFT	AGC	BL	BH	BU
接收VL段节目时	mV级	12 V	0～30 V	5 V	5 V	12 V	0 V	0 V
接收VH段节目时	mV级	12 V	0～30 V	5 V	5 V	0 V	12 V	0 V
接收U段节目时	mV级	12 V	0～30 V	5 V	5 V	0 V	0 V	12 V

由表 2—2—1 可见，改变不同的接收频段，是通过改变频段 BL、BH、BU 的供电情况来实现的。任一频段内 VT 端输入的调谐电压的变化范围都是相同的，为 0～30 V，改变 VT 端输入的调谐电压，就可在某一个频段内接收不同的台。

三、高频调谐器电路工作原理分析

1. 高频调谐器及其控制电路原理图

高频调谐器及其控制电路原理图如图 2—2—5 所示。

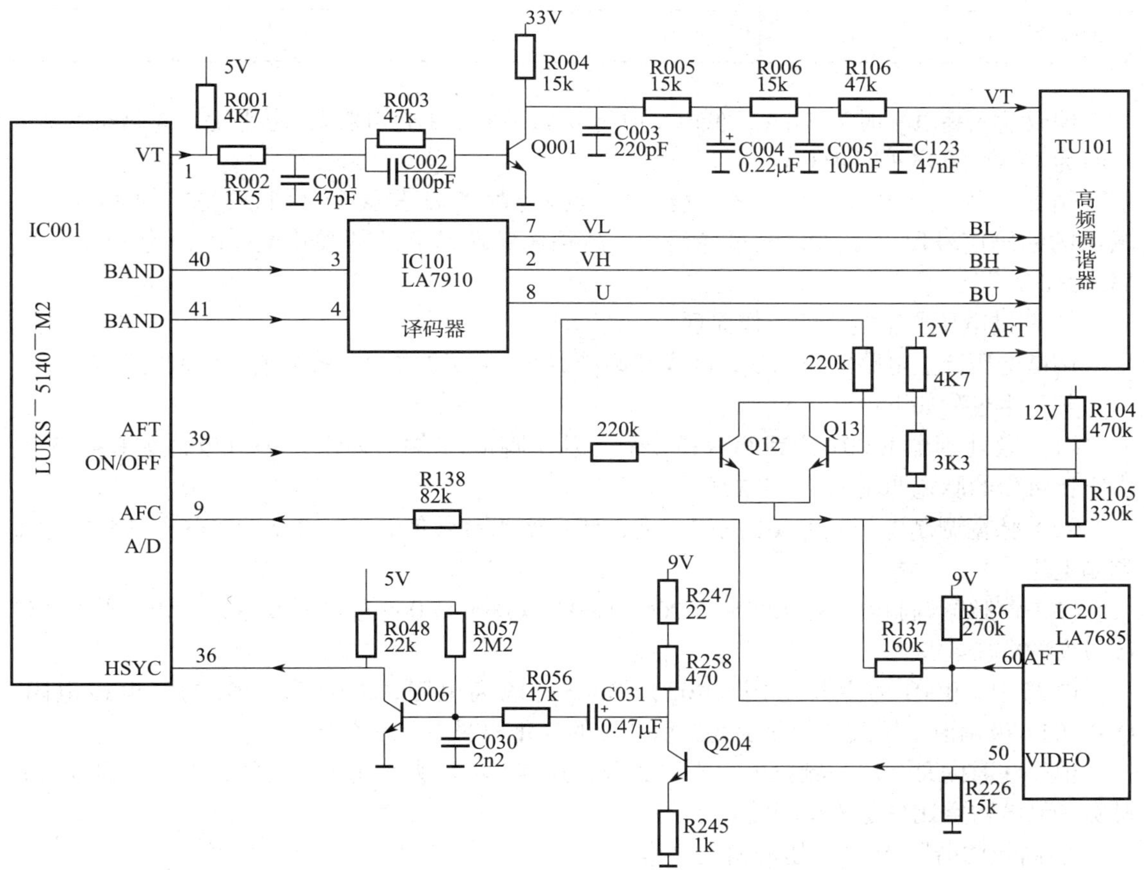

图 2—2—5　高频调谐器及其控制电路原理图

由图 2—2—5 可见，整个电路主要由微处理器 IC001 的 40、41 脚的编码信号输出电路、IC101 频段译码电路、VT 电压产生电路、高频调谐器等电路组成。

2. 频段转换控制电路的工作原理

频段转换控制电路的作用是，向高频调谐器提供频段转换控制 BL、BH、BU 电压。

9614C 型彩色电视机频段转换电压产生电路的工作原理是，微处理器 IC001 的 40、41 脚输出两位二进制编码信号，送入 IC101 的 3 脚和 4 脚，经 IC101 译码后，按编码要求输出 BL、BH、BU 三个频段转换电压，送往高频调谐器的相应输入端，完成频段转换控制。其编码与译码逻辑关系见表 2—2—2。

表 2—2—2　　频段转换编码与译码逻辑关系表

	编码输入		译码输出		
	IC001 40 脚（IC101 3 脚）	IC001 41 脚（IC101 4 脚）	IC101 7 脚	IC101 2 脚	IC101 8 脚
VL段收台时	0	1	12 V	0 V	0 V
VH段收台时	1	0	0 V	12 V	0 V
U段收台时	1	1	0 V	0 V	12 V

编码输入高电平时为 3.6 V，低电平时为 0 V，输入端开路时以高电平论。译码输出高电平时为 12 V，低电平时为 0 V。

例如，若某台在 VH 段传送，当使用者按遥控器收看这个台时，IC001 的 40、41 脚输出的编码信号便为 1、0，经过译码后，送往高频调谐器的频段转换电压便为 VH=12 V，VL=U=0 V。

3. 调谐电压产生电路的工作原理

调谐电压产生电路的作用是，向高频调谐器的 VT 端提供 0 ~ 30 V 连续可调的调谐电压。

其产生过程如下：

（1）微处理器 IC001 接到调台指令后，从 1 脚（VT 端）输出一个有效值为 0 ~ 4.5 V，占空比可变的脉宽调制电压（PWM 波）。

（2）脉宽调制电压被 Q001 倒相放大，使之变为有效值为 0 ~ 33 V，占空比可变的脉宽调制电压。

（3）该脉宽调制电压被 R005、R006、C003、C004、C005 进行滤波后，即变为平滑、连续可变的电压。

电路中，R001 为上拉电阻，R002、R003 为隔离电阻，R004 为 Q001 的集电极电阻。Q001 的 c 极调谐电压波形变化及滤波后波形的变化如图 2—2—6 所示。

值得注意的是，同一频段内，不同的台，其调谐电压大小是不相同的，微处理器输出的脉宽调制波占空比也是不相同的。

4. 高频调谐器 AGC 电压的输入电路

IC201 内中频公共通道电路产生的 RF AGC 电压从 5 脚输出，经过 R116A、R115A、C121 等滤波后，送入高频头的 AGC 端，该电压的大小约为 5 V（参看附图）。

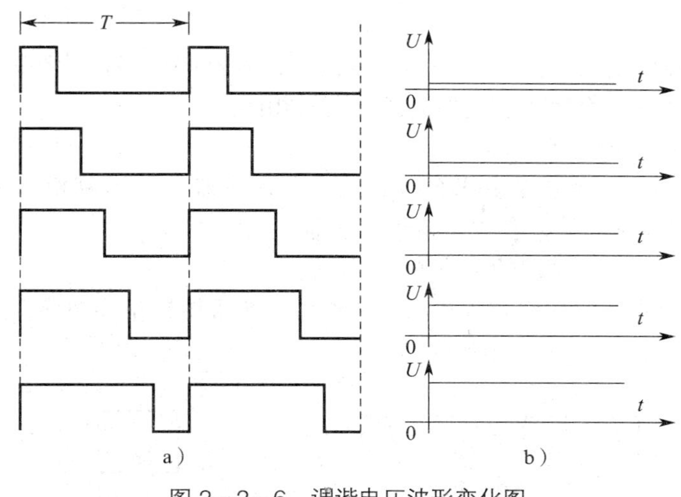

图 2—2—6　调谐电压波形变化图

a）滤波前的波形　b）滤波后的波形

5. 高频调谐器 AFT 电压的输入电路

当电视机处于调台状态时，微处理器 IC001 的 39 脚输出一个高电平，Q12、Q13 同时饱和，12 V 电压经 4K7、3K3 电阻串联分压后，变为约 5 V，送入高频调谐器的 AFT 端，这个电压为固定直流电压，其目的是让 AFT 功能暂时不起作用。当调台完毕，正常收看时，IC001 的 39 脚为低电压，Q12、Q13 截止，此时 IC201 的 60 脚送出的可变 AFT 电压经 R104、R105 叠加一个直流电压后，送入高频头 AFT 端，完成自动调整本振频率的功能。

另外，当电视机处于调台状态时，微处理器会自动将各频道的频段电压和调谐电压数据数字化后存储在存储器中，收看节目时，重新从存储器中读出要收看频道的频段电压和调谐电压的数字信号，经译码、D/A 转换后送入高频调谐器中，即可收看相应频道的节目。

四、新型高频调谐器

1. 六个引脚的高频调谐器

前面所介绍的高频调谐器有八个引脚，随着技术的改进，又出现了一种较为先进、只有六个引脚的电压合成式高频调谐器，其引脚图如图 2—2—7 所示。

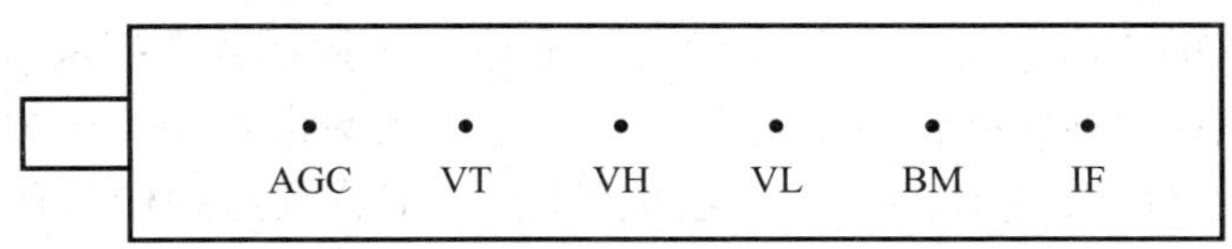

图 2—2—7　六个引脚的高频调谐器

这种高频调谐器的特点如下：

（1）AGC、BM、IF 这几个引脚的作用，与前面所介绍的高频调谐器相应引脚的作用完全相同，但 BM、AGC 的电压都为 5 V。

（2）这种高频调谐器 VT 脚输入的电压不仅仅是一般的 VT 电压，其内部还含有 AFT 电压，即调谐电压 VT 与 AFT 电压相加后，一起送往高频调谐器的 VT 端。VT 脚的电压范围仍为 0 ~ 30 V。

（3）VH、VL 端输入的为两位二进制编码信号，其译码电路设计在高频调谐器的内部，其频段转换编码、译码关系表与前述的高频调谐器相同。

2. 频率合成式高频调谐器

前面所介绍的高频调谐器是电压合成式的，在高清晰 CRT 电视机与平板电视机中，一般采用 I^2C 总线技术控制的频率合成式高频调谐器。

（1）频率合成式高频调谐器的组成方框图

目前，电视机中使用的频率合成式高频调谐器一般采用锁相环频率合成方式，其组成方框图如图 2—2—8 所示（图中虚线所围的部分）。

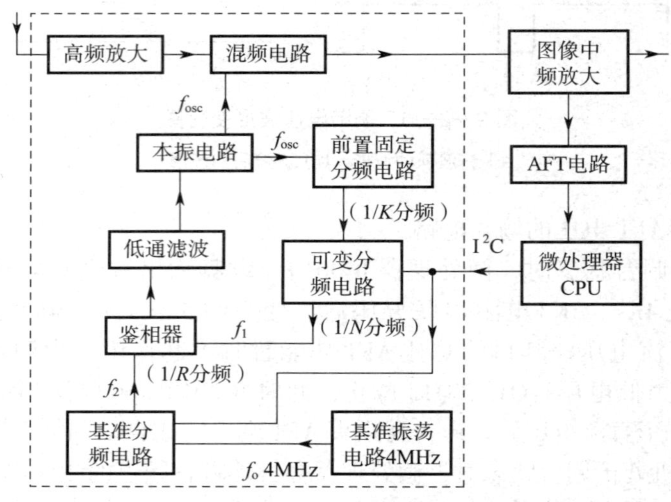

图 2—2—8　频率合成式高频调谐器组成方框图

（2）频率合成式高频调谐器的工作原理

锁相环频率合成式高频调谐器的工作原理是，电视机在生产过程中，预先在 CPU 中将各电视频道的频段数据、调谐电压数据、标称本振频率（载频频率 +38 MHz）所对应的分频系数数据写入与频道位置号相对应的存储单元中。正常收看时，CPU 会根据所选的频道位置号取出该频道的上述数据，通过 I^2C 总线送入高频调谐器中。

高频调谐器收到数据后，其本振电路开始工作，本振频与天线信号频进行差频后，产生 38 MHz 与 31.5 MHz 的中频信号，送往中频通道电路。分频系数数据信号的作用是，对本振电路产生的振荡频率（不同的台，VT 电压不同，振荡频率也不同）按分频系数来进行分频（不同的台，f_{osc} 不同，CPU 送来的分频系数也不同），将分频后的信号作为本振频率是否稳定的取样信号。分频后的信号被送入鉴相器中，鉴相器的另一个输入信号是高频头内基准振荡器产生的、稳定度极高并经分频的信号。两路输入信号经鉴相后，产生的误差信号经低通滤波后又送入高频头的本振电路中，如此来对本振电路实现环路锁定，确保高频调谐器输出的中频信号为准确的 38 MHz 与 31.5 MHz。

（3）各频道分频系数的确定方法

1）前置固定分频系数 K 的确定。由于电视机在接收最高频道时高频头中的本振频率接近 900 MHz，如此高的频率不宜直接送入可变分频电路中，而应先经过前置固定分频电路分频后，才可送入可变分频电路中进行进一步的分频。分频系数 K 一般取 8，即进行 8 分频。

2）可变分频系数 N 的确定。各个频道的可变分频系数 N 的大小与两个因素有关：其一是各频道需要的本振频率 f_{osc}，不同的台其本振频率是不同的，N 的大小也就不同；另一种是，即使同一个台，取不同的步进频值（即频率变化一级的增减量），N 的大小也是不同的。步进频一般用 Δf 来表示，有的电视机取 Δf=62.5 kHz，有的取 Δf=31.25 kHz，可通过 I^2C 总线来确定。分频系数 N 的大小由下式确定：

$$N=\frac{f_{osc}}{\Delta f}$$

如第 1 频道，图像载频为 49.75 MHz，对应高频头的本振频率为 f_{osc}=87.75 MHz，若选 Δf=62.5 kHz，则 N=1 404；若选 Δf=31.25 kHz，则 N=2 808。Δf 不同，调谐的精度也就不同，一般取 62.5 kHz 为多。其他频道的 N 值可仿此方法求出。

3）基准分频系数 R 的确定。高频头内基准振荡电路的振荡频率为 4 MHz，其分频系数 R 的确定与 Δf 取值有关，其目的就是为了确保送入鉴相器的两个信号 f_1 与 f_2 必须是同频的。当 Δf 取 62.5 kHz 时，R 取 512；当 Δf 取 31.25 kHz 时，R 取 1024，可通过 I^2C 总线来确定。

（4）AFT 的控制原理

通过锁相环频率合成方式来控制高频头的本振电路，其频率的精确度与稳定度都是很高的，但不能排除有偏移的情况存在，这种偏移的校正是通过图像中频通道中的 AFT 电路来完成的。图像中频通道中的 AFT 鉴相器输出的误差电压被送往微处理器中，通过 I^2C 总线自动增减分频系数 N 的大小以及步进频 Δf 的变化量，完成高频头本振频的锁定任务。

（5）频率合成式高频调谐器各引脚的作用

频率合成式高频调谐器引脚图如图 2—2—9 所示。

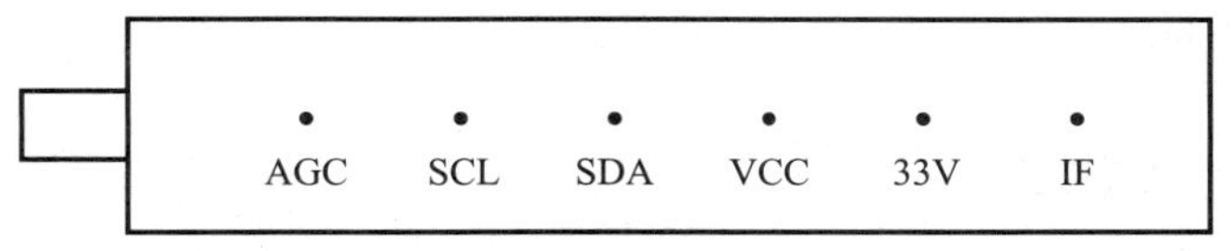

图 2—2—9　频率合成式高频调谐器引脚图

AGC、IF 这两个引脚的作用与一般高频调谐器的作用相同；VCC 供电脚的电压为 5 V；SCL、SDA 脚为 I^2C 总线控制脚，主要用于传输时钟信号、各个台的频段数据、VT 数据、AFT 数据、分频系数数据 N 和 R；33 V 供电脚输入时虽为固定电压，但在 I^2C 总线数据的控制下，在高频头内部会按照各个台的要求转变为 0 ~ 30 V 连续可变的电压，以满足不同台的要求。

五、高频调谐器电路常见的故障

高频调谐器及其控制电路常见的故障与检修方法如下：

1. 有光栅但无法收台

处理这种故障要让电视机进入调台状态，测高频头各引脚的电压值，当发现有的引脚电压不正常时，查找不正常的原因即可。一般当 AGC、VT、BM、BL、BH、BU 等端口电压不正常时，就会出现上述现象。

2. 有的频段收不到台

这种故障检修较容易，让电视机进入调台状态，根据屏幕显示的频段测微处理器输出的编码信号和译码器输出的译码信号是否正常，即可找出根源。

3. 一个频段内收台变少

让电视机进入调台状态，测 VT 电压的变化范围，看是否在 0 ~ 30 V 连续变化。当 VT 电压变化范围变小时，就会出现收台变少的现象；若 VT 电压变化范围正常，则应更换高频调谐器。

4. 图像信噪比差

若确认天线信号是正常的，应重点检查高频调谐器的 AGC、AFT、BM 电压和输入、输出耦合元件是否正常，若上述电压与耦合元件都正常，可更换高频调谐器试一试。

实训 1　高频调谐器电参数测试与故障维修

实训目的

1. 进一步熟悉高频调谐器的工作原理。
2. 能对高频调谐器电路的电参数进行测试。
3. 能完成高频调谐器电路常见故障的维修。

实训设备与工具

普通 CRT 遥控彩色电视机、常用的维修工具、双踪示波器、实训指导书等。

实训内容与步骤

一、高频调谐器电参数测试

1. 调谐电压 VT 波形的测试

（1）使电视机进入调台状态，测 Q001 的 b 极或 c 极的波形，波形占空比的变化规律是__________，峰—峰值的变化规律是__________。

（2）使电视机进入调台状态，测 C004 正极波形，波形的变化规律是__________。

2. 电压的测量

（1）测试同一个频段内各个台调谐电压 VT 的大小。

让电视机分别在不同频段进行调台，测试各个台 VT 电压值，并填入表 2—2—3 中。

表 2—2—3　　在 VL/VH/U 段进行调台时

电台名称									
VT电压值									

（2）测试 IC101 编码输入与译码输出的逻辑关系。

让电视机分别在不同的频段进行调台，测试 IC101 各引脚电压，并填入表 2—2—4 中。

表 2—2—4　　编码输入与译码输出逻辑关系表

	编码输入		译码输出		
	IC101 3 脚电压	IC101 4 脚电压	IC101 7 脚电压	IC101 2 脚电压	IC101 8 脚电压
VL段收台时					
VH段收台时					
U段收台时					

（3）测试高频头各引脚的电压。

让电视机分别在不同的频段进行调台，测试高频头各引脚的电压，并填入表 2—2—5 中。

表 2—2—5　　高频头各引脚电压

TU101 引脚	IF	BM	AFT	BL	AGC	BH	VT（范围）	BU
VL段收台时								
VH段收台时								
U段收台时								

二、高频调谐器故障维修

1. 进行故障设置

结合电路原理图，如果要使电视机出现无法收台的故障，可使 BM 供电端开路、AGC 端子开路等；如果要使电视机出现收台变少的故障，可使 R004、R006、R005、R003、Q001 等元件开路；如果要使电视机有的频段无法收台，可使编码或译码电路工作不正常（根据实际情况选做）。

2. 故障检修

按照高频调谐器电路的检修方法进行检修，重点是检测高频调谐器 AGC、VT、BM、BL、BH、BU、AFT 各引脚的电压，做好维修记录，并与正常工作时的值进行比较，即易找出故障元件。

【想一想】

1. 若电视机出现走台现象，应如何检查？
2. 若高频调谐器 AFT 端子电压为 0 V，电视机会出现何种故障现象？

§2—3 图像中频通道电路分析与故障检修

学习目标

1. 掌握图像中频通道电路的组成与工作原理。
2. 掌握图像中频通道电路电参数测量的内容。
3. 掌握图像中频通道电路的故障特点、检修方法。

图像中频通道电路的任务是，对高频调谐器输出的，电压大小只有 mV 级的 38 MHz 的图像中频信号与 31.5 MHz 的伴音中频信号，进行放大与分离处理，把图像中频信号检波还原成彩色全电视信号；产生 AGC 控制电压，以自动控制中放电路与高频调谐器内高放电路的增益；产生 AFT 控制电压，送往高频调谐器，以自动控制高频调谐器内本振电路的振荡频率。

一、图像中频通道电路的性能要求

图像中频通道电路接于高频调谐器的后面，其总增益将对整机的灵敏度起重要作用，其稳定性将直接影响重现图像与伴音的质量。为此，对图像中频通道电路的主要性能有以下要求：

1. 电压的增益要足够大

在信噪比满足要求的前提下，一般来说，包括高频调谐器、中放、视放在内的信号通道增益越高，则电视机接收微弱信号的灵敏度就越高，而中频通道的增益占总增益的 60% 以上，故公共通道的电压增益要足够大才行。电视机的图像中频放大电路通常采用多级放大器来完成放大任务。

2. AGC 的控制范围要够宽

电视机在同一个位置接收不同的电台时，不同电台的信号强弱差异是很大的，为保证接收强弱不同的电视节目时电视机都可以稳定工作，在图像中频通道中设置了 AGC 电路，并且要求其动态范围要够宽。

3. 中频滤波电路的幅频特性要符合要求

目前生产的电视机，其声图的分离方法都采用准分离技术，即在预中放电路之后，用不同的滤波器分别取出 38 MHz 的图像中频信号与 31.5 MHz 的伴音中频信号。这种分离法声图的干扰最小。

（1）图像中频信号的滤波幅频特性曲线（图 2—3—1）

由图 2—3—1 可见，图像中频信号的滤波幅频特性曲线与内载波式声图分离法的曲线是不相同的。这种滤波幅频特性对邻频段的差频干扰 30 MHz 与 39.5 MHz，以及对多制式的第一伴音中频信号 31.5 MHz（D/K 制）、32 MHz（I 制）、32.5 MHz（B/G 制）的衰减量都非常大，衰减后的幅度只有 1%；对 38 MHz 附近双边带传送的图像信号，衰减后的幅度约为 60%；对单边带传送的图像信号不衰减。

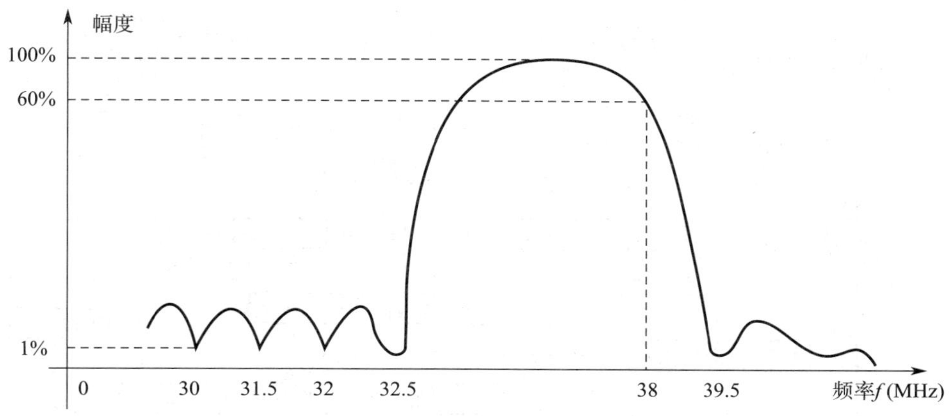

图 2—3—1　图像中频信号的滤波幅频特性曲线

（2）伴音中频信号的滤波幅频特性曲线（图 2—3—2）

由图 2—3—2 可见，对第一伴音中频信号 31.5 MHz（D/K 制）、32 MHz（I 制）、32.5 MHz（B/G 制）不衰减，而对 30 MHz 的邻频道干扰信号及 38 MHz 的图像中频信号衰减量非常大。

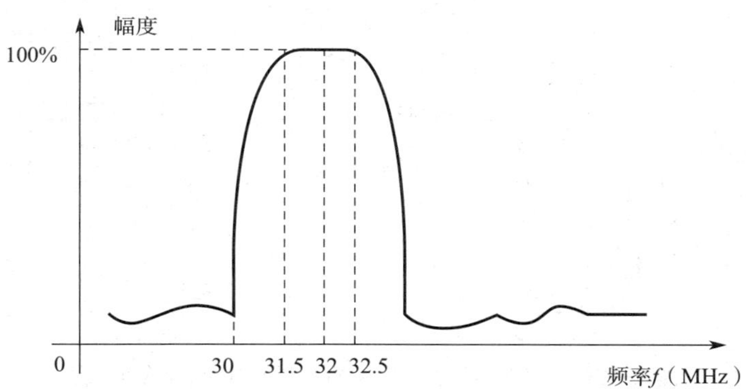

图 2—3—2　伴音中频信号的滤波幅频特性曲线

4. 工作的稳定性要高

由于中放电路工作频率较高，放大电路增益也高，故要求各级放大电路以及图像检波、AFT 鉴频等电路应有较高的工作稳定性，否则会影响声图的质量。

二、图像中频通道电路的组成

9614C 型彩色电视机的图像中频通道电路如图 2—3—3 所示，主要由预中放（Q101）、声表面波滤波器 SAWF（Z101）以及 IC201 内部的图像中频放大、锁相环压控振荡器、视频检波与放大、AGC、RF AGC、ANC、AFT 鉴频器等电路组成。

三、图像中频放大电路的工作原理

图像中频放大电路的作用是，形成中频通道的滤波幅频特性，并将中频信号放大到足够大的幅度，以满足检波电路的电平要求。中频放大电路通常由预中放电路、声表面波滤波器、集成宽带中放电路组成。

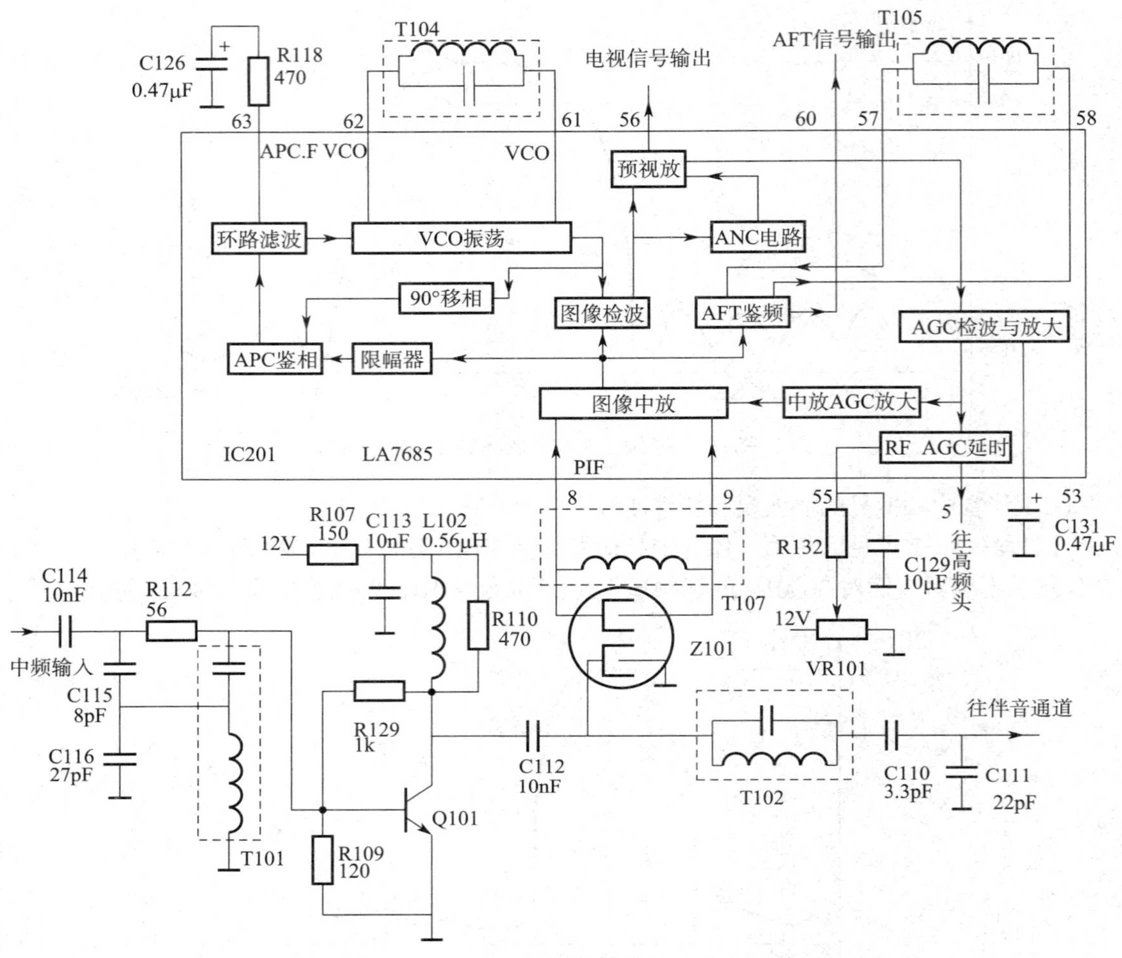

图 2—3—3　9614C 型彩色电视机图像中频通道电路图

1. 预中放电路

预中放电路的作用是，对高频调谐器输出的 38 MHz 图像中频信号与 31.5 MHz 伴音中频信号进行放大，以补偿后级的声表面波滤波器和声图分离电路的滤波损耗。

预中放电路如图 2—3—3 所示，C115、C116、T101、R112 为桥接 T 形滤波电路，其作用是滤去邻频段的 30 MHz 与 39.5 MHz 的差频干扰信号；R107、C113 为电源退耦电路；L102 与分布电容一起构成 LC 并联谐振电路，对中频信号 32 ~ 38 MHz、高端频 36 ~ 38 MHz 的信号进行高频补偿。R129、R109 为偏置电路，R110 起扩展 LC 回路带宽的作用。

2. 声表面波滤波器

（1）声表面波滤波器的作用

声表面波滤波器是一种利用声表面波的传输特性进行滤波的新型器件，其作用是形成符合要求的图像中频信号滤波幅频特性。

（2）声表面波滤波器的外形结构、引脚与符号

声表面波滤波器的外形结构、引脚与符号如图 2—3—4 所示。

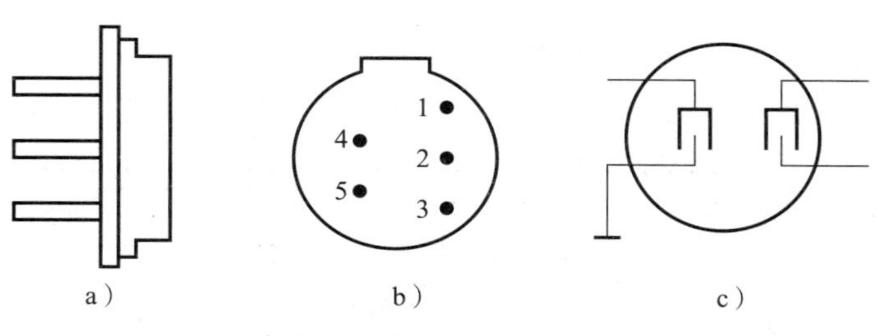

图 2—3—4　声表面波滤波器的外形结构、引脚与符号

a）外形结构　b）引脚　c）符号

（3）声表面波滤波器的工作原理

声表面波滤波器的工作原理是，在具有压电效应性能的基片上，在其输入端和输出端分别镀上两组相互交错又相互绝缘的金属薄膜梳状电极，当在输入端的电极上加交变电压时，输入端梳状电极之间的电场会交替变化，在输入端两电极之间的基片表面便会产生一定频率的振荡，其振荡频率的大小与梳状电极的形状、间距和数量有关。

振荡产生的超声波主要沿基片表面传播，通常称之为声表面波。声表面波传到输出端时，在输出端的梳状电极两端又会转变为电信号。

因基片表面的振荡频率与梳状电极的形状、间距和数量有关，即这种振荡是具有选频特性的，对某些频率的信号振幅会很大，而对另一些频率的信号振幅则会很小，合理选择梳状电极的形状、间距和数量，就可以形成所需要的图像中频信号滤波幅频特性。

（4）声表面波滤波器的特点

声表面波滤波器的优点是，可以一次形成所需要的图像中频信号滤波幅频特性，体积小，稳定、可靠，免调试等。

声表面波滤波器存在的主要问题是，滤波损耗较大，并存在回波干扰。实验表明，进入滤波器的中频信号的能量只有 10% 左右从输出端输出。为了补偿这种损耗，通常在滤波之前要加一级放大器进行放大，即预中放电路，而回波干扰可以采用让滤波器输出端与后级电路阻抗不匹配的方法来解决。

四、同步检波电路的工作原理

同步检波电路的作用是，将 38 MHz 的图像中频信号还原成 0 ~ 6 MHz 的彩色全电视信号。因在检波过程中必须要用一个与待检波的信号同频、同相的信号，在双差分模拟乘法器中相乘才能完成检波任务，故这种检波又称为同步检波。

1. 同步检波电路的组成方框图

9614C 型彩色电视机同步检波电路的组成方框图如图 2—3—5 所示。图像中频信号经图像中放电路后分为两路，一路直接送入图像检波电路中，另一路经限幅器后，送入由 APC 鉴相器、环路滤波器、VCO 压控振荡器和 90° 移相电路组成的锁相环电路中。锁相环电路的作用是，产生与 38 MHz 图像中频信号同频、同相的信号。将与图像中频信号同频、同相的信号送入图像检波电路中，与待检波的图像中频信号相乘，即可完成图像检波任务。

2. APC 鉴相器的工作原理

鉴相器实际上是一个双差分模拟乘法器，能比较出同频但相位不同的两路输入信号的相

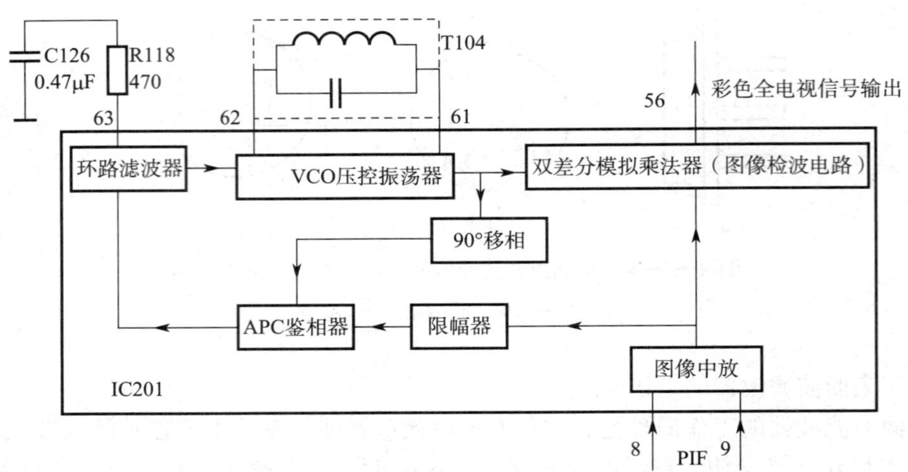

图 2—3—5　同步检波电路方框图

位差。当输入的两路信号频率相等而相位不同时，鉴相器输出电压的大小和极性与两路信号的相位差有关。

（1）当两个输入信号的相位差正好为 90° 时，鉴相器的输出电压 $U_{APC}=0$。

（2）当两个输入信号的相位差大于 90° 时，鉴相器的输出电压 $U_{APC}>0$，相位差在 90°～270° 时输出都为正。当相位差为 180° 时，输出电压为正最大值。

（3）当两个输入信号的相位差小于 90° 时，鉴相器的输出电压 $U_{APC}<0$，相位差在 -90°～90° 时输出都为负。当相位差为 0° 时，输出电压为负最大值。

鉴相器鉴相特性图如图 2—3—6 所示。

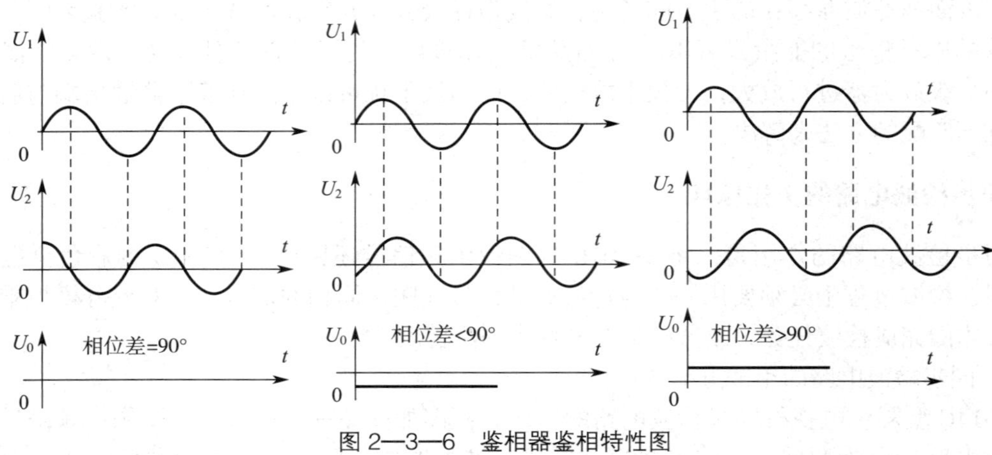

图 2—3—6　鉴相器鉴相特性图

鉴相器的输出电压与输入信号相位差的关系曲线如图 2—3—7 所示。

图 2—3—5 中，输入 APC 鉴相器的信号有两路，一路是经限幅器以后的图像中频信号，另一路是 VCO 压控振荡器产生的，又经过 90° 移相的信号（其频率为图像中频 38 MHz）。两者在鉴相器中进行相位比较，将输出的误差电压送往环路滤波器进行滤波，再去控制 VCO 压控振荡器的振荡频率，使之锁定为 38 MHz，与图像中频信号不但同频而且同相。

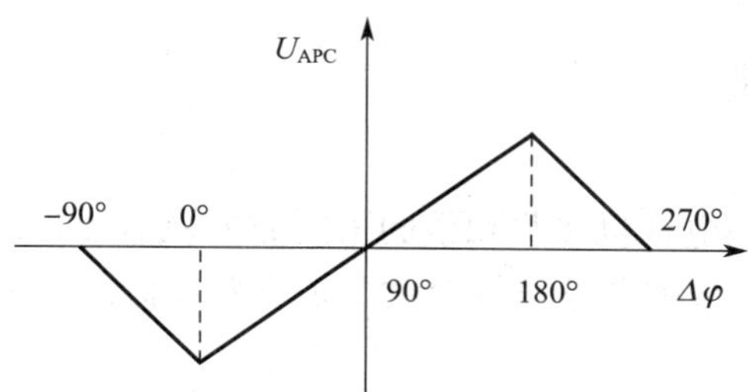

图 2—3—7　鉴相器输出电压与输入信号相位差的关系曲线图

VCO 振荡器电路中，IC201 的 61、62 脚外接的 LC 回路 T104，其谐振频率为 38 MHz，对 38 MHz 信号起选频作用。当该中周失谐时，图像会变差，严重失谐时，电视机会收不到图像。

3. 图像检波电路的工作原理

图像检波电路实际上也是双差分模拟乘法器电路，检波前、后灰度图像的波形变化如图 2—3—8 所示。检波电路的输入信号有两路，一路是待检波的图像中频信号（图 2—3—8a），另一路是锁相环路产生的同频、同相的正弦波信号（图 2—3—8b）。两路信号相乘，利用正 × 正 = 正，负 × 负 = 正，相当于对图像中频信号进行全波整流而实现检波，波形如图 2—3—8c 所示，再滤去残留的高频成分，即还原成图像信号，波形如图 2—3—8d 所示。

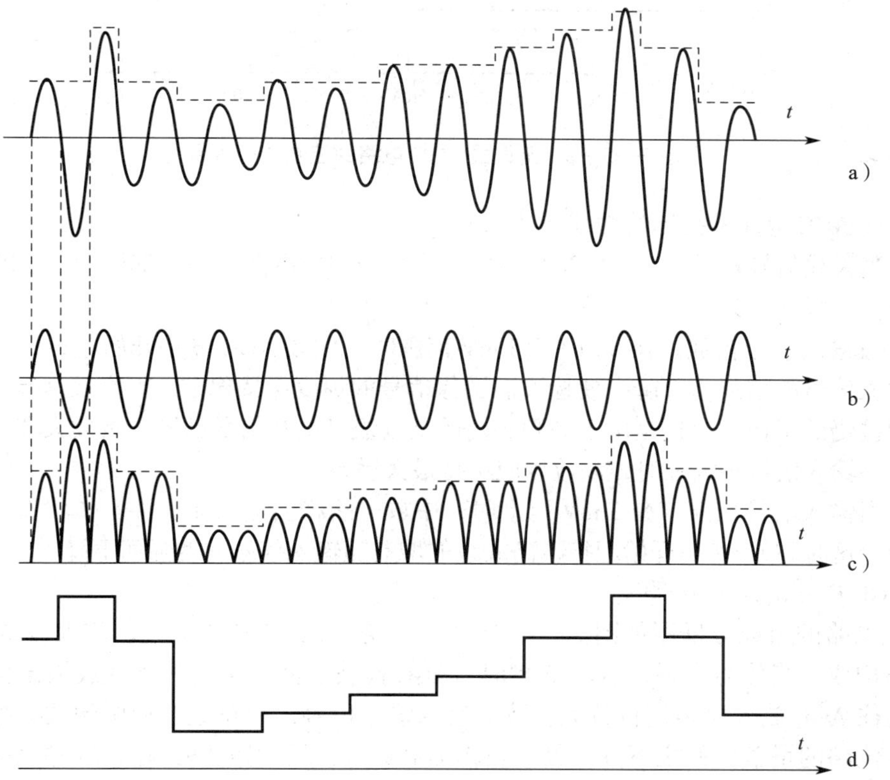

图 2—3—8　检波前、后灰度图像的波形变化

a）待检波的图像中频信号　b）同频、同相的正弦波信号　c）相乘后的波形　d）滤波后的波形

五、AGC 电路的工作原理

1. AGC 电路的作用

AGC 电路的作用是，在电视机接收到强弱不同的电视信号时，能自动调节高放与中放电路的增益，使检波后输出的视频图像信号幅度基本不变，保证电视机能稳定、可靠地显示良好的图像。

2. AGC 电路的控制特性

在接收信号较弱时，总是希望信号通道的增益最大，只有当信号达到一定幅度后，AGC 电路才起控制作用，将增益减小，也就是说，AGC 电路的控制特性是延迟型的，延迟式 AGC 电路的控制特性曲线如图 2—3—9 所示。

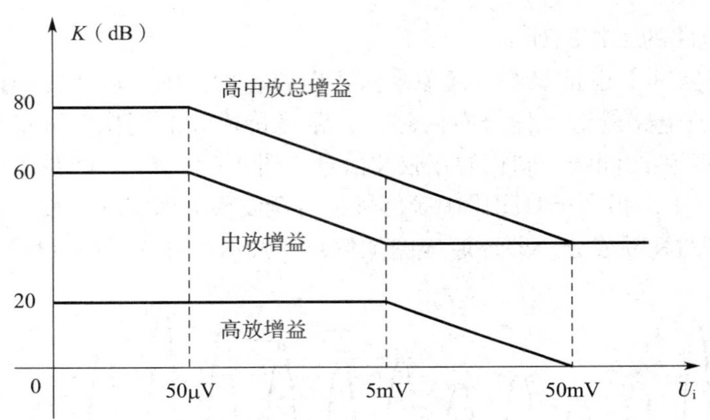

图 2—3—9　延迟式 AGC 电路的控制特性曲线

延迟式 AGC 电路的控制特性如下：

（1）当天线信号较弱，在 50 μV 以下时，高放与中放电路的增益都最大，AGC 电路不起控制作用，一般称之为 AGC 不起控。

（2）当输入信号较强，在 50 μV ~ 5 mV 范围时，中放 AGC 电路开始起控，中放电路的增益随输入信号的增强而下降，使检波后图像信号的幅度保持稳定，但高放 AGC 还未起控，高放级增益仍处于最大。这是由于高频头内的高放级是电视信号的第一级放大器，为了提高信噪比，在输入信号不太强时，高放级应保持最大增益。

（3）当输入信号太强，在 5 mV 以上时，中放电路将会进入非线性工作状态，其增益无法再下降，这时高放 AGC 开始起控，高放级的增益随输入信号的增强而下降。

3. AGC 电路的组成方框图

AGC 电路的组成方框图如图 2—3—10 所示，它由 AGC 检波、AGC 放大、高放 AGC 延迟等电路构成。当信号变强，AGC 起控时，AGC 检波电路输出反映预视放输出信号强弱的电压，送往 AGC 放大电路进行放大，放大后的输出信号，一路送图像中频放大电路，用于控制中放电路的增益，使之下降；另一路作为高放 AGC 延迟电路的输入取样电压，当信号过强，高放 AGC 取样电压达到起控点时，用输出的高放 AGC 电压控制高放级的增益，使之下降，以保证电视机正常工作。

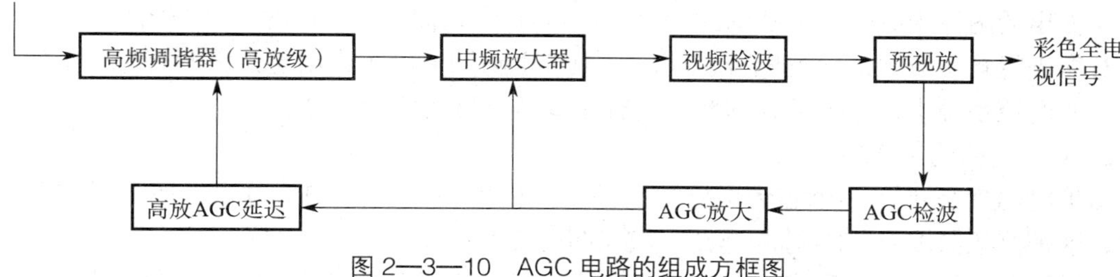

图 2—3—10　AGC 电路的组成方框图

4. AGC 电路的检波与延时调节原理

AGC 电路，不论是 AGC 检波电路，还是 AGC 延时调节电路，都是用比较器来实现检波与延时调节的，其工作原理图如图 2—3—11 所示。

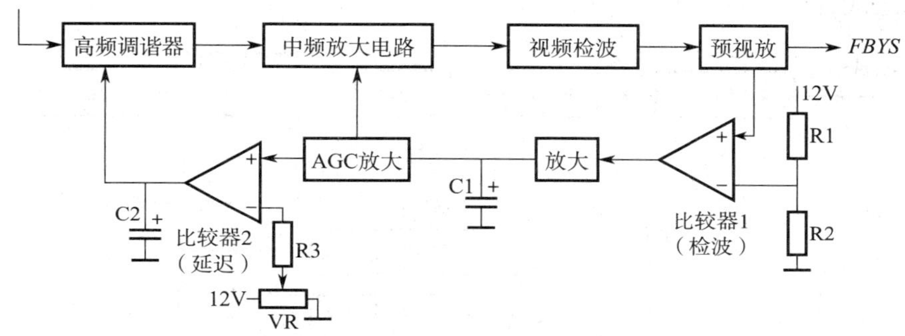

图 2—3—11　AGC 检波与延时调节原理图

比较器 1 用于 AGC 检波，R1 与 R2 串联分压后，加在比较器 1 的反相输入端，为固定值，同相端加可变的图像信号电压。当电视信号变强，同相端的电压高于反相端的电压时，比较器 1 输出为高电平，经放大和电容滤波，变为平滑的电压，再送入 AGC 放大电路中进行放大。

比较器 2 为 RF AGC 延迟电路，其反相输入端加一个可调的固定电压，同相端加可变的检测信号。工作原理与比较器 1 相同，只不过其反相输入端电压是可调的，VR 通常称为高放 AGC 延迟调节电位器，改变该电压的大小可以改变高放 AGC 的起控点。9614C 型彩色电视机 IC201 的 55 脚外的 VR101 就是 RF AGC 延迟调节电位器。一般当更换了高频调谐器或图像中频通道集成电路后，图像信噪比变差时，可试调这个电位器，使图像为最佳即可。

六、AFT 电路的工作原理

1. AFT 电路的作用

电视台传送过来的天线信号，各个台的频率一般认为是固定不变的，但电视机在使用过程中，由于某种原因，如电压波动，电视机高频调谐器的本机振荡频率有时是会发生偏移的。本振信号频率与天线信号频率差频的结果将不再是固定的 38 MHz 和 31.5 MHz，这势必会出现声、图变差，甚至无法收台的现象。为了防止出现这种情况，在电视机的图像中频通道中设置了一个 AFT 电路。

AFT 电路的作用是，当高频调谐器输出的图像中频信号的频率偏离 38 MHz 时，会产生一个反馈电压给高频调谐器的本振电路，使本振电路的振荡频率自动恢复到正常值，让高频调谐器输出的图像中频信号为准确的 38 MHz，伴音中频信号为准确的 31.5 MHz。

对能进行自动方式调台的电视机而言，AFT 电路的另一个作用是，将调台时产生的 AFT 电压送回遥控系统中，作为微处理器判断有无调准节目的检测信号。

2. AFT 电路的工作原理

AFT 电路实际上是一个鉴频电路。目前生产的电视机，其 AFT 电路一般都采用同步鉴频器，这种鉴频器因有 90° 移相电路，故又叫正交鉴频器。

同步鉴频器的鉴频原理是，利用移相电路将信号的频率变化转变为相位的变化，然后利用双差分模拟乘法器（鉴相器）的鉴相特性，把相位的变化转换成幅度的变化，以完成鉴频任务。

同步鉴频器电路由限幅放大电路、双差分模拟乘法器（鉴相器）、90° 移相电路等组成。AFT 电路的组成方框图如图 2—3—12 所示。

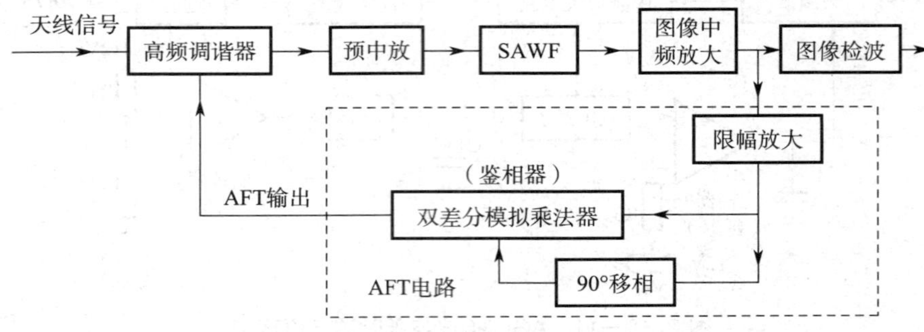

图 2—3—12　AFT 电路的组成方框图

图像中频信号经过中频放大器放大后，取出一路送往 AFT 电路，经限幅放大后分成两路，一路直接送入双差分模拟乘法器（鉴相器）中，另一路经 90° 移相后也送入双差分模拟乘法器中（9614C 型彩色电视机 IC201 的 57、58 脚外接的 T105 为 90° 移相元件），调节移相电路（T105），使移相电路对 38 MHz 的信号正好移相 90° ，则对 38 MHz 信号而言，经过双差分电路后其输出为 0。对偏离 38 MHz 的信号来说，其移相的量就不是 90° ，则就会有电压输出。AFT 输出电压与频率的变化关系如图 2—3—13 所示。

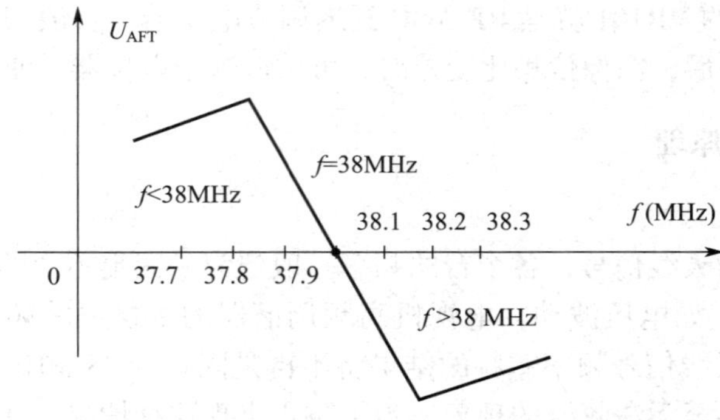

图 2—3—13　AFT 输出电压与频率变化关系图

由图 2—3—13 可见，整条曲线呈 S 形变化。当高频调谐器输出的中频信号频率大于 38 MHz 时，其周期变短，相位差小于 90° ，输出电压为负值；当高频调谐器输出的中频信号频率小于 38 MHz 时，其周期变长，相位差大于 90°，输出电压为正值。在一定的频率偏移范围内，曲线为直线，频率的变化与输出的电压呈线性关系，频率的变化转变为电压的变化，达到了鉴频的要求。

AFT 输出电压变化的幅度一般很小（约 ±0.5 V），为了与高频调谐器相配合，应叠加一个约为 4.5 V 的直流电压后，再送往高频调谐器的 AFT 端控制高频调谐器的本振频率，使本振频率回到正常的振荡频率，以实现环路的锁定。

实际使用的电视机，当 AFT 电路中的 90° 移相电路失谐时，若失谐不严重，虽用自动方式调台可调出图像，但图像会出现无彩色的情况；若失谐严重时，会出现无法用自动方式调出图像的情况，此时只可用手动方式调出图像，这是判断 AFT 电路有无失谐的好方法。

七、图像中频电路常见故障与检修方法

图像中频电路易出现声图都差、无图无声、不容易调出节目、有黑白图像但无彩色等故障，各种故障的检修方法如下：

1. 声图都差

声图都差这种故障，当天线信号正常时，应重点检查高频头电路与中频通道电路。对中频通道电路而言，应重点做如下检查：

（1）检查中频信号的耦合元件有无损坏，如 C112、C114 等。

（2）检查预中放电路是否正常工作，可测 Q101 各极的工作电压。

（3）检查声表面波滤波器的好坏，可用同型号的元件进行替换。

（4）检查 RF AGC 可调电位器的好坏和 AGC 滤波电容的好坏。

（5）检查图像检波中周有无失谐，可适当调 T104。

2. 无图无声

无图无声故障的检修方法与声图都差故障的检修方法相同，只是元件损坏或失谐的程度严重一些而已。

3. 调台速度过快，不容易调出节目

电视机调台速度过快，不容易调出节目，这种故障与图像检波中周失谐有关，重新微调 T104 即可，若无法调出节目，应考虑更换该中周。

4. 有黑白图像，也有伴音，但图像无彩色

由图像中频通道引起的这种故障现象，应重点检修 AFT 电路元件，可一边微调 T105，一边进行自动调台，找到最佳点即可。

实训 2　图像中频通道电路电参数测试与故障维修

实训目的

1. 进一步熟悉图像中频电路的工作原理。
2. 能对图像中频电路的电参数进行测试。
3. 能完成图像中频电路常见故障的维修。

实训设备与工具

普通 CRT 遥控彩色电视机、常用维修工具、双踪示波器、实训指导书等。

实训内容与步骤

一、图像中频电路电参数测试

1. 预中放管电阻与电压的测量

（1）测量预中放管 Q101 各极对地正、反向电阻值，并将测量结果填入表 2—3—1 中。

表 2—3—1　　预中放管 Q101 各极对地正、反向电阻值

×1k 挡	b	c	e
黑笔接地红笔测			
红笔接地黑笔测			

（2）测 Q101 各极的电压，U_b=____，U_c=____，U_e=____。Q101 是 NPN 管，正常放大状态时应满足 $U_c > U_b > U_e$ 的关系。

2. 彩色全电视信号波形的测量

（1）电视机接收彩条信号，示波器探头与 IC201 的 56 脚外元件相连，如与 Z103、C103 等元件相连。

（2）测量彩色全电视信号波形，填写表 2—3—2。

表 2—3—2　　彩色全电视信号波形的测量

电参数			波形图
U_{p-p}	周期 T	频率 f	

二、图像中频电路故障维修

1. 进行故障设置

结合图像中频电路原理图进行故障设置（结合实际选做）。

（1）如果要使电视机出现声图都差的故障，可使中频信号耦合电容 C114 或 C112 开路，可把 AGC 滤波电容 C131 的容量换小，可以使图像检波中周 T104 失谐。

（2）如果要使电视机出现无图无声故障，可拆下 AGC 滤波电容 C131，可以使图像检波中周严重失谐，可以使图像信号的耦合元件 C130 开路。

（3）如果要使电视机调台速度过快，不容易调出节目故障，可把图像检波中周 T104 调乱。

（4）如果要使电视机出现有黑白图像，也有伴音，但图像无彩色的故障，可以使 AFT 中周 T105 失谐。

2. 故障检修

按照图像中频电路故障检修的方法进行检修，重点是检测各个信号耦合元件和 AGC 滤波电容的好坏，预中放管 Q101 各极的电压是否正常，图像检波中周 T104 和 AFT 中周 T105 有无失谐；进行收台（也可直接从预中放管处送入图像中频信号），测试图像检波输出全电视信号是否正常。检修时做好记录，并与正常工作时的值进行比较，即易找出故障元件。

【想一想】

1. 当电视机出现无图无声故障时，如何区别是高频头电路损坏引起的，还是由中频通道电路损坏引起的？

2. 若 T104 与 T105 都失谐，会出现什么现象？应如何才能使电视机正常工作？

§2—4　伴音通道电路分析与故障检修

1. 掌握伴音通道电路的组成与工作原理。
2. 掌握伴音通道电路电参数的测量内容。
3. 掌握伴音通道电路的故障特点、检修方法。

伴音通道的作用是，将中频公共通道输出的伴音中频信号分离出来，进行放大、鉴频，还原成音频信号，再由功率放大器放大到足够的功率，推动扬声器发出声音。

一、伴音通道电路的基本组成

伴音通道电路由伴音分离电路、伴音中放电路、限幅电路、鉴频电路、音量控制电路、音频功率放大电路等组成，其组成方框图如图 2—4—1 所示。

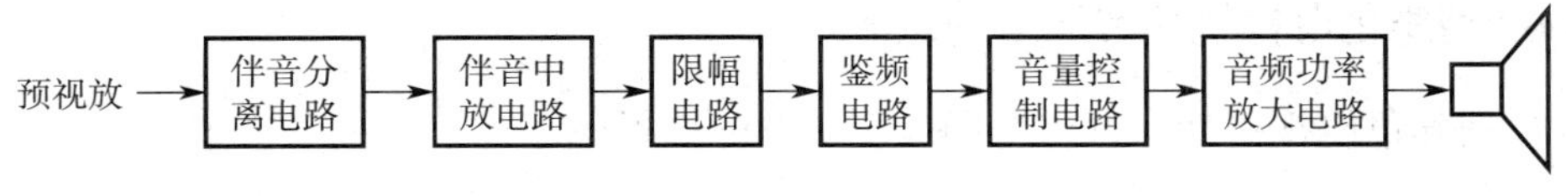

图 2—4—1　伴音通道电路基本组成方框图

各组成电路的作用如下：

（1）伴音分离电路的作用是，从预视放输出的 0～6 MHz 视频图像信号与 6.5 MHz 的第二伴音中频信号中分离出 6.5 MHz 的第二伴音中频信号。电视机通常采用 6.5 MHz 的带通滤波器来取出第二伴音中频信号。

（2）伴音中放电路的作用是，对幅度很小的 6.5 MHz 的第二伴音中频信号进行放大。

（3）限幅电路的作用是，消除叠加在伴音中频信号中的寄生调幅干扰信号。因电视台采用调频方式发送伴音信号，伴音信号在传送过程中受到各种干扰的影响，等幅的调频信号会产生寄生调幅，如果不对此加以抑制，重放的声音中将会出现严重的蜂音。

（4）鉴频电路的作用是，把 6.5 MHz 的伴音调频中频信号还原成音频信号。鉴频的方法是，先将调频波的频率变化转变为包络幅度的变化，即先变为调频调幅波，调频调幅波再经过幅度检波还原出音频信号。

（5）音量控制电路的作用是，通过改变音量控制电压的大小来控制电视机伴音的音量。

（6）音频功率放大电路的作用是，对音频信号进行功率放大。

二、采用声图准分离技术的伴音通道的组成

目前生产的电视机，其声图的分离方法大部分都采用准分离技术。高频调谐器输出的声、图中频信号经预中放电路之后，声、图便进行分离，这种分离方法的伴音通道组成方框图如图 2—4—2 所示。

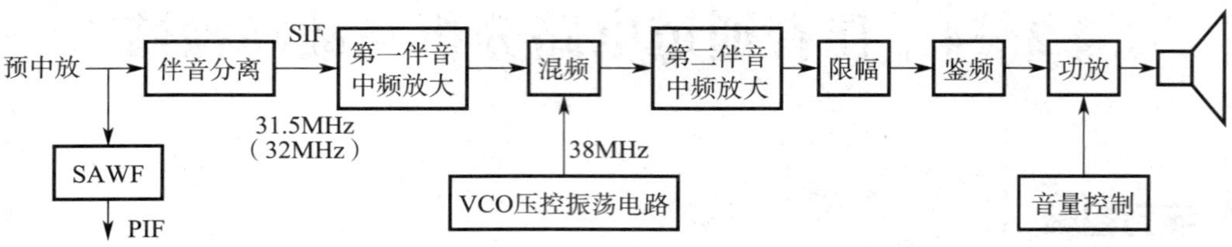

图 2—4—2　采用声图准分离技术的伴音通道电路组成方框图

采用声图准分离技术的伴音通道电路，与在预视放之后才进行声图分离的电路相比，有两大差异：

（1）声图分离的位置不同。准分离技术的声图分离在预中放之后进行，取出的是 31.5 MHz 的第一伴音中频信号。

（2）产生第二伴音中频信号的方法不同。采用准分离技术时，与第一伴音中频信号 31.5 MHz 进行差频的信号不是 38 MHz 的图像中频信号，而是由 VCO 压控振荡电路产生的 38 MHz 等幅正弦波信号。

正是由于有上述两个方面的差异，采用这种方法分离声图信号时，声、图干扰可被降到最小的程度。

三、9614C 型彩色电视机伴音通道的组成

9614C 型彩色电视机伴音通道电路如图 2—4—3 所示。

四、声图准分离电路和第二伴音中频信号产生电路的工作原理

1. 声图准分离电路的工作原理

采用准分离技术来分离声图信号是在预中放之后进行的，电路如图 2—4—3 所示。高频调谐器输出的声、图中频信号经过预中放电路放大之后，一路经过 SAWF，取出 38 MHz 的图像中频信号，进入 IC201 的 8 脚和 9 脚；一路送 T102、C111 组成的低通滤波器，由于 T102 的谐振频率为 38 MHz，则 38 MHz 的图像中频信号无法通过，而第一伴音中频信号 31.5 MHz（D/K 制）、32 MHz（I 制）可以通过，进入 IC201 的 11 脚。当 T102 失谐时，伴音中会出现杂音，甚至无伴音的现象。

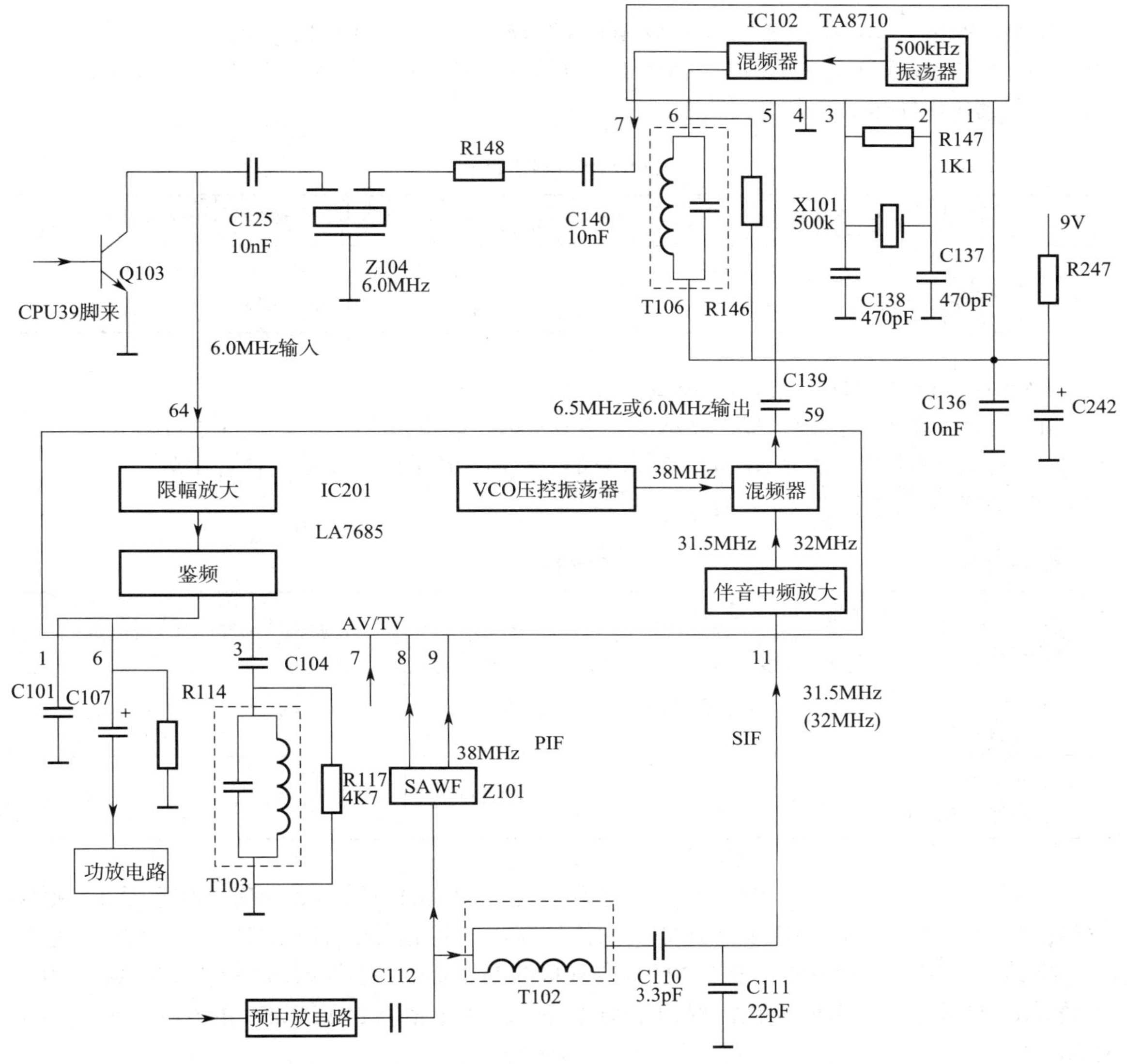

图 2—4—3　9614C 型彩色电视机伴音通道电路图

2. 第二伴音中频信号产生电路的工作原理

采用内载波方式产生第二伴音中频信号的电视机，用 38 MHz 的图像中频信号与 31.5 MHz 的第一伴音中频信号进行差频，产生 6.5 MHz 的第二伴音中频信号。采用准分离技术分离声图信号的电视机，因分离时只取出了第一伴音中频信号，故这种电视机采用图像检波电路中 VCO 压控振荡器产生的 38 MHz、稳定度极高的基准信号，作为本机振荡信号来进行差频。当电视伴音信号的制式为 D/K 制时，差频输出为 6.5 MHz；当电视伴音信号的制式为 I 制时，差频输出为 6.0 MHz。

五、6.5 MHz/6.0 MHz 伴音中频自动转换与鉴频电路的工作原理

1. 6.5 MHz 与 6.0 MHz 第二伴音中频信号自动转换电路的工作原理

9614C 型彩色电视机可以接收 6.5 MHz（D/K 制）与 6.0 MHz（I 制）的伴音信号。6.5 MHz

或 6.0 MHz 的第二伴音中频信号从 IC201 的 59 脚输出，进入 IC102 的 5 脚。

IC102（TA8710）为 6.5 MHz 与 6.0 MHz 伴音中频自动转换电路，其内部由 500 kHz 振荡器、混频器等电路组成，各引脚功能见表 2—4—1。

表 2—4—1　　TA8710 引脚功能表

引脚	1	2	3	4	5	6	7
功能说明	供电	0.5 MHz 振荡	0.5 MHz 振荡	地	6.5 MHz或6.0 MHz 输入	6.0 MHz LC选频	6.0 MHz信号 输出

6.5 MHz 与 6.0 MHz 伴音中频自动转换原理如下：

IC102 的 2 脚和 3 脚内、外电路组成一个 0.5 MHz 的正弦波振荡电路，0.5 MHz 的本振信号送入内部的混频器，从 IC102 的 5 脚送来的 6.5 MHz 或 6.0 MHz 第二伴音中频信号也进入混频器，其混频结果见表 2—4—2。

表 2—4—2　　混频结果

混频结果 / 输入频率	本频 1	本频 2	和频	差频
本频1=6.5 MHz 本频2=0.5 MHz	6.5 MHz	0.5 MHz	7.0 MHz	6.0 MHz
本频1=6.0 MHz 本频2=0.5 MHz	6.0 MHz	0.5 MHz	6.5 MHz	5.5 MHz

由表 2—4—2 可见，不论输入的第二伴音中频是 6.5 MHz 还是 6.0 MHz，与本振 0.5 MHz 信号混频的结果总有 6.5 MHz 或 6.0 MHz 的信号存在，可用滤波器取出任意一个中频，送往鉴频电路进行鉴频。本电路用 IC102 的 6 脚外接的 LC 选频回路和 IC102 的 7 脚所接的 Z104 陶瓷滤波器进行 6.0 MHz 选频，取出混频后的 6.0 MHz 信号，从 IC201 的 64 脚进入鉴频电路。

IC201 的 64 脚所接的三极管 Q103 是无节目时伴音中频信号静噪管。Q103 受 CPU 的 39 脚控制，正常收看节目时，CPU 的 39 脚为低电平，Q103 截止，对 IC201 的 64 脚不起作用；当电视机处于无节目信号、调台、换台瞬间、按下静音键等状态时，39 脚为高电平（有效值约 0.6 V），Q103 饱和，6.0 MHz 的信号通过 C125 被交流短路，实现伴音中频信号静噪。

2. 鉴频电路的工作原理

如图 2—4—3 所示，从 IC201 的 64 脚输入的 6.0 MHz 第二伴音中频信号经过限幅放大后，进入鉴频电路。鉴频电路的工作原理与图像中放电路的 AFT 鉴频电路完全相同，只是工作频率不同而已。鉴频电路有两路输入信号，一路为直通输入信号，另一路为经过 IC201 的 3 脚外接的 T103 进行 90° 移相的信号。调整 T103，使移相电路对 6.0 MHz 的信号正好移相 90° ，而高于或低于 6.0 MHz 的信号的移相则不是 90° ，就可实现鉴频。当该中周失谐时，伴音音质会变差。

IC201 的 1 脚外接的电容 C101 为去加重电容，对发送端提升的高频成分进行去加重。

3. AV/TV 音频信号的转换原理

天线（TV）的伴音信号经鉴频后还原的音频信号，以及从 IC201 的 4 脚外接输入的 AV 音频信号，一起送往内部的电子开关转换电路，在 IC201 的 7 脚电压控制下进行选择转换。7 脚受 CPU 控制，当 7 脚为低电平（0V）时，选出的是 TV 音频信号；当 7 脚为高电平（3.6 V）时，选出的是 AV 音频信号。选择后的音频信号从 IC201 的 6 脚输出，送往功放电路。

六、伴音功放电路的工作原理

1. 伴音功放电路的信号流程

伴音功放电路由 IC601 及其外围元件组成，其电路原理图如图 2—4—4 所示。

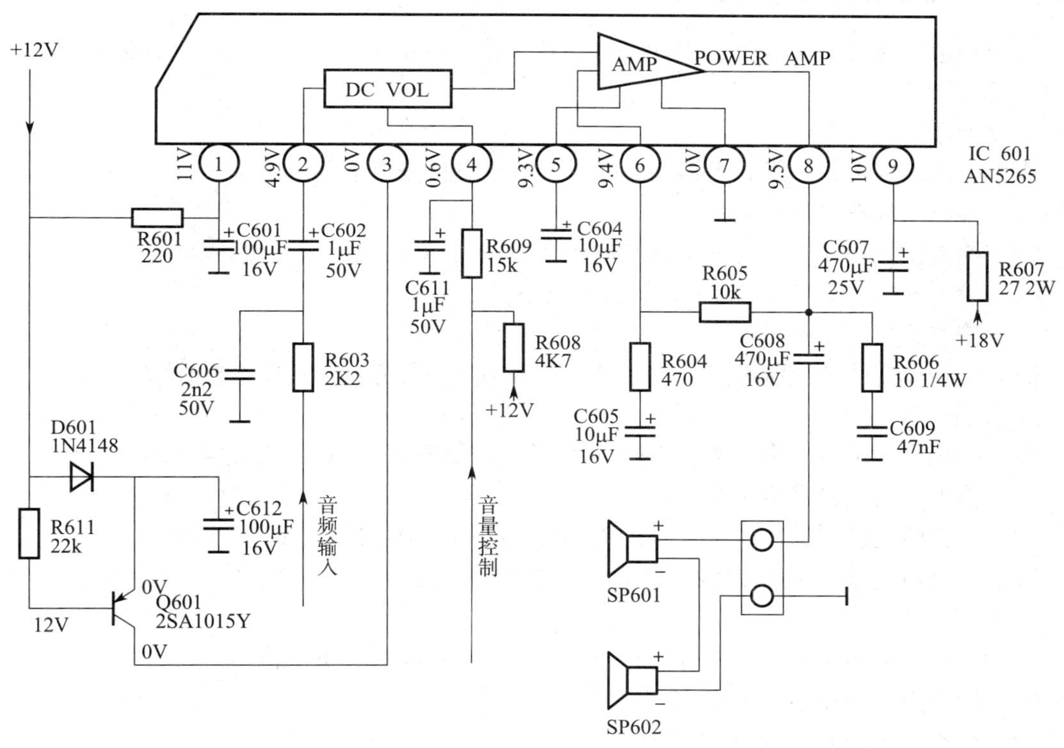

图 2—4—4　伴音功放电路原理图

从 IC201 的 6 脚输出的音频信号经过 R603 隔离和 C602 耦合，从 IC601 的 2 脚输入，进行前置放大。该前置放大器的增益受控于 4 脚的电压，即 4 脚为音量控制电压输入端。音频信号前置放大后再进行功率放大，放大后的音频信号从 IC601 的 8 脚输出，经 C608 送往扬声器。8 脚外接的 R606、C609 为消振元件；R605、R604、C605 为负反馈元件，使音质良好。5 脚所接的电容 C604 为退耦电容。

2. 音量控制原理

音量控制原理是，按遥控器或本机面板 VOL 增减键时，微处理器的 2 脚 VOL 端会输出一个占空比连续可变的脉宽调制信号，经 R609 与 C611 滤波后，变为平滑的 0 ~ 12 V 连续可变的电压，送入 IC601 的 4 脚，以实现音量控制。R608 为 IC001 的 2 脚上拉电阻，其作用相当于共发射极放大电路中的 R_C。当电视机处于调台、换台瞬间、按下静音键、无节目信号等状态时，微处理器 IC001 的 2 脚输出电压为 0 V，关闭功放通道实现静音。

3. 关机瞬间静音控制电路

关机瞬间静音控制电路由 IC601 的 3 脚内、外电路来实现。正常收看时，12 V 电压通过 D601 向 C612 充电，C612 上充有 12 V 电压，Q601 的 b、e 极同时为高电平而截止，IC601 的 3 脚为低电平。关机瞬间，供电 12 V 消失，Q601 的 b 极电压迅速下降，而 e 极的 C612 充有 12 V 电压，Q601 瞬间饱和导通，IC601 的 3 脚为高电平（约 3 V），把功放通道关闭而静音。使用过程中，若 Q601 损坏，致使 IC601 的 3 脚为高电平时，电视机会出现无伴音的故障现象。

七、伴音通道电路常见故障与检修方法

伴音通道电路常见的故障是无伴音、伴音失控且音量小、伴音失真等，各种故障的检修方法如下：

1. 无伴音

当电视机出现图像正常、无伴音故障时，应重点检查以下部位：

（1）检查功放电路是否正常。

（2）检查微处理器送出的 VOL 控制电压是否正常（0~12 V 可变）。

（3）检查 6.5 MHz 与 6.0 MHz 自动转换电路是否正常。

（4）检查鉴频电路是否正常。

（5）检查伴音静噪控制电路是否正常，包含中频信号静噪与功放电路静噪。

2. 伴音失控且音量小

当电视机出现图像正常、伴音失控且音量小的故障时，应重点检查以下部位：

（1）检查功放电路是否正常。

（2）检查微处理器送出的 VOL 控制电压是否正常（0~12 V 可变）。

（3）检查声图分离中周 T102、鉴频中周 T103 等有无失谐。

3. 伴音失真

当电视机出现图像正常、伴音失真故障时，应重点检查以下部位：

（1）检查声图分离中周 T102 有无失谐。

（2）检查鉴频中周 T103 有无失谐。

（3）检查 6.0 MHz 选频元件 T106、Z104 是否正常。

实训 3　伴音通道电路电参数测试与故障维修

实训目的

1. 进一步熟悉伴音通道电路的工作原理。
2. 能对伴音通道电路的电参数进行测试。
3. 能完成伴音通道电路常见故障的维修。

实训设备与工具

普通 CRT 遥控彩色电视机、常用维修工具、双踪示波器、彩条信号源、实训指导书等。

实训内容与步骤

一、伴音通道电路电参数测试

检修伴音通道电路时，其关键点电参数的测试主要有以下几个（接收彩条信号）:

1. 伴音通道电路各 IC 供电电压的测试

测试第二伴音中频信号 6.5 MHz 与 6.0 MHz 自动转换电路 IC102 的供电电压，测试伴音功放 IC601 的供电电压。

2. AV/TV 转换控制电压的测试

在 IC201 的 7 脚处测试。

3. 伴音功放 IC601 音量控制电压的测试

开机，收台，调整音量大小，在 IC601 的 4 脚处测试。

4. 关机静噪控制电压的测试

关机瞬间在 IC601 的 3 脚处测试。

5. 鉴频输出音频信号波形的测试

接收彩条信号，在 IC201 的 6 脚处测试。

6. 功放电路输入信号波形的测试

接收彩条信号，在 IC601 的 2 脚处测试。

7. 第二伴音中频 6.5 MHz 与 6.0 MHz 信号自动转换电路晶振波形的测试

在晶振 X101 处测试。

二、伴音电路故障维修

1. 进行故障设置

结合伴音电路原理图进行故障设置（结合实际选做）。

（1）如果要使电视机出现有图像、无伴音的故障，可使功放电路供电不正常；可使微处理器送出的 VOL 控制电压不正常；可使 6.5 MHz 与 6.0 MHz 自动转换电路不正常；可使鉴频电路失谐；可使伴音中频信号静噪与功放电路静噪不正常；可使信号的耦合元件开路。

（2）如果要使电视机出现图像正常、伴音失控且音量小的故障，可使功放电路供电不正常；可使微处理器送出的 VOL 控制电压不正常；可使声图分离中周 T102、鉴频中周 T103 等失谐。

（3）如果要使电视机出现图像正常、伴音失真的故障，可使电视机声图分离中周 T102 失谐；可使鉴频中周 T103 失谐；可使 6.0 MHz 选频元件 T106、Z104 不正常。

2. 故障检修

按照伴音通道电路故障检修的方法进行检修，检修思路是，先用 6.5 MHz 中频信号源区分出故障是在鉴频前还是在鉴频后，再用音频信号源区分出故障是否在音频功放电路，同时还应查清电视机是否处于静音状态。分清故障范围后，再用测电阻或测电压的方法找出故障元件。

【想一想】

当电视机有图像、无伴音，如何区分其是否处于静音状态？

§2—5 亮度通道电路分析与故障检修

学习目标

1. 掌握亮度通道电路的组成与工作原理。
2. 掌握亮度通道电路电参数的测量内容。
3. 掌握亮度通道电路的故障特点、检修方法。

亮度通道是彩色解码电路的一个重要组成部分，其作用是，从彩色全电视信号中抑制掉色度信号，分离出亮度信号 Y，并进行放大、延时、勾边、箝位等处理，与色度通道送来的三个色差信号同时到达基色矩阵电路，还原出 R、G、B 三个基色信号。

一、亮度通道电路的组成

彩色电视机的亮度通道电路由 4.43（3.58）MHz 陷波器、亮度信号延时电路、亮度信号放大电路和一些辅助电路组成。辅助电路又包括箝位电路、黑色电平扩展电路、勾边电路、亮度调节电路、对比度调节电路、自动亮度控制电路（ABL）、白峰值限幅电路、行 / 场消隐电路等。

辅助电路是对亮度信号进行改善与控制的电路，高清晰度、大屏幕的彩色电视机，其亮度通道中还有亮度瞬态改善电路、直方图处理电路。不同厂家生产的电视机，其亮度通道中辅助电路的组成有一定差别，这一点在学习时应加以注意。

亮度通道电路的组成方框图如图 2—5—1 所示。

二、亮度通道电路各组成部分的作用及原理

亮度通道电路各组成部分的作用及原理，按其组成流程的顺序，分别介绍如下：

1. 陷波器

（1）陷波器的作用

陷波器的作用是，从彩色全电视信号中去掉色度信号，分离出亮度信号。如果亮度通道中不把色度信号滤除，则在荧光屏上会产生彩色副载波干扰条纹，故在亮度通道中应把色度信号去掉。

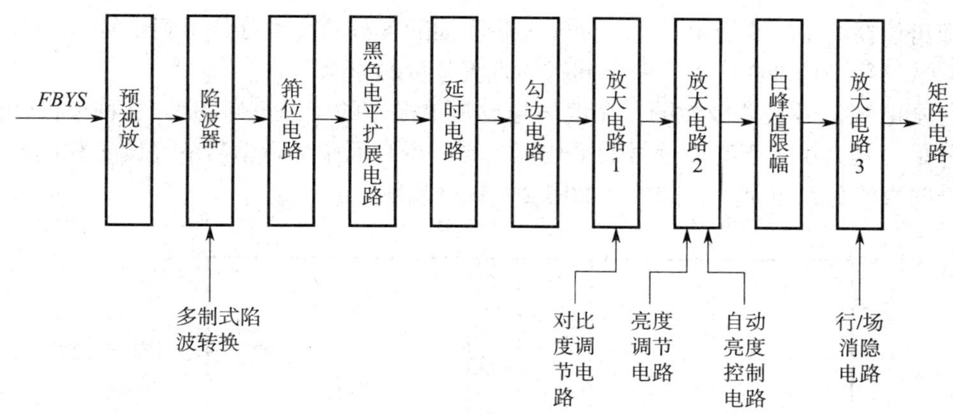

图 2—5—1　亮度通道电路组成方框图

（2）常用的陷波方法

为了让电路简单，不少的电视机常在亮度通道的输入端串接一个 4.43 MHz 的 LC 并联谐振电路，以阻止 4.43 MHz 色度信号通过；也可以在亮度通道的输入端对地接一个 4.43 MHz 的 LC 串联谐振电路，滤除 4.43 MHz 的色度信号。要进行 4.43 MHz 与 3.58 MHz 多制式陷波转换时，只要改变 LC 串联或并联谐振回路中的电容量即可。

（3）陷波电路的频率特性曲线

陷波电路输入、输出波形的变化如图 2—5—2 所示。

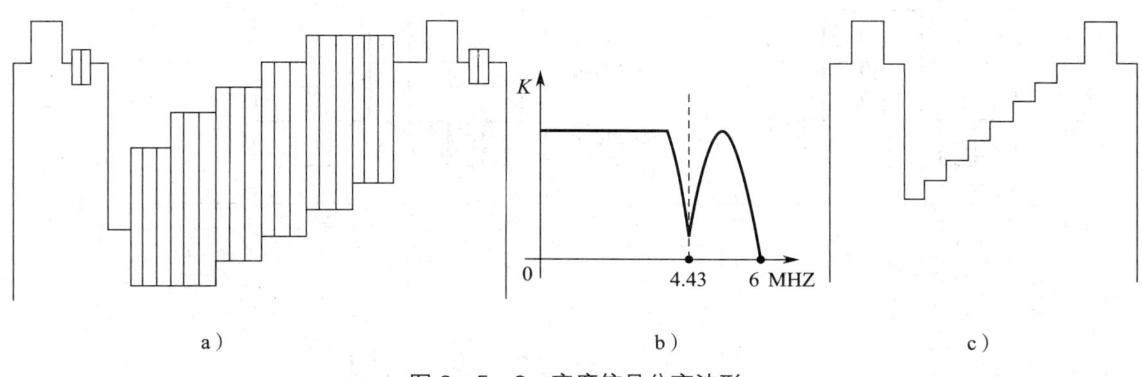

图 2—5—2　亮度信号分离波形

a）彩色全电视信号　b）陷波特性曲线　c）亮度信号

由图 2—5—2 可见，采用这种方法来分离亮度信号时，在去掉色度信号的同时，将 4.43 MHz 附近的亮度信号也去掉了，这会使图像的清晰度下降，为弥补这种损失，在亮度通道中加入勾边、亮度瞬态改善等电路，以提高图像的清晰度。高清晰度、大屏幕的彩色电视机通常采用梳状滤波器来分离亮度信号与色度信号，可大大提高图像的清晰度。

2. 箝位电路

（1）箝位电路的作用

箝位电路的作用是，让每一场画面中亮、暗不同的各行信号的黑电平（消隐电平）保持一致，即箝位在给定的直流电位上，使亮、暗不同的各行的直流分量得到恢复。

（2）恢复每一场画面中亮、暗不同行的直流分量的原因

彩色全电视信号是单极性的，亮度信号也是单极性的（无负半周），这种单极性信号具有直流分量，其大小等于亮度信号的平均值。当一场画面中各行信号的亮度不相同时，各行亮度信号的直流分量也是不相同的，如图 2—5—3 所示。

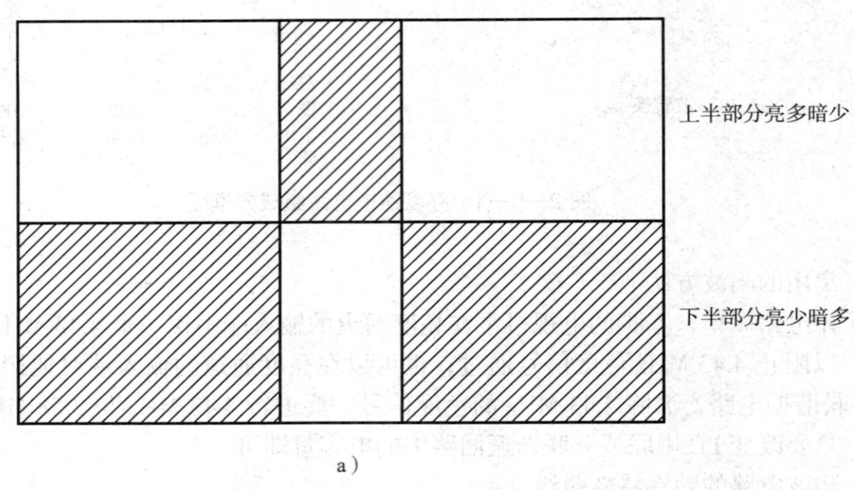

a）

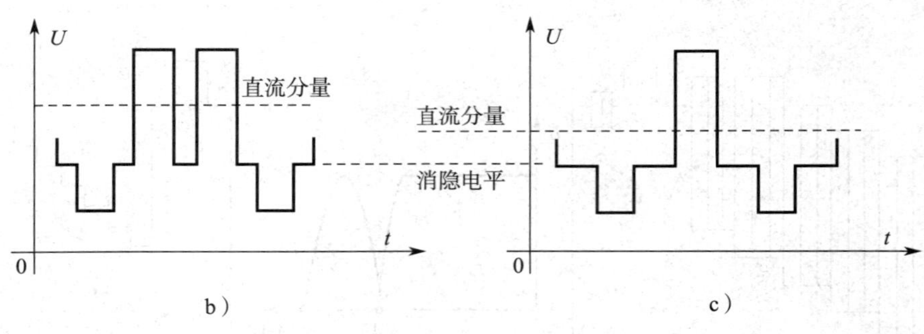

b）　　c）

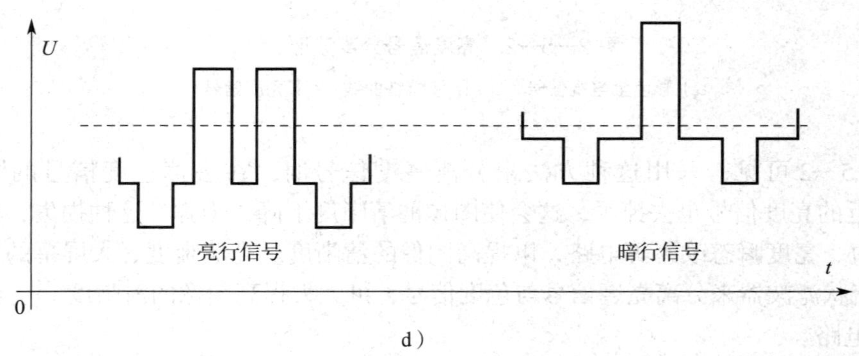

d）

图 2—5—3　直流成分丢失后对图像亮度的影响

a）上、下半部分亮暗不同的画面　b）亮行信号　c）暗行信号　d）电容隔直后的信号

图 2—5—3a 表示一场画面中，上、下半场画面亮暗不相同的情况；图 2—5—3b 与图 2—5—3c 分别表示亮、暗画面部分一行的亮度信号波形；图 2—5—3d 表示经过隔直电容后，亮行与暗行的波形。从图 2—5—3d 可以看出暗行的亮度信号整体上移了，也即电平上升了，由暗行变成了亮行，该行画面的背景亮度与色饱和度都会被改变，产生了失真。

为了消除这种失真，电视机中都采用箝位电路，将各行亮度信号的消隐电平箝定在给定的直流电位上，即让各行的消隐电平肩部对齐，以恢复各行的直流分量。即由图 2—5—3d 所示的状态，恢复成图 2—5—3b 与图 2—5—3c 所示的状态。

3. 黑色电平扩展电路

（1）黑色电平扩展电路的作用

黑色电平扩展电路是提高图像画质（对比度）的重要技术手段之一。其作用是对每一行的亮度信号中的黑电平部分进行检测，当某一行信号的对比度不够大时，则提高该行浅黑部分（对比度偏小）的增益，使浅黑向深黑（消隐电平处）变化，以提高该行图像信号的对比度；当某一行信号的对比度够大时，则不进行扩展处理。

（2）黑色电平扩展电路的工作原理

黑色电平扩展电路能将每一行亮度信号中的浅黑电平自动拉长到消隐电平（深黑）。对负极性信号而言，一般设定，若某一行亮度信号中最黑部分信号的幅度处在 50% ~ 75% 时，则不必进行扩展，信号只进行正常的线性放大；若某一行亮度信号中最黑部分信号的幅度仍处在 50% 以下，则应对该行亮度信号的浅黑部分进行扩展，其原理图如图 2—5—4 所示。

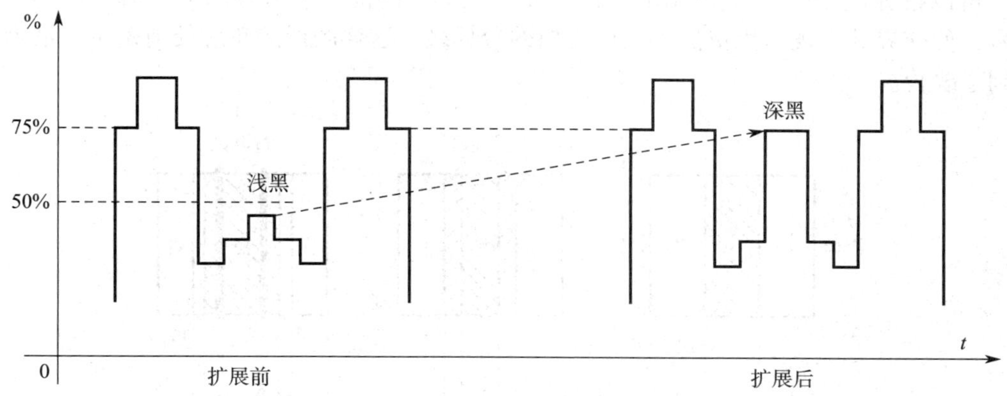

图 2—5—4　黑色电平扩展原理

每一行的亮度信号都被送入黑色电平扩展电路中进行检测，若检测结果需要扩展时，则会让该行浅黑部分的增益高于浅黑以外部分的增益，浅黑部分得到更高的提升，并尽量接近消隐电平，从而提高该行图像的对比度。

4. 延时电路

（1）亮度信号要延时的原因

因为彩色全电视信号的亮度信号与色度信号分离以后，亮度信号与色度信号是经过不同的电路进行处理的。一般来说，电路的带宽越宽，信号通过的时间就越短。色度通道的带宽为 2.6 MHz，亮度通道的带宽为 6 MHz，故色度信号到达基色矩阵电路的时间要比亮度信号晚。若亮度信号不进行延时，让其与三个色差信号相加还原成基色信号，则画面会出现彩色与黑白轮廓不重合，即彩色镶边的现象。

（2）延时电路的作用

延时电路的作用是，保证亮度信号与三个色差信号同时到达基色矩阵电路（无时间差），使电视机的画面不出现彩色镶边现象。

（3）延时的方法

常用的延时方法是，信号经 A/D 转换后，进行存储，延迟后再读取出来，时间的延时量为 0.6 μs。

5. 勾边电路

（1）勾边电路的作用

勾边电路也叫图像轮廓校正电路。勾边电路的作用是，对每一行的亮度信号黑白交界突变部分的信号进行微分处理，然后再叠加回原来的亮度信号中，使图像的边缘轮廓得到加强，清晰度得到改善。若一行的亮度信号中无黑白交界的突变，则不进行勾边处理。

（2）勾边电路提高图像清晰度的原理

在图像中，常常有许多从白色突变为黑色，或从黑色突变为白色的亮度突变现象，图像及波形如图 2—5—5 所示。在理想情况下，黑白交界处的界线应是很分明的，波形是陡直的。若信号在传输过程中产生了失真，造成亮度信号的突变沿消失，波形变得不陡直了，显示出来的图像在黑白交界处就会出现一个缓变的过渡区，使重现的图像轮廓不明显，降低了图像的清晰度（图 2—5—5b）。为了使图像轮廓清楚，就要缩短亮度信号前沿和后沿的过渡时间。可以按如图 2—5—5c 所示的方法，在突变部分的前、后沿各加上一对上冲和下冲脉冲信号，使交界处出现比黑更黑、比白更白的分界线，这样图像的轮廓便清楚了，清晰度也就得到了改善。

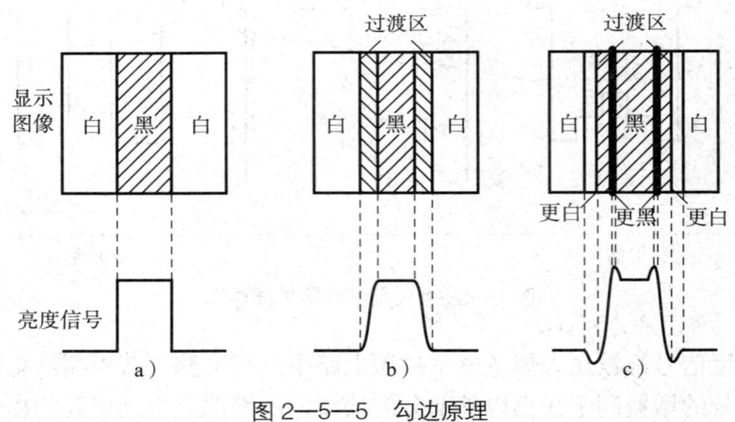

图 2—5—5　勾边原理

6. 对比度调节电路

（1）对比度的含义

对比度是图像的最高亮度与最低亮度的比。对比度的大小由亮度信号中的白电平与黑电平之间的幅度差决定。

电视图像必须具有一定的对比度，才能产生明暗层次丰富的视觉效果。对比度过大时，则图像黑白反差会过大；对比度过小时，则图像会有一种过于灰白的感觉。使用者可以根据个人爱好和节目内容选择合适的对比度。

（2）改变对比度大小的方法

彩色电视机是通过改变亮度信号的幅度，也即改变亮度信号放大电路的增益，来改变图像对比度的大小的。

7. 亮度调节电路

（1）亮度的含义

亮度是人眼对电视图像明暗程度的感觉。使用者可以根据收视环境和节目内容调整亮度的大小。

（2）改变亮度大小的方法

改变亮度大小的方法，实质是通过改变显像管栅极与阴极之间的电位差来实现的。显像管的栅极电压一般是固定的，显像管的阴极电压越低，画面亮度越大；阴极电压越高，画面亮度越小。

改变显像管阴极电压高低的方法是，给亮度信号叠加一个可调的直流电压，从而改变视放矩阵电路阴极电压的高低，实现亮度的调节。

8. 自动亮度控制电路（ABL）

（1）电视机亮度上升的原因

使用中的电视机，有时亮度会突然上升，产生这种现象的原因有：开关稳压电源稳压失控，行扫描电路逆程电容漏电致使容量下降，视放矩阵电路元件性能变差等。

（2）电视机亮度过高的危害

当显像管亮度过高时，显像管的束电流会过大，电视机易出现高压，产生电路过载、高压输出不稳定、画面放缩闪烁、元件损坏、荧光粉过早老化等现象。

（3）ABL 电路的作用

ABL 电路的作用是，对显像管束电流进行取样，并根据取样电流的大小自动控制显像管束电流的大小，从而自动控制显像管的亮度。

（4）ABL 电路的工作原理

ABL 电路的工作原理是，用串联在高压回路中的电阻对显像管的束电流进行取样，束电流的变化转变为电压大小的变化，将取样电压送至比较电路进行比较，当束电流过大时，减小亮度信号放大电路的增益，使显像管阴极电压上升，亮度下降。

9. 白峰值限幅电路

白峰值限幅电路的作用是，用于限制比白电平高而宽度窄的白峰值干扰信号（对正极性信号而言），以消除白色亮点干扰。类似于图像中频通道中的 ANC 电路。

10. 行 / 场消隐电路

电子枪不论在行逆程回扫期间，还是在场逆程回扫期间，都应关闭（消隐），以防止出现回扫线，对图像产生干扰。行 / 场消隐的方法是，在亮度通道放大电路中加入行 / 场消隐脉冲信号，在行 / 场扫描逆程期间，使亮度通道放大管截止，显像管阴极电压上升，电子束被截止，达到消除回扫线的目的。

三、9614C 型彩色电视机亮度通道电路工作原理分析

9614C 型彩色电视机亮度通道的电路原理图如图 2—5—6 所示。

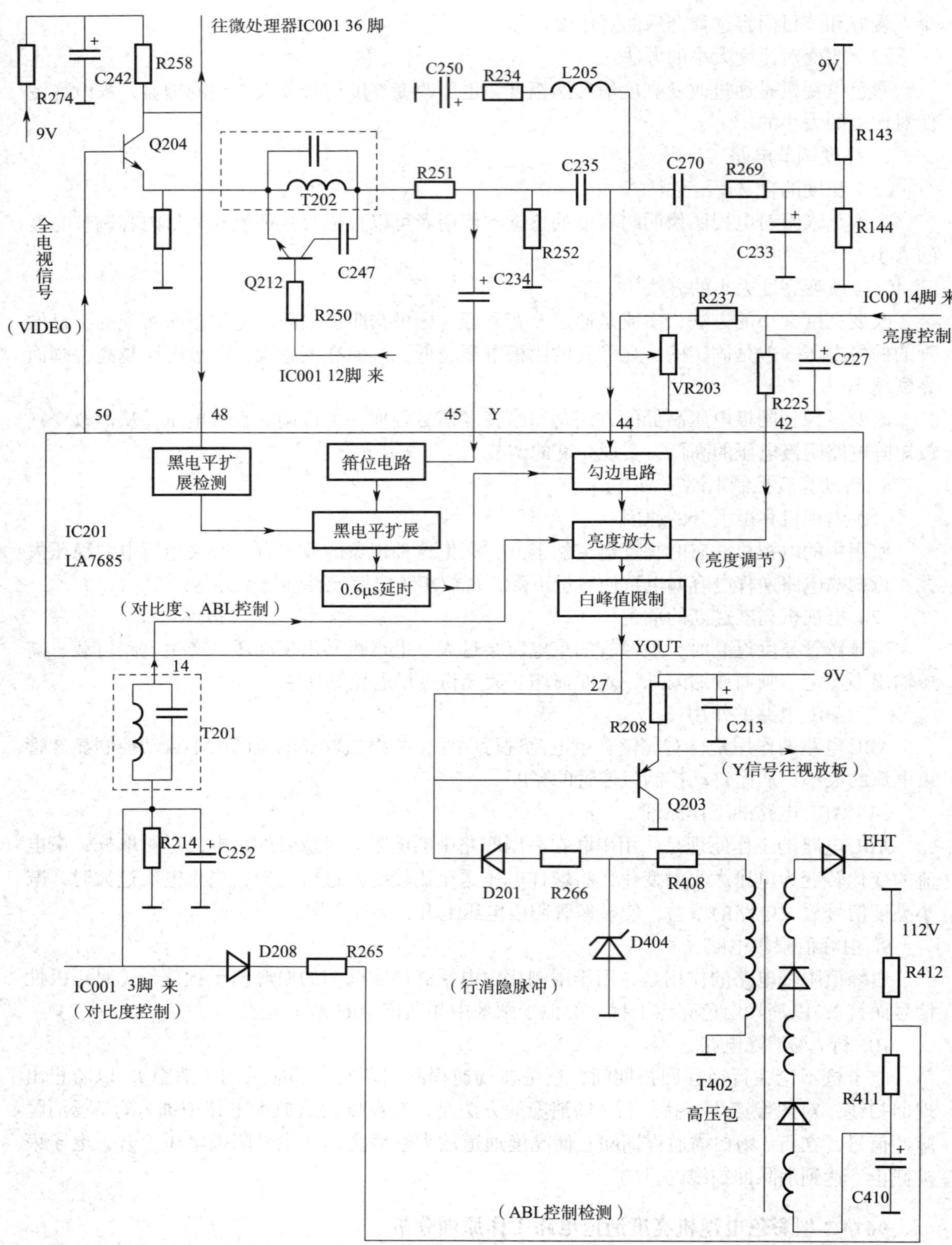

图 2—5—6 9614C 型彩色电视机亮度通道电路原理图

1. 陷波电路与勾边电路

IC201 的 50 脚输出的彩色全电视信号经 Q204 放大，其 e 极输出的信号被 T202 进行带阻滤波，即可取出亮度信号。Q212 的 b 极受微处理器 IC001 的 12 脚控制，按遥控器的制式按键，当选择 PAL 或 NTSC 制 4.43 MHz 时，IC001 的 12 脚为低电平 0 V，Q212 截止，T202 进行 4.43 MHz 滤波；当选择 NTSC 制 3.58 MHz 时，IC001 的 12 脚为高电平 3.6 V，Q212 饱和，C247 并在 T202 两端，T202 进行 3.58 MHz 滤波，取出的亮度信号进入 IC201 的 45 脚。

T202 取出的亮度信号还经 C235、C270、L205 进行高通滤波，由 R143、R144、R269 叠加一个直流电压后，作为勾边电路的检测信号，进入 IC201 的 44 脚。

2. 行 / 场消隐电路

从 IC201 的 45 脚进入的亮度信号，经箝位、黑电平扩展、延时、勾边、放大等处理后，从 IC201 的 27 脚输出，送 Q203 进行跟随放大，以提高其带负载能力。

行消隐的原理是，高压包 T402 的 3 脚产生的逆程脉冲经 R408、D404 稳压以及 D201、R266 隔离后，送入 Q203 的 b 极。在行扫描正程期间，行消隐脉冲信号为低电平，对 Q203 无影响；在行扫描逆程期间，行消隐脉冲信号为高电平，Q203 的 b 极为高电平而截止，Q203 输出高电平，送往各视放矩阵管的 e 极，各视放矩阵管因 e 极电位升高而同时截止，阴极电位上升，从而关闭电子枪。

场消隐过程在 IC201 内进行。

3. 对比度调节与 ABL 控制电路

用遥控器或电视机的面板按键进行对比度调节时，IC001 的 3 脚会输出一个 0~8 V 的可变电压，该电压叠加一个直流电压，经 C252 滤波后，通过 T201 送入 IC201 的 14 脚，IC201 的 14 脚的电压应在 5~6 V 连续可调，以实现对比度控制。

ABL 电路的控制原理是，当亮度正常时，束电流较小，112 V 供电经 R412、R411 串联分压后，使检测点的电压较高，D208 截止，对 IC201 的 14 脚无影响。当亮度上升，束电流过大时，一方面，112 V 供电因负荷加大而下降，另一方面，因 R412 的阻值比 R411 的阻值大很多，束电流上升，R412 两端的压降上升。共同作用的结果，使检测点的电压下降，D208 导通，对进入 14 脚的电流进行分流，IC201 内亮度放大电路的增益下降，使屏幕亮度下降。T201 为行频阻波 LC 回路，用于防止 D208 导通后，行干扰脉冲进入 14 脚。

4. 亮度调节电路

用遥控器或电视机的面板按键进行亮度调节时，IC001 的 4 脚会输出一个 0~8 V 的可变电压，该电压叠加一个直流电压，经 C227 滤波后，从 42 脚进入 IC201，42 脚的电压应在 2~4 V 连续可变，以实现亮度控制。IC201 的 42 脚外接的 VR203 为副亮度调节电位器。

四、亮度通道电路常见故障与检修方法

彩色电视机亮度通道电路出现故障时，主要有画面缺少亮度信号、图像亮度下降、亮度或对比度不可调等。

1. 画面缺少亮度信号

画面缺少亮度信号的典型现象是，图像只有很暗而且模糊的彩色画面，若将色饱和度调到最小时，屏幕便无光栅，但字符显示却是正常的。一般通过接收彩条信号，按亮度通道信

号流程测试IC201的45脚的输入波形、27脚的输出波形、Q203的e极波形，从亮度信号波形变化，很容易找到故障部位。

2. 图像亮度下降，其他功能都正常

这种现象是ABL电路过早启控引起的。应检查ABL检测电路D208、R265、R412、R411、C410等元件是否正常，多以D208击穿、C410漏电较常见。

3. 亮度或对比度不可调

检查亮度控制42脚、对比度控制14脚的电压变化是否正常。按遥控器的BRI键，42脚的电压应在2~4 V可变；按遥控器的CON键，14脚的电压应在5~6 V可变。从电压的变化是否正常，不难找到故障。

实训4　亮度通道电路电参数测试与故障维修

实训目的

1. 进一步熟悉亮度通道电路的工作原理。
2. 能对亮度通道电路的电参数进行测试。
3. 能完成亮度通道电路常见故障的维修。

实训设备与工具

普通CRT遥控彩色电视机、常用维修工具、双踪示波器、彩条信号源、实训指导书等。

实训内容与步骤

一、亮度通道电路电参数测试

检修亮度通道电路时，其关键点电参数的测试主要有以下几个（接收彩条信号）：

1. 亮度通道电压的测量

（1）3.58 MHz与4.43 MHz陷波转换控制电压的测量

按遥控器的制式转换按钮，当电视机分别处于NTSC制3.58 MHz、NTSC制4.43 MHz、PAL制4.43 MHz时，分别测量Q212的b极电压。

（2）亮度调节电压范围的测量

在IC201的42脚外的C227处测量，调节电视机的亮度，使其由小到大变化，测试亮度调节电压范围。

（3）对比度调节电压范围的测量

在IC201的14脚外的C252处测量，调节电视机的对比度，使其由小到大变化，测试对比度调节电压范围。

2. 亮度通道波形的测量

（1）全电视信号波形的测量

电视机接收彩条信号，示波器探头并接于C130正极与地之间，测出信号的波形，填写表2—5—1。

表 2—5—1　　　　全电视信号波形测量

电参数			波形图
U_{p-p}	周期T	频率f	

（2）亮度信号波形测量

电视机接收彩条信号，示波器探头并接于 C234 正极（或 Q203e 极）与地之间，测出信号的波形，填写表 2—5—2。

表 2—5—2　　　　亮度信号波形测量

电参数			波形图
U_{p-p}	周期T	频率f	

二、亮度通道电路故障维修

1. 进行故障设置

结合亮度通道电路原理图进行故障设置（结合实际选做）。

（1）如果要使电视机的画面出现缺少亮度信号的故障，可拆下电阻 R251，也可让 Q203 工作不正常，使亮度信号无法送入视放输出电路。

（2）如果要使电视机出现图像亮度下降的故障，可使 ABL 检测电路的 D208、R265、R412、R411、C410 等元件不正常。

（3）如果要使电视机出现画面亮度不可调的故障，可以拆下电阻 R225 等元件，使亮度调节信号无法送入亮度通道。

2. 故障检修

按照亮度通道电路故障检修的方法进行检修，检修思路是，对画面缺少亮度信号的故障，首选用波形测试法来进行检修；对亮度与对比度不正常的故障，首选测 CPU 输出的控制信号电压。分清故障范围后，再用测电阻或测电压的方法找出故障元件。

【想一想】

1. 亮度信号波形 U_{p-p} 值与屏幕上的亮度大小有关吗？
2. 在 Q203 的 b 极处测量的波形与在其 e 极处测量的波形，其参数相同吗？

§2—6　色度通道电路分析与故障检修

学习目标

1. 掌握色度通道电路的组成与工作原理。

2. 掌握色度通道电路电参数的测量内容。

3. 掌握色度通道电路的故障特点、检修方法。

色度通道是彩色解码器的重要组成部分。色度通道的作用是，从彩色全电视信号中取出色度信号与色同步信号，进行放大、延时分离、同步检波、基准副载波恢复等处理，输出R–Y、G–Y、B–Y 三路色差信号，送往基色矩阵电路，与亮度信号 Y 一起合成三基色信号。

一、PAL 制色度通道电路的组成

1. 色度通道的组成

PAL 制色度通道包括色度带通放大、自动色饱和度控制（ACC）、色饱和度调整、自动消色（ACK）、延时分离（梳状滤波器）、U/V 同步检波等电路。电路组成方框图如图 2—6—1 所示。

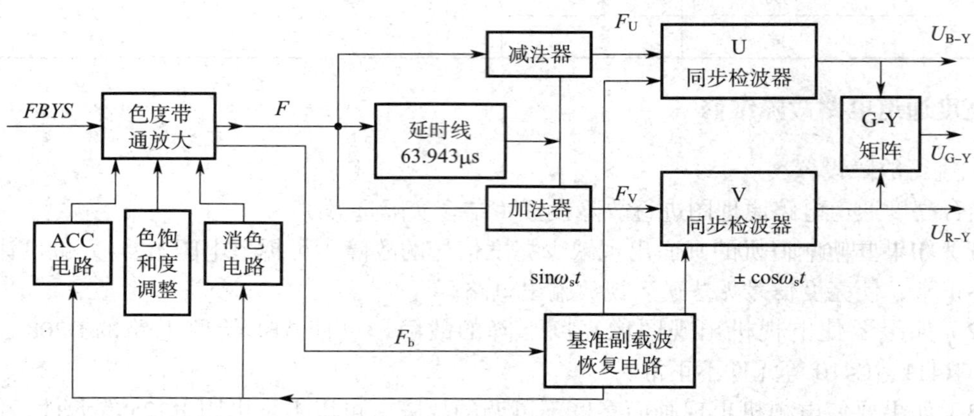

图 2—6—1　PAL 制色度通道电路组成方框图

2. PAL 制色度通道的信号流程

彩色全电视信号进入色度带通放大电路之后，从彩色全电视信号中取出色度信号与色同步信号。带通放大电路的增益受 ACC 电路与色饱和度调整电路的控制，另外，当接收的电视信号不好或接收黑白节目时，色度通道应关闭，故带通放大电路还受消色电路控制。

带通放大电路输出的信号被送入延时分离电路，色度信号 F 经延时分离电路分离后，其中的两个分量 F_U、F_V 被分离开来。F_U 与 F_V 被分别送往 U 同步检波器与 V 同步检波器，在基准副载波信号的作用下，解调出乐无穷 U_{B-Y}、U_{R-Y} 两个色差信号。U_{B-Y}、U_{R-Y} 送往 U_{G-Y} 矩阵电路中，一起合成 U_{G-Y} 信号。

二、PAL 制色度带通放大电路及其控制电路

1. 色度带通放大电路

（1）色度带通放大电路的作用

色度带通放大电路的作用是，从彩色全电视信号中取出色度信号与色同步信号，并进行放大。

（2）色度信号的分离原理

由于在 6 MHz 带宽的彩色全电视信号中，色度信号仅占据了以 4.43 MHz 为中心，以 2.6 MHz

为带宽的频带，故一般用带通滤波器来取出色度信号。很多电视机为了简化电路，用LC元件组成的高通滤波器来取出色度信号。其频率特性曲线、输入与输出波形变化如图2—6—2所示。

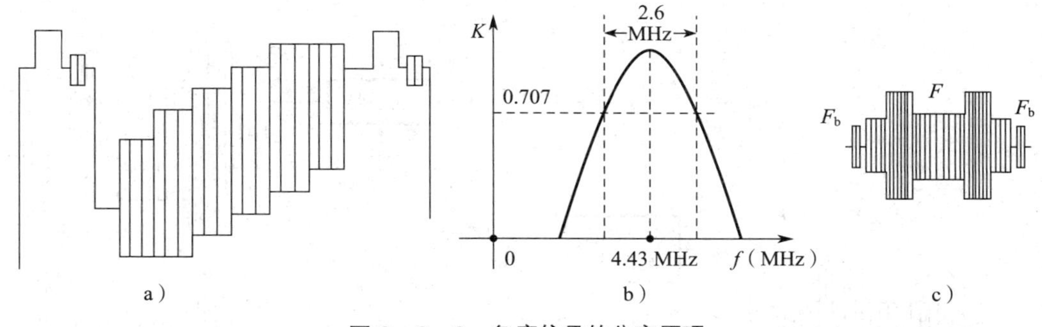

图2—6—2　色度信号的分离原理

a）彩色全电视信号　b）带通滤波特性曲线　c）色度信号与色同步信号

由图2—6—2可见，色度带通滤波器在取出色度信号的同时，色同步信号也一起被取出来了。

2. 自动色饱和度控制（ACC）电路

（1）ACC电路的作用

ACC电路的作用是，根据色度信号的强弱，自动控制色度信号放大电路的增益。ACC电路的工作原理与高、中频放大电路中AGC电路的工作原理是一样的。

（2）ACC电路控制电压的产生方法

ACC电路要自动控制色度信号放大电路的增益，就需要一个与色度信号幅度成正比的控制电压去控制带通放大器的增益。因图像信号中彩色的内容是不断变化的，故不能从代表图像彩色内容的色度信号中取得。

ACC电路控制电压的产生方法是，将基准副载波恢复电路中鉴相器产生的7.8 kHz的U_{APC}误差电压，作为ACC的控制电压。因为这个信号与彩色内容无关，其幅度大小能反映色度信号的强弱。

3. 自动消色（ACK）电路

（1）ACK电路的作用

ACK电路的作用是，当电视机接收的是彩色节目时，自动将色度通道接通；当接收的是黑白节目时，自动把色度通道关闭，以防止产生干扰；当接收的电视信号不好，致使色度信号很弱，不能得到稳定的彩色图像时，也能自动关闭色度通道，只显示黑白图像。

（2）ACK电路控制电压的产生方法

ACK电路控制电压的产生方法，与ACC电路控制电压的产生方法一样。

三、PAL制延时解调电路

1. 延时解调电路的作用

延时解调电路也叫梳状滤波器，它的作用是把色度信号F中的两个分量F_U、F_V分离开来，并分别送到U同步解调器和V同步解调器。

2. 延时解调电路的工作原理

（1）延时解调电路的组成

延时解调电路由延时时间为 63.943 μs 的延时线、加法器和减法器构成，如图 2—6—3 所示。

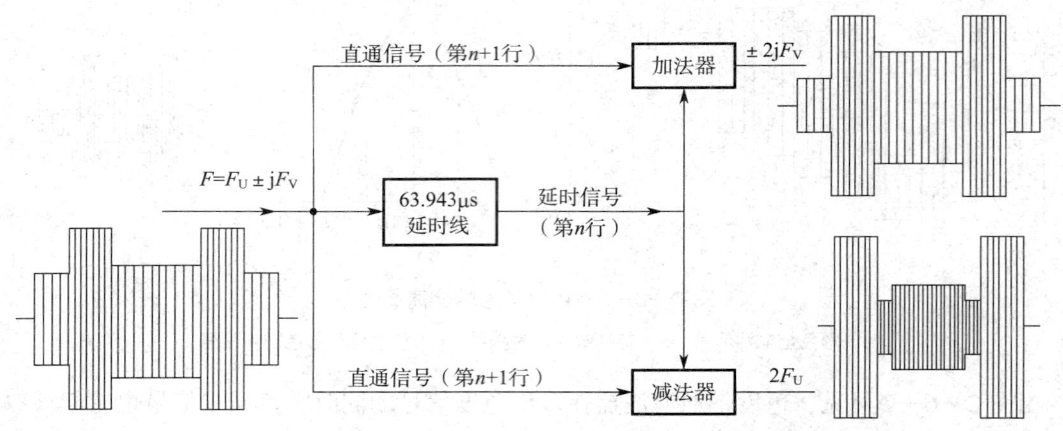

图 2—6—3　延时解调电路组成方框图

图 2—6—3 中，延时线的作用是，让输入的信号延时 63.943 μs 后再输出，同时信号经过延时线后，输出信号与输入信号反相。加、减法器的作用是，对输入的两路信号进行加、减运算。

（2）延时解调电路的原理

PAL 制色度信号是隔行倒相的，相邻两行的色度信号用矢量来表示时，分别为：

第 n 行：F_U+jF_V

第 n+1 行：F_U-jF_V

第 n+2 行：F_U+jF_V

第 n+3 行：F_U-jF_V

输入的信号被分成两路，一路为直通信号，直接送至加、减法器；另一路送延时线，经延时，且倒相后也送到加、减法器。在加、减法器中，若直通信号为第 n+1 行信号 F_U-jF_V，则延时线输出的应是第 n 行的延时、反相信号 $-(F_U+jF_V)$。

让这两行信号相加，输出为 $F_{n+1}+F_n=(F_U-jF_V)+(-F_U-jF_V)=-2jF_V$。

让这两行信号相减，输出为 $F_{n+1}-F_n=(F_U-jF_V)-(-F_U-jF_V)=2F_U$。

这就是第 n+1 行信号与第 n 行信号相加、减所得的结果。

当第 n+1 行过后，第 n+2 行的色度信号到来时，延时线输出的为第 n+1 行的延时、反相信号 $(-F_U+jF_V)$，n+2 行为直通信号 F_U+jF_V。

让这两行信号相加，输出为 $F_{n+2}+F_{n+1}=(F_U+jF_V)+(-F_U+jF_V)=2jF_V$。

让这两行信号相减，输出为 $F_{n+2}-F_{n+1}=(F_U+jF_V)-(-F_U+jF_V)=2F_U$。

由上可见，延时解调器可以实现 F_U 与 F_V 的分离。在传送过来的色度信号中，F_V 分量是隔行倒相的，分离之后的信号也是隔行倒相的（$\pm 2jF_V$）；F_U 分量是不倒相的，分离后的信号也是不倒相的 $2F_U$。

当电视机接收标准彩条信号时，延时解调器的输入与输出波形如图 2—6—3 所示。

四、PAL 制同步检波器

1. 同步检波器的作用

同步检波器又叫同步解调电路，其作用是把色度信号的两个分量 F_U、F_V，解调成 U、V 两个色差信号。

2. 同步检波器的工作原理

（1）同步检波器电路的组成

在 PAL 制色度通道中，经过梳状滤波器分离出来的 F_U 和 F_V 两个色度分量信号，是抑制载波的平衡调幅波，其包络外形并不代表色差信号的变化规律，这种调幅波不能用普通二极管包络检波的方法来还原信号，而应采用同步检波的方法才能完成检波任务。F_U 和 F_V 信号同步检波原理图如图 2—6—4 所示。

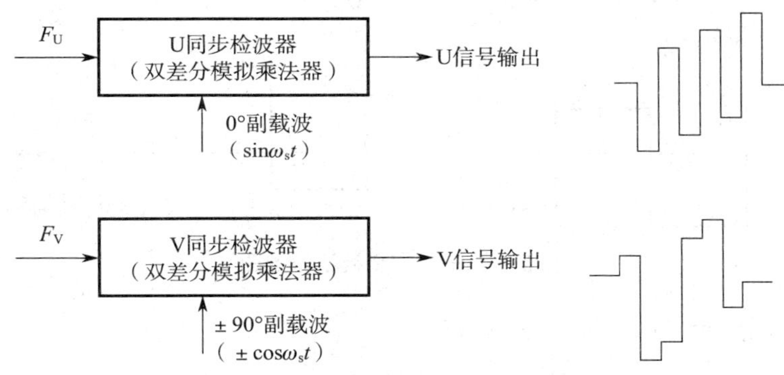

图 2—6—4　F_U 和 F_V 信号同步检波原理图

由图 2—6—4 可见，为了实现同步检波，同步检波器需要同时输入两种信号：待检波的色度信号分量 F_U 或 F_V；由基准副载波恢复电路产生的同频、同相副载波信号。由于 U、V 两个色差信号在发送端采用正交调制方法，且 V 信号调制时是隔行倒相的，故送入 U 同步检波器解调用的副载波应为 $\sin\omega_s t$，送入 V 同步检波器解调用的副载波应为 $\pm\cos\omega_s t$。

（2）同步检波器的工作原理

彩色电视机所用的同步检波器是双差分模拟乘法器电路，让两路输入信号相乘而完成检波任务。以 F_U 信号的检波为例，先从波形变化来说明其检波原理。波形变化如图 2—6—5 所示。

由上述波形变化可以看出，黄条解调时，由于解调副载波的相位与 F_U 反相，相乘的结果总为负值；对青条解调时，解调副载波的相位与 F_U 同相，相乘的结果总为正值。同理，红、绿结果为负值，紫、蓝结果为正值。相乘的结果相当于全波整流，再经过低通滤波处理，即可取出低频调制信号 U。

如果进行数学分析，也不难理解检波原理。设送入 U 同步检波器的信号为 $F_U=U\sin\omega_s t$ 与 $\sin\omega_s t$，令两者相乘，有 $u_o=U\sin^2\omega_s t$，即 $u_o=\frac{1}{2}U(1-\cos 2\omega_s t)$，用低通滤波器滤去 $2\omega_s$ 的高频成分，即有 $u'_o=\frac{1}{2}U$，完成 U 信号的解调。

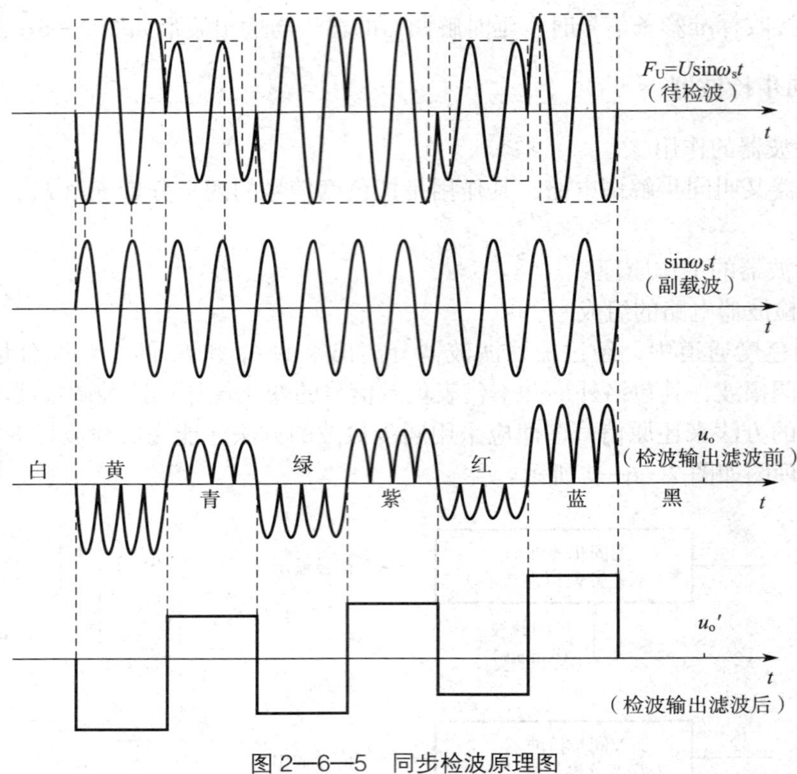

图 2—6—5　同步检波原理图

F_V 信号的同步检波原理与 F_U 完全相同。

五、PAL 制基准副载波恢复电路

1. 基准副载波恢复电路的作用

基准副载波恢复电路的作用是，产生同步检波电路所需要的基准副载波。该基准副载波受色同步信号控制，与发送端调制时抑制掉的副载波同频、同相，即送入 U 同步检波器的基准副载波为 $\sin\omega_s t$，送入 V 同步检波器的基准副载波为 $\pm\cos\omega_s t$，同时还产生 7.8 kHz 的半行频 U_{APC} 信号，供 ACC、ACK 电路使用。

2. 基准副载波恢复电路的组成方框图

基准副载波恢复电路的组成方框图如图 2—6—6 所示。

由色度带通放大器取出的色度信号 F 和色同步信号 F_b，经色同步选通后，选出色同步信号 F_b 送入鉴相器中。压控振荡器产生的、经 90° 移相的信号，与色同步信号一起，在鉴相器中进行相位比较，输出相位误差电压，相位误差电压经环路滤波器滤波后，来控制压控振荡器的振荡，使基准副载波的振荡与色同步信号同频、同相。

压控振荡器产生的信号为 $\sin\omega_s t$，一路直接送 U 同步检波器，解调出 B–Y 信号；另一路经 PAL 开关电路，产生 $\pm\sin\omega_s t$ 信号，再经 90° 移相变为 $\pm\cos\omega_s t$ 信号，送 V 同步检波器，解调出 R–Y 信号。

鉴相器产生的 7.8 kHz 近似方波的误差电压信号还作为 ACC、ACK 以及 PAL 开关的控制信号。

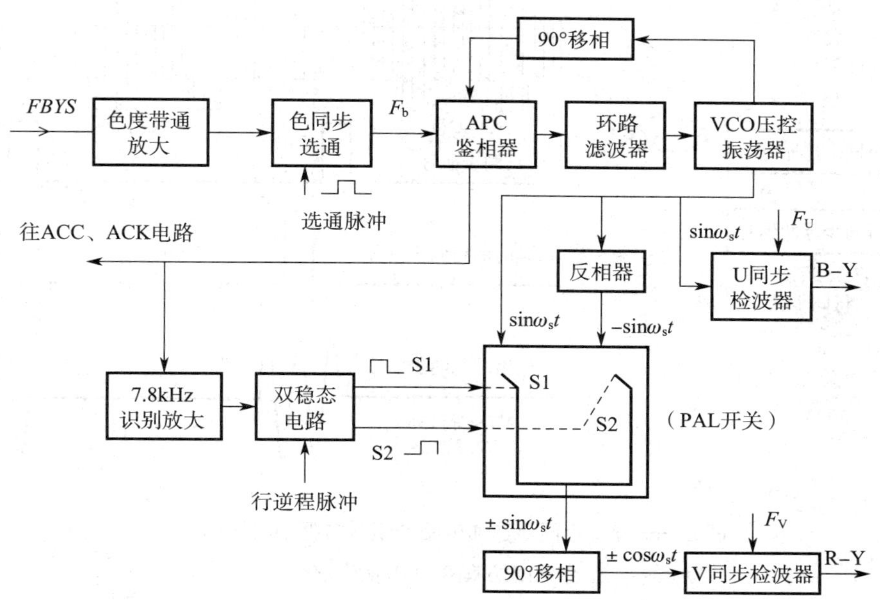

图 2—6—6 基准副载波恢复电路组成方框图

3. 色同步选通电路

(1)色同步选通电路的作用

色同步选通电路的作用是，从色度带通放大器输出的色度信号 F 与色同步信号 F_b 中分离出色同步信号 F_b，送入鉴相器作为鉴相器的基准信号。

(2)色同步选通电路的工作原理

由于色同步信号位于行消隐信号的后肩处，在行扫描的逆程中出现，而色度信号出现在行扫描的正程，故可用时间分离法取出色同步信号。具体的方法是，把行同步信号进行适当延时，作为选通脉冲，即让延时后的行同步信号的位置（时间）对准色同步信号的位置，当每一行的色同步信号到来时，选通脉冲让选通电路导通，色同步信号过后，让选通电路截止，这样就可分离出色同步信号。色同步选通电路的组成方框图与波形变化如图 2—6—7 所示。

4. 锁相环电路

(1)锁相环电路的组成

锁相环电路由鉴相器、环路滤波器、压控振荡器、90° 移相等电路组成。

(2)锁相环电路的作用

锁相环电路的作用是，在色同步信号的控制下，恢复与发送端同频、同相的基准副载波，送入 U、V 同步检波器中，作为同步检波器的控制信号。

(3)锁相环电路的鉴相原理

鉴相器是一个双差分模拟乘法器，当两个输入信号的相位差为 90° 时，鉴相器输出电压的平均值 $U_{APC}=0$；当相位差大于 90° 时，输出电压的平均值 $U_{APC}>0$；当相位差小于 90° 时，输出电压的平均值 $U_{APC}<0$。鉴相特性曲线如图 2—6—8 所示。

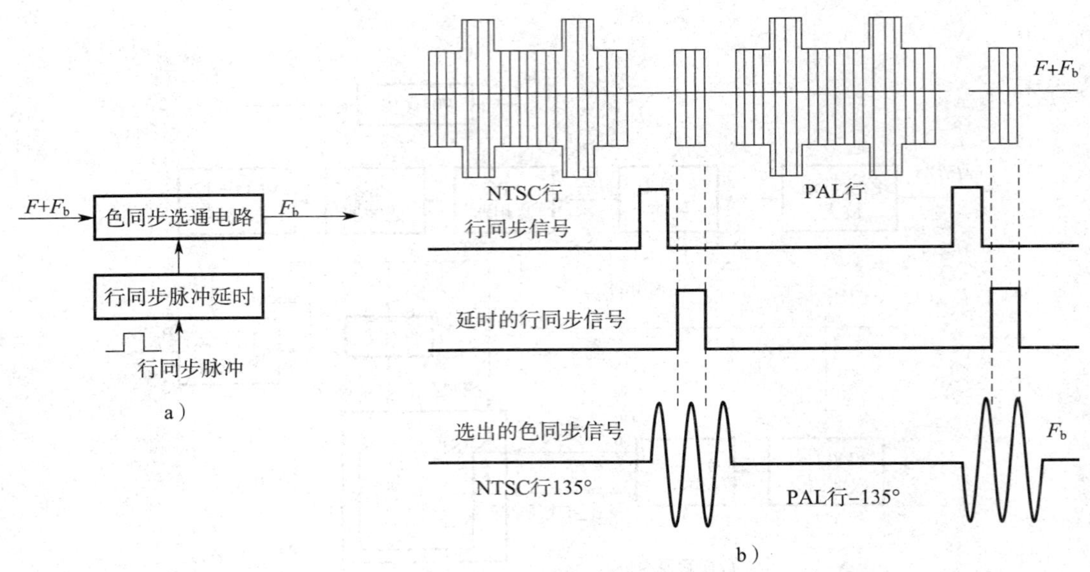

图 2—6—7　色同步选通电路的组成方框图与波形变化

a）组成方框图　b）波形变化

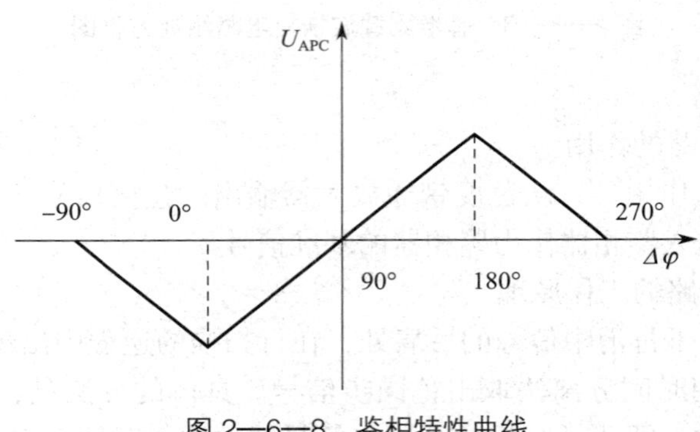

图 2—6—8　鉴相特性曲线

压控振荡器的振荡频率和相位被锁定时，输出信号为 0° 的正弦波信号 $\sin\omega_s t$，经 90° 移相后成为 sin（$\omega_s t$+90°），返回到鉴相器中，鉴相器输出电压的平均值 U_{APC}=0。

PAL 制色同步信号的相位是逐行交替变化的，NTSC 行色同步信号相位固定为 135°，与 sin（$\omega_s t$+90°）信号的相位之差为 135° −90° =45°，鉴相结果输出电压应小于 0。PAL 行色同步信号相位固定为 −135°，即 225°，与 sin（$\omega_s t$+90°）信号之差为 225° −90° =135°，鉴相结果输出电压大于 0。当环路锁定时，正、负电压大小相等，输出电压的平均值为 0。

当环路未被锁定时，振荡器输出的正弦波信号为 sin（$\omega_s t \pm \varphi$），经 90° 移相变为 sin（$\omega_s t$+90° $\pm \varphi$）。经过数学运算不难发现，当压控振荡器的初相 $\varphi < 0$ 时，PAL 行输出的正电压将上升，NTSC 行输出负电压的绝对值将变小，比较的结果，误差电压将大于 0。同理，当 $\varphi > 0$ 时，比较的结果，误差电压将小于 0。误差电压被滤波后，控制压控振荡器的振荡，直至环路被锁定为止。其波形的变化如图 2—6—9 所示。

由图 2—6—9 可以看出，不论平均值是否为 0，误差电压波形均近似方波，频率为 7.8 kHz（半行频），并且只有当鉴相器有色同步信号输入时，才有鉴相输出。

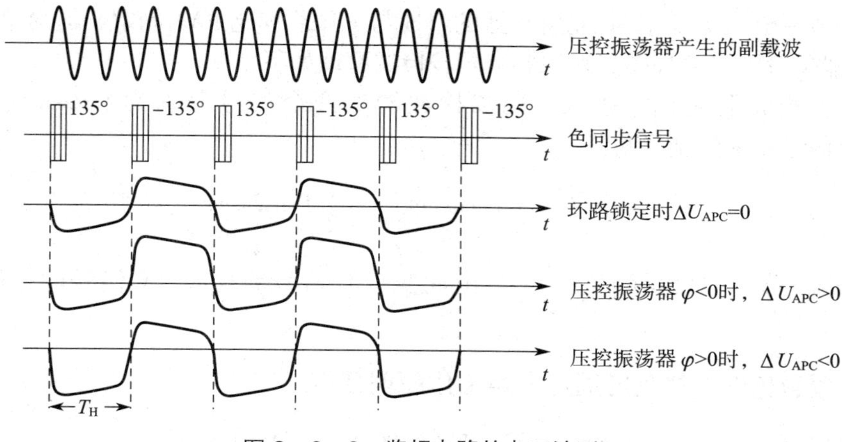

图 2—6—9　鉴相电路的电压波形

色同步信号的有或无，代表了接收的是彩色信号还是黑白信号；色同步信号的幅度大小，代表了彩色信号的强弱；方波的下降沿为 NTSC 行的开始，上升沿为 PAL 行的开始。故鉴相器产生的误差信号周期为 $2T_H$，频率为 7.8 kHz。可以用鉴相器产生的 7.8 kHz 误差信号作为 ACC、ACK 以及 PAL 开关识别的控制信号。

5. 双稳态电路与 PAL 开关电路

（1）双稳态电路的作用是，在代表 NTSC 行与 PAL 行的 7.8 kHz 识别信号和行逆程脉冲信号的控制下，按要求逐行翻转，在双稳态电路的 $\overline{Q}_n$ 与 Q_n 两个输出端，输出一对极性相反的开关信号（S1 和 S2），送往 PAL 开关电路。

（2）PAL 开关电路的作用是，在双稳态电路送来的一对极性相反的开关信号控制下，产生隔行倒相的基准副载波。当 S1 脉冲为高电平时，PAL 开关 S1 接通，输出 $\sin\omega_s t$ 信号；当 S2 脉冲为高电平时，PAL 开关 S2 接通，输出 $-\sin\omega_s t$ 信号。$\pm\sin\omega_s t$ 信号经 90° 移相，成为 $\pm\cos\omega_s t$，送往 V 同步检波电路。

六、NTSC 制解码器的工作原理

NTSC 制解码器与 PAL 制解码器的组成差别较大，其组成方框图如图 2—6—10 所示。

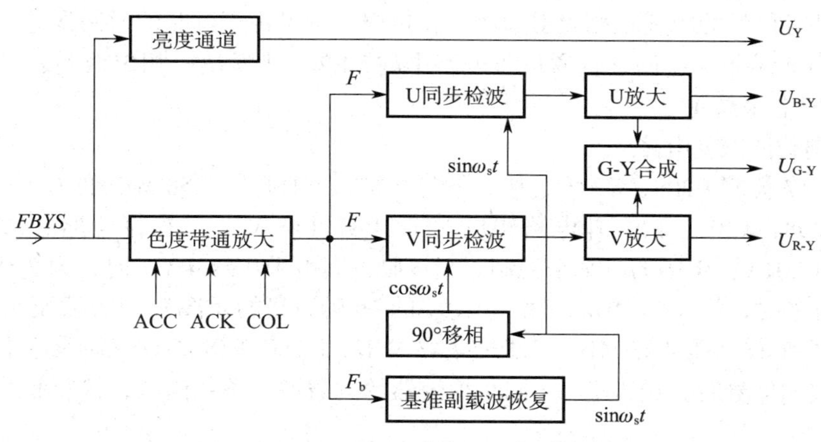

图 2—6—10　NTSC 制解码器组成方框图

由图2—6—10可见，NTSC制解码器的组成与工作原理比PAL制解码器简单许多。U或V同步检波器仍采用双差分模拟乘法器，同步检波原理如下：

以U同步检波器为例，送入U同步检波器的两个信号分别为$F=U\sin\omega_s t+V\cos\omega_s t$与$\sin\omega_s t$，两个信号相乘的结果为：

$$u_o=\frac{1}{2}U(1-\cos2\omega_s t)+\frac{1}{2}V\sin2\omega_s t$$

滤去$2\omega_s$成分，即可得到$u_o=\frac{1}{2}U$，由此实现U信号的检波。V信号的检波原理与此相同。

七、9614C型彩色电视机色度通道电路工作原理分析

9614C型彩色电视机色度通道电路原理图如图2—6—11所示。

1. 色度带通滤波电路

IC201的50脚输出的彩色全电视信号，由Q204跟随放大后，经R247、C245、L204、C244、R242进行高通滤波后，取出色度信号，由49脚进入IC201。其中，当Q211截止时，为4.43 MHz高通滤波；Q211饱和时，C246与C245并联，使谐振频率下降，进行3.58 MHz高通滤波。Q211的b极与IC001的12脚相连，其工作状态由遥控器的制式按键来转换。另外，IC201的49脚还与IC001的11脚相连。当49脚为高电平时，IC201进行PAL制解码；当49脚为低电平时，IC201进行NTSC制解码。

2. 梳状滤波器电路

由IC201的49脚输入的色度信号，进行ACC放大，经51脚输入的COL电压进行色饱和度调节后，分两种情况进行处理：若为NTSC制信号，则色度信号直接送U、V同步检波器进行解调；若为PAL制信号，则从IC201的15脚输出，进行梳状滤波处理。VR201、C217这个支路为直通信号；另一路信号经Q201放大，X206延时，加到加/减法器T203上，这一路为延时信号。直通信号与延时信号在T203二次侧完成加减运算，从20脚输入F_U信号，从22脚输入F_V信号。

从梳状滤波器的工作原理可知，只有保证直通信号与延时信号的幅度、相位完全正确，才能实现F_U与F_V的完全分离。当分离不完全时，会出现串色与爬行现象。幅度误差是由于直通信号与延时信号的幅度不相等引起的，相位误差则是由于延时的时间误差引起的。解决的方法是，幅度误差通过调整直通信号电路中的VR201来解决；相位误差通过调整延时电路中的T203磁芯来解决。

3. 基准副载波恢复电路

IC201的17脚接C205、X201，内、外电路构成NTSC制3.58 MHz的振荡电路；IC201的18脚接C208、X203，内、外电路构成NTSC/PAL 4.43 MHz的振荡电路。这两种振荡频率的转换由IC201的21脚的电平来控制，当该脚为高电平（约4 V）时，为3.58 MHz振荡；当该脚为低电平时，为4.43 MHz振荡。IC201的19脚所接的元件为APC滤波元件。

电视机可接收PAL 4.43 MHz、NTSC 4.43 MHz、NTSC 3.58 MHz三种彩色制式的信号，接收不同制式的信号时，送入U、V同步检波器的副载波是不相同的，接收制式的转换由遥控器来控制。

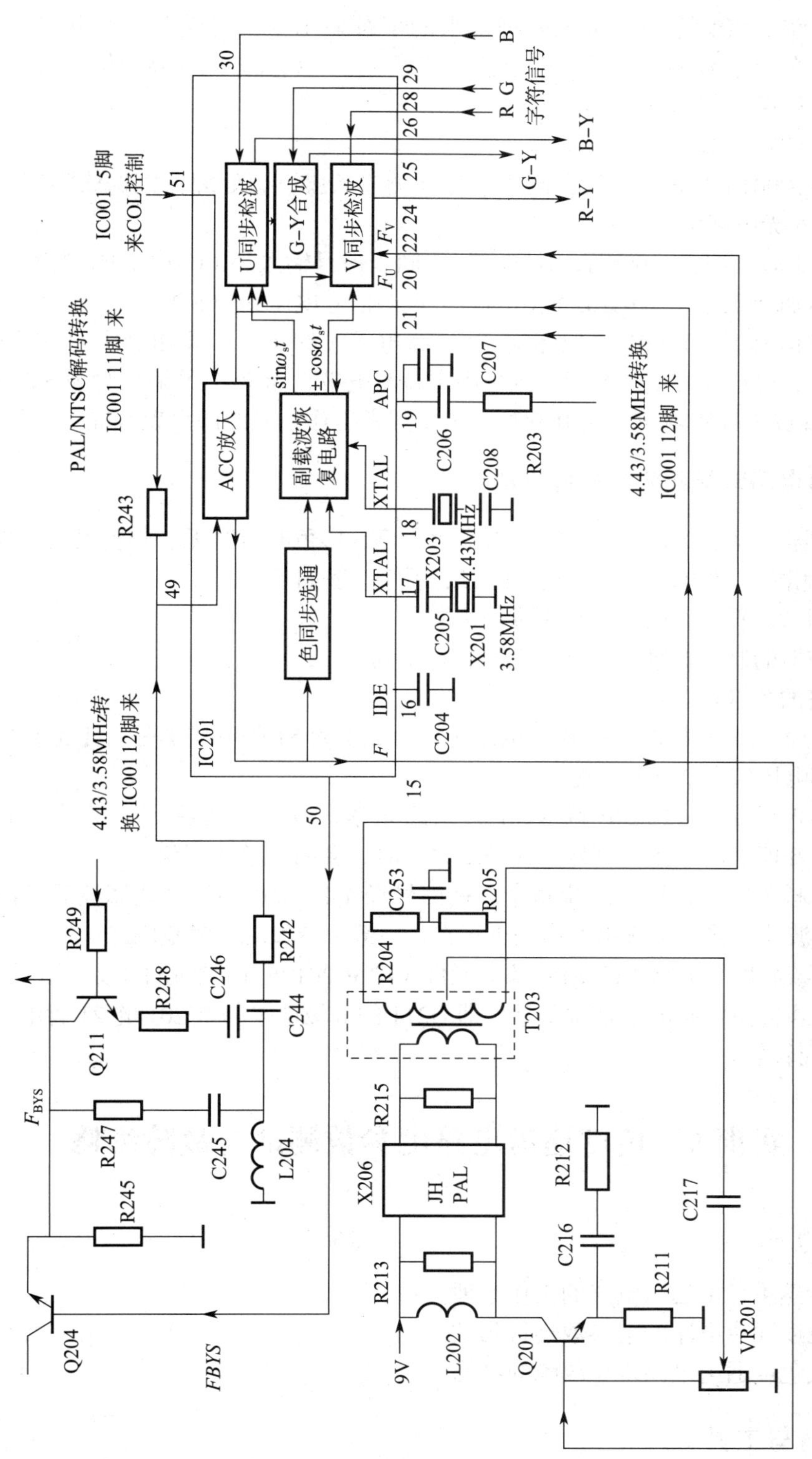

图 2—6—11　9614C 型彩色电视机色度通道电路原理图

检波后的 U_{R-Y}、U_{B-Y} 信号送入 U_{G-Y} 矩阵电路中，一起合成 U_{G-Y} 信号。

由遥控系统 IC001 的 23、24、25 脚送来的字符显示与消隐信号，从 IC201 的 28、29、30 脚输入，与色差信号相叠加后，三个色差信号 U_{R-Y}、U_{G-Y}、U_{B-Y} 分别从 IC201 的 24、25、26 脚输出，送往视放矩阵电路。

4. 蓝背景控制原理

微处理器 IC001 的 36 脚为复合同步信号检测输入脚，微处理器根据该脚复合同步信号的有无来判断有无电视节目信号。

电视机正常收台时，IC001 的 36 脚有复合同步信号输入，IC001 的 25 脚输出为低电平，即 IC201 的 30 脚为低电平，IC201 输出的三个色差信号电压约为 5.2 V。

当无电视信号时，IC001 的 25 脚输出为高电平（约 4 V），即 IC201 的 30 脚变为高电平，此时，R–Y 与 G–Y 的输出脚为 3.5 V 固定直流电平，而 B–Y 的输出脚为 5.2 V 固定直流电平，R、G 视放矩阵管截止，而 B 视放矩阵管照常工作，光栅即出现蓝屏。

八、色度通道电路常见故障与检修方法

彩色解码器出现故障时，多表现为图像无彩色、彩色时有时无、彩色失真等现象，这几种故障的根源相同，检修方法也相同，检修的顺序一般如下：

1. 重新调台，看是否因为调台不准而无彩色。
2. 按遥控器的制式按键，看制式选择是否正确。
3. 对电路的关键点进行检修。

（1）测遥控系统送来的 COL 控制电压（即 IC201 的 51 脚电压）是否正常，按遥控器的 COL 键，该脚电压应在 2~5 V 可变。

（2）用示波器测晶振 X203 或 X201 的振荡频率，看其是否稳定、正常。正常时应为 300 mV（峰—峰值）的正弦波信号。此幅度太小时，会出现色淡现象。

（3）接收彩条信号，用示波器测全电视信号经 4.43/3.58 MHz 带通滤波后的波形是否正常，测梳状滤波器的输入与输出波形是否正常，一般不难发现故障范围。

（4）查副载波恢复电路中的 APC 滤波元件（即 IC201 的 19 脚元件）是否正常。

（5）测制式转换控制电平是否正常，即 Q211 的 b 极电平与 IC201 的 21 脚电平是否可在 4 V 和 0 V 之间转换。

实训 5　色度通道电路电参数测试与故障维修

实训目的

1. 进一步熟悉色度通道电路的工作原理。
2. 能对色度通道电路的电参数进行测试。
3. 能完成色度通道电路常见故障的维修。

实训设备与工具

TCL–9614C 型遥控彩色电视机、常用维修工具、双踪示波器、彩条信号源、实训指导书等。

实训内容与步骤

一、色度通道电路电参数测试

检修色度通道电路时，其关键点电参数的测试主要有以下几个（接收彩条信号）：

1. 色度通道电压的测量

（1）彩色饱和度控制电压变化范围的测量

接收彩条信号，将万用表并接于 C227（参见附图）正极与地之间，调整电视机彩色的饱和度，测出其电压变化范围。

（2）蓝背景控制电压的测量

将万用表并接于 IC201 的 30 脚外 R267（参见附图）两端，分别测量正常收看图像时、蓝背景状态时的电压。

（3）NTSC 制与 PAL 制解码状态转换电压的测量

用万用表测 IC201 的 49 脚电压（分别测量 NTSC 制时的电压和 PAL 制时的电压）。

（4）色度信号 4.43 MHz 与 3.58 MHz 带通滤波转换控制电压的测量

用万用表测 Q211 的 b 极电压（分别测量屏幕显示 4.43 MHz 时的电压和屏幕显示 3.58 MHz 时的电压）。

（5）副载波恢复电路 4.43 MHz 晶振与 3.58 MHz 晶振转换控制电压的测量

用万用表测 IC201 的 21 脚外 R061（参见附图）的电压（分别测量屏幕显示 4.43 MHz 时的电压和屏幕显示 3.58 MHz 时的电压）。

2. 色度通道波形的测量

电视机接收彩条信号，测量下列信号波形：

（1）色度信号与色同步信号波形（表 2—6—1）。

表 2—6—1　　色度信号与色同步信号波形

	色度信号与色同步信号波形	色度信号波形
测量点	IC201的49脚	Q201的b极
波形		
U_{p-p}		
周期T		
频率f		

（2）色差信号波形（表 2—6—2）

表 2—6—2　　色差信号波形

	（R–Y）波形	（G–Y）波形	（B–Y）波形
测量点	IC201的24脚	IC201的25脚	IC201的26脚
波形			

续表

	（R–Y）波形	（G–Y）波形	（B–Y）波形
U_{p-p}			
周期T			
频率f			

二、色度通道电路故障维修

1. 进行故障设置

结合色度通道电路原理图进行故障设置（结合实际选做）。

（1）如果要使电视机的画面出现无彩色的故障，可拆下晶振 X203、C244、C245、R242 等元件，使色度信号无法送入色度通道。

（2）如果要使电视机出现图像色弱的故障，可使色度滤波电容 C206 开路，使 APC 电路工作不正常。

2. 故障检修

按照色度通道电路故障检修的方法进行检修，检修思路是，对画面无彩色的故障，首选用波形测试法来进行检修，分清故障范围后，再用测电阻或测电压的方法找出故障元件。对色弱故障，一般采用元件代换法进行检修。

【想一想】

1. 彩色电视机色度通道会出现哪些故障？其基本的检修方法是怎样的？

2. 接收 PAL 制节目时，按电视机的制式按钮，使电视机工作在 NTSC 制式，为什么彩色会不正常？

3. 屏幕显示信号是如何送入色度通道的？

§2—7　开关稳压电路分析与故障检修

学习目标

1. 了解遥控彩色电视机各电路的供电方式。
2. 掌握开关稳压电路的组成与工作原理。
3. 掌握开关稳压电路电参数的测量方法。
4. 掌握开关稳压电路的故障特点、检修方法。

电视接收机内的各种电路，都需要稳定的直流电压作为工作电源。目前生产的电视机所用的稳压电源都是开关式稳压电源。开关式稳压电源的工作过程是，把 220 V、50 Hz 的工频交流电压，直接整流、滤波成约 300 V 的直流电压，然后通过脉冲宽度可调的脉冲振荡电路变换为频率比 50 Hz 高得多的矩形波脉冲，再经过高频整流与滤波，以获得所需的稳定的直流电压。

一、开关稳压电源的特点与分类

1. 开关稳压电源的特点

开关稳压电源与一般的串联调整型稳压电源相比，具有下列特点：

（1）开关稳压电源的效率高

开关稳压电源的开关调整管不是工作在线性放大状态，而是工作在开关放大状态。开关管饱和时，其 c、e 极压降很小；截止时，c 极电流非常小，故开关式稳压电源本身的功耗很小，效率很高。

（2）电网输入的电压范围可以很宽

电网输入电压在 130 ~ 260 V 范围内变化时，都可获得稳定的输出电压。

（3）体积小、质量轻

开关稳压电源直接将电网电压进行整流与滤波，所用的变压器不是传统的工频电源变压器，而是体积小、质量轻的高频开关变压器，故整个开关稳压电路的体积小、质量轻。

（4）稳定性好、可靠性高

由于开关稳压电源本身功耗很小，效率很高，机内的温升低，故整机的稳定性与可靠性高。

由于开关调整管与开关变压器都工作在高频的开关状态，开关稳压电源会产生一定的电磁辐射干扰，故应采取一定的屏蔽措施，以确保不干扰其他电路的正常工作。

2. 开关稳压电源的分类

按不同的分类方法，开关稳压电源的种类是不相同的。

（1）按储能电感线圈 L 与负载 R_L 的连接方式分

1）串联型。这种开关稳压电源储能电感线圈 L 与负载 R_L 为串联连接形式，如图 2—7—1a 所示。

串联型开关稳压电路其负载通过全桥整流二极管、开关调整管与电网相连，电源的地为带电的“热地”，目前已很少采用。

2）并联型。这种开关稳压电源储能电感线圈 L（通过开关变压器的一次侧、二次侧）与负载 R_L 为并联连接形式，如图 2—7—1b 所示。

并联型开关稳压电路负载与电网之间有开关变压器的一次侧和二次侧进行隔离，除了开关变压器一次侧电路为带电的“热地”外，其二次侧电路是不带电的“冷地”，安全性大为提高；并且通过改变二次侧绕组的匝数，可以有多路电压输出，使用起来很方便。目前电视机的开关电源基本上都是并联型的。

（2）按调整稳压的方式分

1）脉冲宽度控制式。这种稳压电路利用加到开关调整管脉冲宽度（占空比）的不同，控制开关调整管的导通与截止时间，以达到稳压的目的。

2）频率控制式。这种稳压电路通过改变开关电源的振荡频率，控制开关调整管导通与截止的频率，以达到稳压的目的。

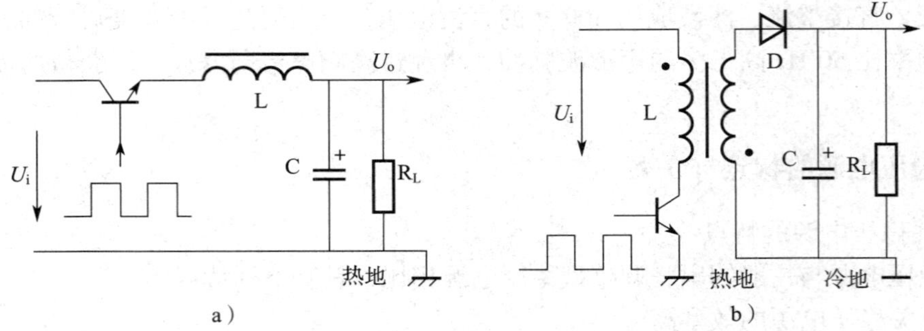

图 2—7—1 串联型与并联型开关稳压电路

a）串联型稳压电路 b）并联型稳压电路

绝大部分的彩色电视机都采用脉冲宽度控制式，频率控制式很少采用。

（3）按对负载电压变化的取样方式分

1）直接取样式。该方式直接从稳压电路二次侧主输出端进行取样，然后用光电耦合器进行电气隔离后，反馈回脉宽调制电路，进行稳压调整，这种取样方式准确、灵敏，目前最常用。

2）间接取样式。该方式在开关变压器中增加一个取样绕组，利用变压器互感原理来完成对负载电压变化的取样。这种取样方式电路相对简单，但稳压灵敏度不如直接取样方式好。

目前，彩色电视机用得较多的稳压电路是脉冲调宽、并联型、光电耦合器直接取样型开关稳压电路。

二、并联型开关稳压电路的工作原理

1. 基本电路结构

并联型开关稳压电路的基本组成方框图如图 2—7—2 所示。

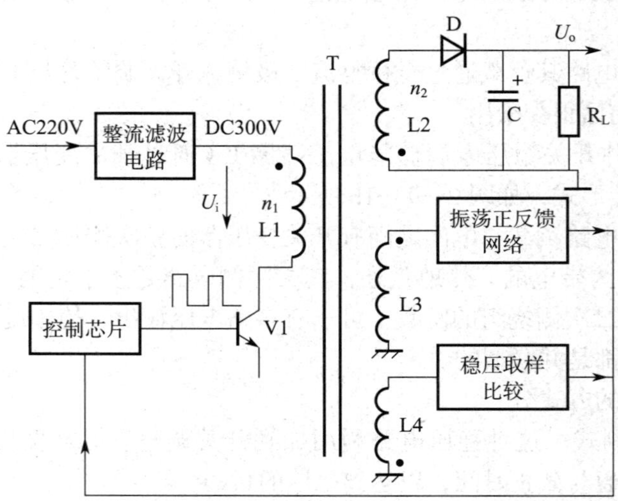

图 2—7—2 并联型开关稳压电路基本组成方框图

图中 V1 为开关调整管，T 为开关变压器，D 为负载整流二极管，C 为滤波电容，R_L 为负载电阻，U_i 为电网经整流和滤波后的输入电压，U_o 为稳压输出电压。

2. 基本工作原理

开关稳压电路实质上是一个受控的开关振荡电路，开关管 V1、开关变压器一次侧 L1、振荡正反馈网络与控制芯片，组成开关式振荡电路，振荡的情况受稳压取样比较电路控制。当开关管 V1 的 b 极电压为高电平时，开关管饱和导通，输入电压 U_i 对 L1 进行充电，充电产生的电流为 I，以磁能的形式储存在 L1 中；当开关管 V1 的 b 极电压为低电平时，开关管截止，储存在 L1 中的磁能通过 L2、二极管 D，向电容 C 充电，输出电压 U_o。

工作在开关状态的变压器，其二次侧输出电压为：

$$U_o = \frac{T_o}{T} \times \frac{n_2}{n_1} \times U_i$$

式中，T_o 为开关管 V1 的导通时间，T 为开关稳压电源的振荡周期，n_2/n_1 为开关变压器的匝数比。

由上式可见，开关稳压电路的输出电压 U_o 与 T_o、T、n_2/n_1、U_i 这四个因素有关。

（1）当其他因素不变，只改变开关管 V1 的导通时间 T_o，也即改变激励开关管脉冲的占空比，就可改变其输出电压。这种稳压方式为脉冲宽度控制式（调宽式）。

（2）当其他因素不变，只改变开关振荡电路的振荡周期 T（即频率），也可改变其输出电压，这种稳压方式为频率控制式。

（3）当其他因素不变，只改变开关变压器一次侧和二次侧的匝数比 n_2/n_1，也可改变其输出电压，而且可以有不同电压的多路输出，以适应不同电路的需要。

（4）U_i 代表电网电压的变化，也能影响输出电压的大小。

彩色电视机一般都采用脉冲宽度控制方式来实现输出电压的调节和稳定，即当电网电压波动或负载发生变化时，必然会引起输出电压 U_o 的变化，通过稳压取样比较电路产生的检测信号，去控制开关振荡电路中开关管的导通与截止时间。开关管的导通时间 T_o 增大时，开关变压器一次侧储能就多，二次侧输出电压就会提高；反之二次侧输出电压就降低，使输出电压得以稳定，实现稳压。

三、9614C 型彩色电视机开关稳压电路原理分析

9614C 型彩色电视机的稳压电路属于并联型、间接取样、脉宽调制控制式稳压电路，它以 IC801（TDA4601）为核心，构成一个性能良好的稳压电路，其原理图如图 2—7—3 所示。

1. TDA4601 引脚功能

TDA4601 各引脚的功能见表 2—7—1。

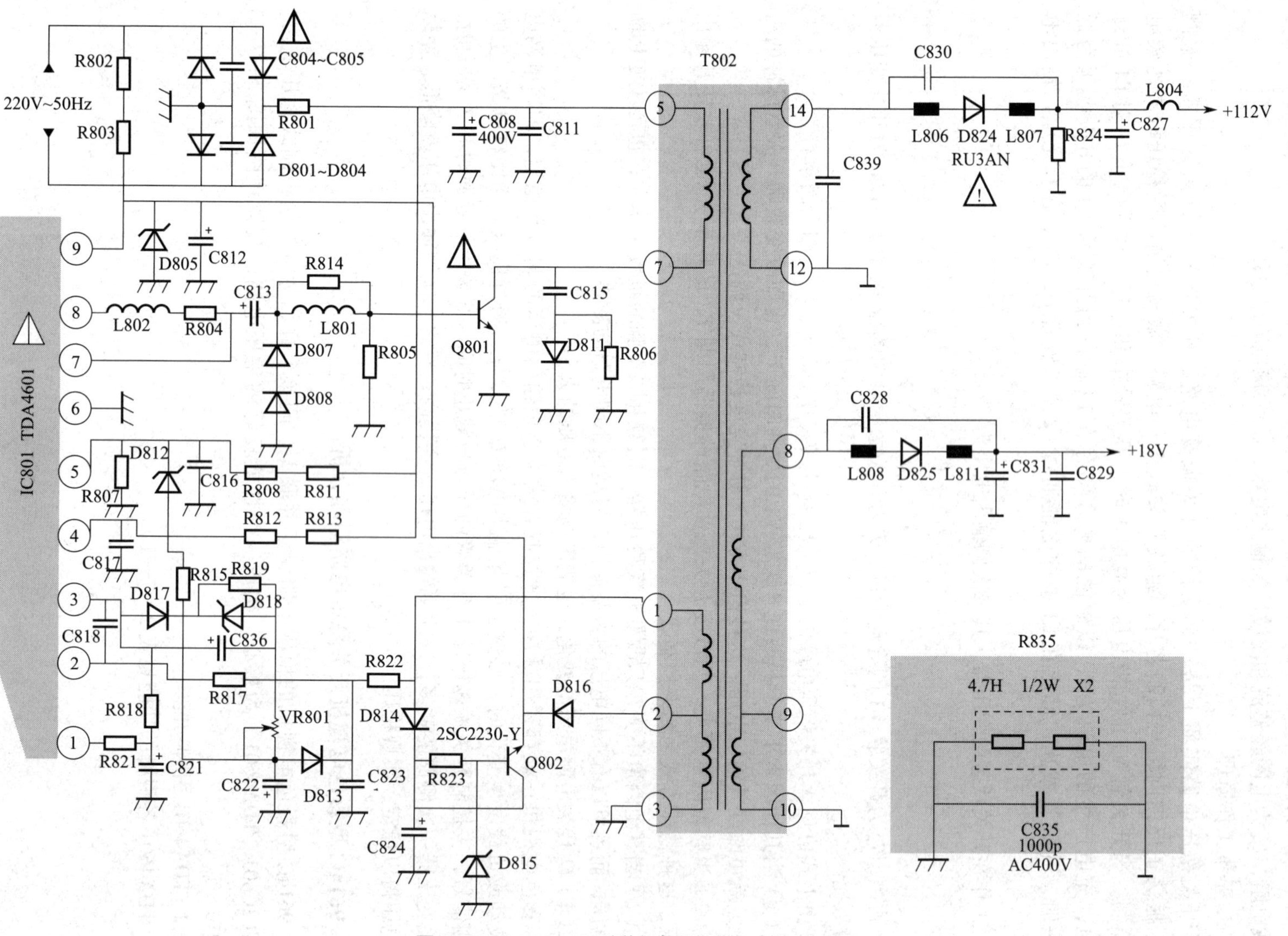

图 2—7—3 9614C 型彩色电视机稳压电路原理图

表 2—7—1　　TDA4601 引脚功能表

引脚	引脚功能
1	内部稳压输出脚，输出4 V的电压，送往IC的3脚。稳压取样电压以该值为参考基准，实行稳压控制
2	开关振荡电路正反馈信号输入脚
3	稳压误差取样信号输入脚
4	电网电压变化检测输入脚
5	过流、过压保护检测输入脚，当该脚电压小于2 V时，稳压电路停止工作
6	热地
7	开关管每次导通前，会输出一个正脉冲加速开关管的导通；每当开关管截止时，会对开关管的b极进行分流，加速开关管的截止
8	振荡电路脉冲信号输出脚，以驱动开关管工作在开关状态
9	IC供电输入脚，启动时供电由电网提供，启动后由本机稳压电路提供。当电网电压太低，使该脚电压小于6.7 V时，稳压电路将不启动

2. 电路的振荡过程

（1）电路的启动

电网电压经 D801 ~ D804 桥堆整流和 C808 滤波后，经 T802 的 5 脚和 7 脚加到 Q801 的 c 极。电网电压还经 D801 ~ D804 半波整流，由 R802、R803 分压加到 IC801 的 9 脚。当 9 脚电压上升到 11.8 V 时，IC801 的 1 脚输出 4 V 电压，经 R821、C821 积分加到 IC801 的 3 脚，IC801 内部的逻辑电路开始工作，使 8 脚输出一个驱动脉冲，经 C813 等元件，加到 Q801 的 b 极，使 Q801 开始导通。

（2）开关管进入饱和状态

开关管 Q801 启动后，其 c 极电流流过 T802 的 5、7 脚绕组，在 1、3 脚绕组间产生正反馈电压（1 脚为正，3 脚为负），通过 R822、C823 积分加到 IC801 的 2 脚，其内部的逻辑电路会使 IC801 的 8 脚输出更强的脉冲，Q801 很快进入饱和状态，T802 的 5、7 脚绕组储存能量。

（3）开关管退出饱和并进入截止状态

在电路启动过程中，300 V 的电压通过 R812、R813 向 C817 充电，IC801 的 4 脚电压是线性上升的。在 IC801 的 4 脚电压上升到 4 V 之前，IC801 的 8 脚一直为高电平输出，维持 Q801 饱和。当 IC801 的 4 脚电压上升到 4 V 时，4 脚内部的比较器动作，让 IC801 的 8 脚输出低电平，Q801 进入截止状态。同时 4 脚内部开关接通，让 C817 放电，为下一周期的充电做好准备，T802 的 1、3 脚绕组感应的电压让 Q801 维持截止。

（4）开关管由截止进入饱和状态

Q801 截止期间，T802 二次侧 12、14 脚间绕组和 9、10 脚间绕组感应的电压经相应整流及滤波电路向负载放电。当放电电流下降到一定程度时，T802 的正反馈绕组 1、3 脚间会产生一个正反馈电压，此时 IC801 的 2 脚检测到一个触发电压，使 Q801 进入饱和状态。电路循环反复，形成振荡。

3. 稳压控制过程

稳压控制分两个方面，一是电网电压变化的稳压，二是负载变化的稳压。

（1）电网电压变化的稳压

若电网电压升高，整流滤波后的脉动直流电压也将上升，由于C817与R812、R813构成的积分电路时间常数不变，则IC801的4脚充电电压上升速度加快，提早达到动作电压4 V，Q801会提前截止，稳压输出下降，实现稳压。若电网电压下降，则变化相反。

（2）负载变化的稳压

当负载变轻，引起稳压输出112 V上升时，T802稳压检测绕组1、3脚间的电压也会上升，该电压经R822后，送入D813和C822进行负压整流、滤波，经VR801、D817、D818（负压让D817、D818导通），加到IC801的3脚，于是IC801的3脚电压下降，IC801的8脚输出的脉冲使Q801提早截止，输出电压下降。调整VR801的值，会改变串联分压量，也就会改变IC801的3脚电压值，可实现稳压输出调节。

4. 过流、过压保护电路

（1）过流保护

当Q801等短路时，Q801的c极，也即T802的5脚电压会很小，经R811、R808、R807分压后，将使IC801的5脚电压小于2 V。当5脚电压小于2 V时，内部逻辑电路会使8脚停止输出驱动脉冲，Q801停止工作。

（2）过压保护

正常使用时，D812既不正向导通，反向也不击穿。当电网过电压时，整流、滤波后的电压经R811、R808使D812击穿，电压经R815、C822积分，由D813、R817加到IC801的2脚，使2脚为固定电平，IC801的8脚无脉冲输出，Q801截止，实现保护。

5. 其他主要元件的作用

（1）IC801供电稳压电路

T802的1、3脚感应的电压，经D814、C824、D815、Q802整流、滤波及稳压后，向IC801的9脚送电。T802的2、3绕组产生的电压经D816整流、C812滤波，也向IC801的9脚送电，为备用电源供电端，在Q802等损坏后，由D816向IC801的9脚送电。

（2）开关管保护电路

C815、D811、R806并联于Q801的c、e极之间，用来抑制开关管Q801截止时加在Q801的c极脉冲电压。Q801截止时，T802的5、7脚感应的脉冲电压与电网电压叠加后，加在Q801的c极，极易使Q801击穿，加入上述元件后，可把感应脉冲滤掉，以实现对开关管的保护。

（3）冷地与热地

以开关变压器T802为分界线，与电网直接相连的地为热地，而与主机电路相连的地为冷地。冷地与热地之间是不可直接相通的，这两个地通过R835和C835相连。这两个元件的作用是，为冷地与热地之间提供一个放电通路，以防电位差过高而直接放电。

6. 遥控开/关机的工作原理

遥控开/关机是通过Q804的饱和与截止，即控制行振荡电路的供电来实现的（参见附图）。

正常使用时，IC001的22脚为低电平，通过R827、Q804截止，其c极输出7.5 V的电压，送往 IC201 的 32 脚，作为行振荡电路的工作电源，行扫描电路正常工作。

遥控关机时，IC001 的 22 脚为高电平，Q804 饱和，致使 IC201 的 32 脚电压为零，行振荡电路和行扫描电路均不工作，电视机无光栅。

四、由 STR-W6856 构成的稳压电路工作原理分析

该电路的优点是，有过压、过流、过热保护功能；遥控关机通过降低开关电源振荡频率的方法来实现，且开关管为场效应管，开关电源本身消耗的功率大为降低；稳压取样直接对主输出电压进行取样，通过光电耦合器件反馈回振荡电路中，稳压控制灵敏度大大提高。

1. STR-W6856 的内部结构图及其组成的稳压电路

STR-W6856 为单列直插七脚封装，其内部结构图与各引脚功能如图 2—7—4 所示。由 STR-W6856 组成的稳压电路原理图如图 2—7—5 所示。

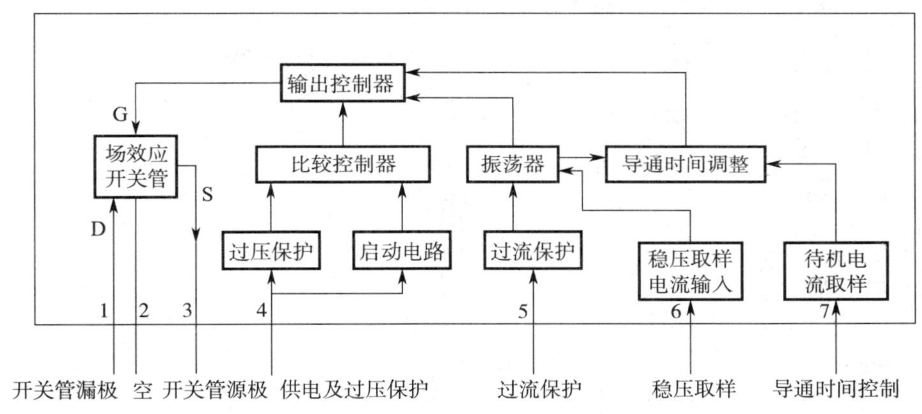

图 2—7—4　STR-W6856 内部结构图

2. 电路的启动

电网电压经全波整流、滤波后，通过开关变压器 T803 的 1、5 脚加到 IC801 的 1 脚。同时电网电压经桥堆半波整流、R803（也称启动电阻）限流和 C813 滤波后加到 IC801 的 4 脚。IC801 内部的脉冲振荡电路开始工作，振荡产生的脉冲经内部的输出控制器处理后，加到场效应开关管的栅极。场效应管工作于开关状态，T803 二次侧感应出电压，经整流、滤波及二次稳压（IC802、IC803）后，向各负载供电。由上述过程可见，该稳压电路的振荡过程在 IC801 内自动完成，不需要外部的绕组提供正反馈信号。

电路启动后，T803 的 7、8 脚感应的电压经 D804 整流，C816 滤波，Q801、R809、D803 稳压，D802 隔离后，送入 IC801 的 4 脚，作为 IC801 的供电电压。而 T803 的 9、7 脚感应的电压，经 D808、C813 后也送入 IC801 的 4 脚，作为备用电源，即 Q801 等稳压电路不工作时，IC801 还可正常工作。

3. 稳压控制过程

稳压控制是通过对主输出 130 V 电压进行取样放大，经光电耦合隔离，控制 IC801 的 6 脚电流大小来实现的。

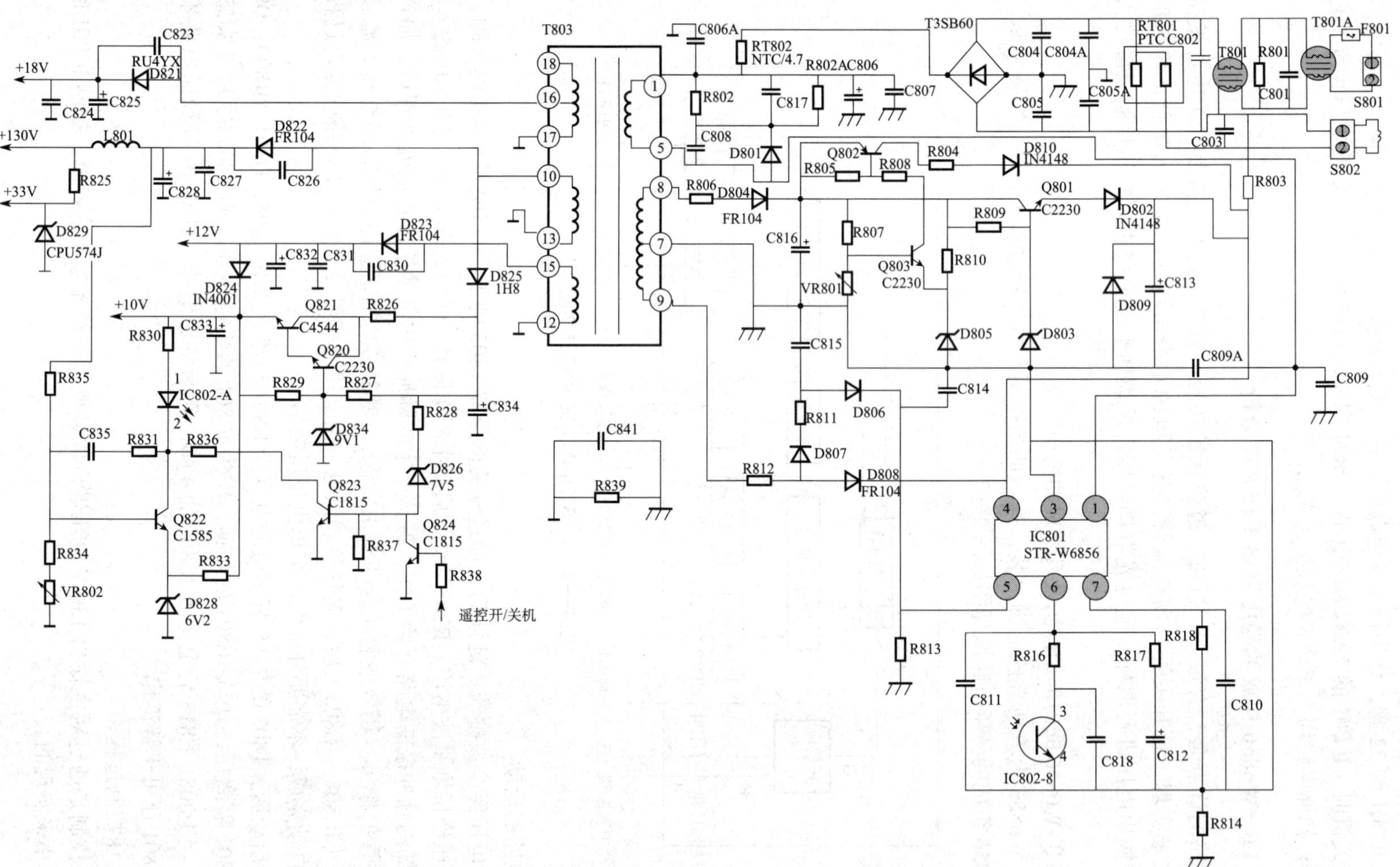

图 2—7—5　由 STR-W6856 组成的稳压电路原理图

当主输出 130 V 电压上升时，通过 R834、R835、VR802 串联分压后，Q822 的 b 极电压将上升，流过 Q822 的 c 极电流，即光耦器 IC802 的 2 脚电流就会上升，IC802 内发光二极管发光加强，输出端 3、4 脚电流，即 IC801 的 6 脚电流上升，经 IC801 内部进行调整，使开关管的导通时间减少，输出电压便得到稳定。若主输出 130 V 电压下降，则变化情况相反。

4. 电网电压过压保护

当电网电压上升过多，超过 300 V 时，加到 T803 的 1、5 脚电压会上升，T803 的 7、8 脚感应的电压也会上升，这个电压经 R806、D804、C816 整流、滤波后，一路加到 Q802 的 e 极，一路经 R807、VR801 加到 Q803 的 b 极。Q803 因 b 极电压上升而导通，其 c 极电位下降，这样 Q802 将导通，Q802 导通后其 c 极电压经 R804、D810 隔离，加到 IC801 的 4 脚，当 IC804 的 4 脚电压高于其保护电压的上限值 25 V 时，IC 内的开关管将停止工作，以实现电网过压保护。

5. 过流保护

过流保护主要由 IC801 的 5 脚内、外电路共同完成。当流过 T803 的 9 脚及 R812、D807、R811、D806、R813 的电流过大时，检测取样电阻 R813 上的压降会上升，电压上升到一定值时，其内部比较电路会让开关电源停止工作。

6. 过热保护

温度过热检测保护电路置于 IC801 内，当 IC801 的工作温度超过 150℃时，会让开关电源停止工作。

7. 遥控开 / 关机的工作原理

电视机正常使用时，T803 的 12、15 脚感应的电压经 D823 整流、C832 滤波，由 D824 加到 Q821 的 e 极，e 极电压约为 10 V；T803 的 10、13 脚感应的电压经 D825 整流、C834 滤波，由 R827、D834 稳压加到 Q820 的 b 极。由于 D834 的稳压值为 9.1 V，故 Q820、Q821 都截止。

当电视机处于待机状态时，IC201 的 64 脚为高电平，Q007 饱和，Q824 截止，Q823 饱和，光耦器 IC802 的 2 脚电流上升，内部发光加强，致使 IC801 的 6 脚电流上升许多，IC801 内的振荡电路处于间歇振荡状态，开关管导通时间大大下降。T803 各二次侧绕组输出电压约为原来的 1/10，行 / 场扫描电路停止工作，电视机无光栅。

此时 T803 的 12、15 脚感应的电压，经 D823、C832、D824 加到 Q821 的 e 极电压只有 2 V 左右；而 T803 的 10、13 脚感应的电压，经 D825、C834 后，仍有 13 V 左右，经 R827、D834 稳压后加到 Q820 的 b 极，电压为 9.1 V，于是 Q821、Q820 导通，Q821 的 e 极输出电压约为 8 V。这一电压继续向 CPU 供电，让 CPU 维持正常的工作状态，如可遥控开机等。

8. 其他电路元件的作用

IC801 的 7 脚外的 R818、C810、R814 这些元件的参数，可决定电视机处于待机状态时间歇振荡的周期，改变这些元件的参数，可以改变待机状态时 T803 各二次侧绕组输出电压的大小。

R802、D801、C808、C817 等元件的作用是阻尼掉开关管截止期间在 T803 的 1、5 脚产生的感应脉冲，使 IC801 的 1 脚电压不至于过高，保护 IC801 内的开关管。

五、分析开关稳压电路的方法

开关稳压电源的应用非常广，在彩色电视机、计算机主机和显示器等许多电子产品中都有应用，同时，开关稳压电路原理相对复杂，且电路形式多样，这些因素给初学者与维修人员都带来很多困难。其实不管哪一个厂家生产的开关稳压电源，其基本原理都是相同的，只要从下述几个方面去分析与研究，就不会感到很困难。

（1）该电路是如何启动的？启动元件往往与电网电压整流、滤波后输出的电压有关。

（2）该电路的振荡电路（元件）在何处？有振荡正反馈元件吗？注意有的开关电路是逻辑振荡，电路的起振并不需要专门的正反馈绕组提供正反馈信号。

（3）该电路工作时，主要元件如集成电路，其工作电压是如何提供的？

（4）该电路是如何对输出电压的变化进行取样与控制的？

（5）该电路的过流、过压保护电路是如何工作的？

（6）该电路遥控开 / 关机是如何进行控制的？

逐一从上述几个方面去分析与研究，要弄清楚开关稳压电路的工作原理或检修稳压电路的故障，就会变得容易。

六、开关稳压电路常见故障与检修方法

开关稳压电路常见的故障主要有两大类：其一是不工作（稳压无输出），其二是工作不正常（稳压输出偏高或偏低），检修方法如下：

1. 稳压电源电路不工作

重点应查电路包括：启动电路，振荡正反馈电路，IC 的供电电路，过流、过压保护电路以及遥控开 / 关机控制电路。

2. 稳压电源电路工作不正常

重点应查电路包括：AC220 V 整流、滤波电路，电网电压变化的取样电路，负载电压变化的取样电路以及稳压电路输出的负载电路（重点是行扫描电路）。

以 9614C 型彩色电视机开关稳压电路为例，具体检修时，先测 112 V 输出端电压，若正常，则故障不在稳压电源部分。若不正常，再测 220 V 交流整流后的电压，即 C808 两端电压或 Q801 的 c 极电压，以区别故障在电源输入部分，还是在振荡稳压部分。若 Q801 的 c 极电压正常，则应重点测 Q801、Q802、IC801 各极的电阻值和电压值，并与正常值相对照，即易找出故障元件。

实训 6　开关稳压电路电参数测试与故障维修

实训目的

1. 进一步熟悉开关稳压电路的工作原理。
2. 能对开关稳压电路的电参数进行测试。
3. 能完成开关稳压电路常见故障的维修。

实训设备与工具

普通 CRT 遥控彩色电视机、常用维修工具、双踪示波器、彩条信号源、实训指导书等。

实训内容与步骤

一、开关稳压电路电参数测试

检修开关稳压电路时，应重点对以下关键点的电参数进行测试（以 9614C 型彩色电视机开关稳压电路为例）。测试时要正确使用热地与冷地，若在热地部分的电路进行测试，应接热地的地来测试；若在冷地部分的电路进行测试，应接冷地的地来测试。当用示波器等设备在热地部分进行测量时，电视机务必要加隔离变压器，否则会烧坏示波器。

1. 开关稳压电路关键点电阻值的测试

（1）热地端电路关键点电阻值的测试

1）用万用表 R×10 Ω 挡测交流 220 V 输入插头线两端的电阻值，去掉消磁线圈后，再测其电阻。可以从测试结果判断电源熔丝是否正常。

2）用万用表 R×10 kΩ 挡测开关管 Q801 的 c 极对热地的正、反向电阻值。可以从测试结果判断开关管是否正常。

（2）冷地端电路电阻值的测试

测试稳压 112 V、18 V 输出对地的正、反向电阻值。可以从测试结果判断电源负载是否正常。

2. 开关稳压电路关键点电压的测试

（1）热地端电路关键点电压的测试

1）测试 220 V 整流前的电压值，即 C802 两端电压值，可判断电网输入电压是否正常。

2）测试 220 V 整流后的电压值，即 C808 两端电压值，可判断电网整流后的电压是否正常。

3）测试开关稳压管 Q801 的 c 极电压（300 V）、IC801 的 9 脚的供电电压（14 V）、Q802 的 b 极电压（12 V）。

（2）冷地端电路关键点电压的测试

测试稳压 112 V、18 V 输出电压值。

3. 开关稳压电路波形的测试

（1）开关稳压电路波形的测试（正常负载时）

将电视机固定好，检查无误后开机。用示波器测 T802 的 8、10 脚波形，并记录电参数。顺时针或逆时针调 VR801 时，看波形的电参数有何变化。

（2）开关稳压电路波形的测试（带假负载时）

断开电视机电源，并取下 L804，在 C827 两端接上 60 W 灯泡作为假负载，检查无误后开机，重测 T802 的 8、10 脚波形。

二、开关稳压电路故障维修

1. 进行故障设置

结合开关稳压电路原理图进行故障设置（结合实际选做）。

（1）如果要使电视机出现开关稳压电路不工作的故障，可进行如下设置：

1）模拟由启动元件损坏引起时，可拆下 R802 或 R803 等元件。

2）模拟由正反馈元件损坏引起时，可拆下正反馈 R822 等元件，使振荡正反馈信号丢失。

3）模拟由振荡激励脉冲输出信号不正常引起时，可拆下振荡脉冲输出信号耦合电容 C813 等元件，去掉振荡激励脉冲输出信号。

4）模拟由开关稳压电路 IC 供电不正常引起时，可将 D815 两端用导线进行短接，模拟 D815 击穿，使开关稳压电路 IC 供电不正常。

（2）如果要使电视机开关稳压电路的输出电压不正常，可进行如下设置：

1）让稳压主输出 112 V 的滤波电容 C827 开路时，稳压输出 112 V 电压将减小为 70 ~ 80 V，光栅变暗，四边收缩，有图，但图行、场难同步。

2）让输出 300 V 的滤波电容 C808 开路时，300 V 将变为约 200 V，112 V 变为约 50 V，开关电源会出现响声。

3）稳压取样电路，如 C822、VR801、C836、D817、D818 等元件损坏，也会使稳压电路输出电压偏高或偏低。

以上故障模拟有较大的危险性，最好带假负载来进行操作，且开机时间不可过长，否则极易烧机。

2. 故障检修

按照开关稳压电路故障检修的方法进行检修，检修故障时，首选用测电压的方法，按照电网输入电压、整流及滤波电压、启动电压、稳压输出的顺序进行检测，分清故障范围后，再用测电阻的方法判断开关管等元件有无短路、电阻元件等有无开路，即可找出故障元件。

【想一想】

1. 如何判断开关电源有无起振？
2. 用电阻测量法和用电压测量法检修时，各有何优缺点？
3. 若电视机处于遥控关机状态，稳压电源主输出正常吗？
4. 测量电压或电阻时，为何要分清冷地和热地来测量？

§2—8　遥控系统的发射器和接收器

1. 掌握红外线遥控的基本知识。
2. 掌握遥控系统的电路组成及各部分的主要功能。
3. 掌握遥控发射器与接收器的工作原理。
4. 掌握遥控发射器与接收器电路电参数测试及检修方法。

红外线遥控彩色电视机的遥控系统是由遥控发射器、遥控接收器、微处理器、存储器和各种接口电路组成的。本节重点学习遥控发射器与遥控接收器的组成、工作原理和常见故障的维修方法。

一、红外线遥控概述

1. 无线遥控方式的种类

在各种电子产品中，目前采用的无线遥控方式有两种：一种是超声波无线遥控方式，如各种玩具遥控器，汽车、摩托车的遥控器；另一种是红外线遥控方式，如电视机、机顶盒使用的遥控器。

2. 红外线的波长

可见光是由七种颜色的光组成的，不仅不同颜色的光其波长不相同，就是同一种颜色的光，其波长也是有一定范围的，如红颜色光的波长范围为 630~780 nm。为了减少各种可见光的干扰，红外线遥控方式的遥控器发出的射线，其波长不在红光波长范围之内，而是在红光外侧，波长约为 940 nm，肉眼不可见，故称这种射线为红外线。

3. 红外线遥控方式

红外线遥控方式就是采用红外线发光二极管发出代表某种信号的红外线，再利用光电二极管接收红外线信号，经过电路译码处理，以实现遥控功能的一种控制方式。

电视机采用红外线遥控方式，具有制造容易、价格低、不会干扰其他电器、耗电小、控制功能多等特点。

4. 红外线遥控系统的组成

红外线遥控彩色电视机的组成方框图如图 2—8—1 所示。

由图 2—8—1 可见，红外线遥控彩色电视机的遥控系统部分是由遥控发射器、遥控接收器、存储器、微处理器、输入与输出接口电路构成的。

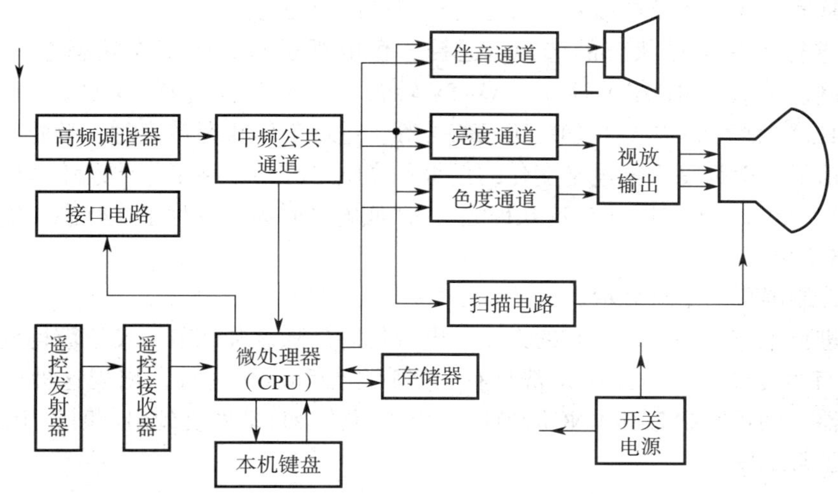

图 2—8—1　红外线遥控彩色电视机的组成方框图

红外线遥控系统各组成部分的作用如下：

（1）遥控发射器（简称遥控器）：遥控器是由专用微处理器芯片、键盘矩阵电路、调制电信号放大驱动电路、红外发光二极管组成。其作用是，对任一按键按下后产生的、代表该按键功能的代码进行两次调制，以红外光断续发光的形式发射出去，以实现无线遥控的操作。

（2）遥控接收器（有时称遥控接收头）：遥控接收器内有光电转换电路和解调电路，能把接收到的红外光信号转变为电信号，电信号解调后，还原成编码（原代码）信号，送入微处理器中作进一步的处理。

（3）存储器：遥控彩色电视机中使用的存储器为电可改写、可编程的只读存储器（EEPROM），主要作用是存储各个台（频道）的频段与调谐电压数据，存储亮度、对比度、音量、色饱和度、图像与伴音的制式数据。所存储的信息，即使关闭电源也不会丢失，下次开机时，电视机还是按上次关机前的工作状态工作。

（4）微处理器：微处理器由中央处理器（CPU）、随机存储器（RAM）、只读存储器（ROM）、D/A 转换等电路组成，是一个单片微型计算机。其主要作用是，对各种输入的控制信号（如遥控输入、本机键盘输入）、检测信号（如判断有无台的复合同步信号）进行译码与处理，输出相应的信号控制电视机的工作状态。

（5）接口电路：接口电路是处于微处理器与被控制电路之间的电路，其作用是把微处理器输出的各种控制信号进行放大或电平变换，以便对控制对象进行控制。

5. 红外线遥控彩色电视机的遥控功能

不同厂家生产的红外线遥控彩色电视机，其遥控功能有一定的差异，主要的遥控功能如下：

（1）能用自动方式与手动方式进行调台（又称节目预置）。

（2）能进行节目选择（换台）。

（3）能进行模拟量的调整。遥控彩色电视机模拟量的调整项目，主要指亮度 BRI、对比度 CON、彩色饱和度 COL、音量 VOL 这四个量的调整，由于微控制器输出上述四个量的控制信号时，是连续变化的模拟信号，故称为模拟量控制功能。

（4）能进行各种工作状态的选择。遥控彩色电视机常见的工作状态选择项目有遥控开 / 关机控制、静音（MUTE）控制、AV/TV 转换、图像制式选择（PAL、NTSC4.43 MHz、NTSC3.58 MHz）、伴音制式选择（D、I、BG）等。进行工作状态转换时，微处理器相应接口送出的控制信号一般为高、低电平变化的信号。高电平时为一种工作状态（输出的控制电压一般为 3.2 V、3.6 V、4.2 V、5 V 这几种之一），低电平时为另一种工作状态（输出的控制电压一般为 0.5 V 以下）。

（5）能控制屏幕的字符显示。

（6）能进行工作状态恢复。有的人使用电视机时，随意乱调节，又不懂得调回正常工作状态，结果有可能使电视机无法正常收看，如彩色饱和度过大等，出现这种情况时，只要按一下遥控器上的正常状态键（NORMAL），电视机就会自动恢复到出厂时设定的工作状态，电视机又会正常工作。

二、红外线遥控发射器

1. 红外线遥控发射器的电路组成

红外线遥控发射器由键盘矩阵电路、编码调制电路（微处理芯片）、放大驱动电路（三极管）、红外线发射电路构成。

2. 红外线遥控发射器电路工作原理分析

下面以 TC9028F-022 芯片为控制核心的遥控器为例，系统分析遥控发射器的工作原理，其他遥控器的工作原理大同小异，其电路原理图如图 2—8—2 所示。

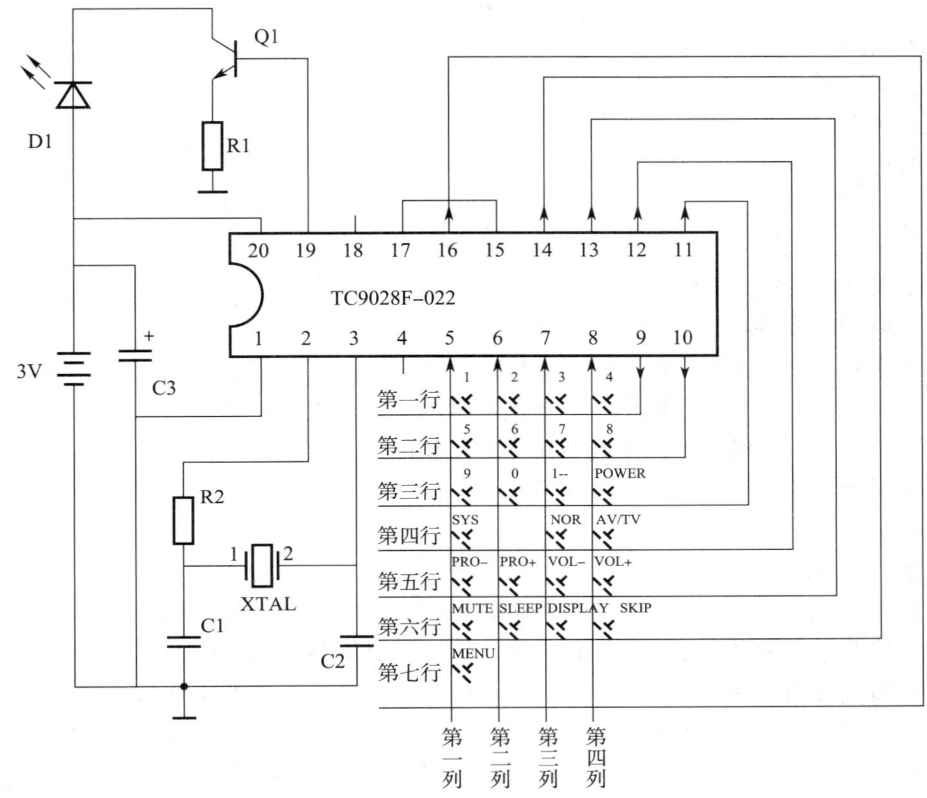

图 2—8—2　红外线遥控发射器电路原理图

图 2—8—2 中，TC9028F-022 芯片是单片微处理器，Q1 为脉冲信号输出放大驱动管，D1 为红外线发射二极管，晶振元件 XTAL 与 C1、C2、R2 构成晶体振荡电路。

（1）TC9028F-022 芯片的内部组成与引脚功能

TC9028F-022 芯片是单片微处理器，内有键扫描信号发生器、晶体振荡器、键盘编码电路、译码器、脉冲编码调制电路等。

TC9028F-022 芯片各引脚功能见表 2—8—1。

表 2—8—1　　TC9028F-022 芯片各引脚功能表

引脚	功能	引脚	功能
1	V_{SS}（地）	9～14、16	键扫描信号输出（行）
2	晶振输出	15、17	用户码选择
3	晶振输入	18	接指示灯
4	复位	19	编码信号输出
5～8	键扫描信号输入（列）	20	V_{DD}（供电）

（2）键扫描信号的特点

从表 2—8—1 可知，芯片 9~14、16 共七个脚为键扫描信号输出脚，键扫描信号的特点是，每一个单位时刻只有一个脚输出为高电平，其余脚输出都为低电平，高电平不断往后循环移位，使七个脚依次轮流输出高电平，如此重复循环输出。波形变化如图 2—8—3 所示。

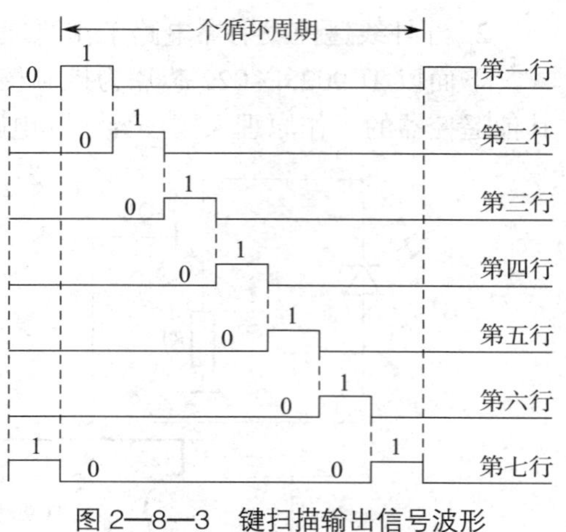

图 2—8—3　键扫描输出信号波形

（3）时钟振荡电路

芯片 2、3 脚的内、外元件构成时钟振荡电路，电路中石英晶振等效为电感元件，晶振的谐振频率一般为 455 kHz，也有一些遥控器晶振的谐振频率为 450 kHz 或 500 kHz。因上述频率与收音机中波段的中频 465 kHz 很接近，故正常的遥控器靠近收音机按下任何一个按键时，收音机都会发出“嘟、嘟”的响声。使用中的遥控器常因掉在地上而损坏晶振，晶振损坏后，遥控器就无法使用了。判断时钟振荡电路有无正常工作的最好方法是，用示波器测晶振任一脚的波形，按下遥控器任一按键有正弦波出现（峰—峰值约 300 mV），否则无正弦波出现，则说明振荡电路是好的。

（4）键选信号的产生方法

芯片 9~14、16 脚依次轮流输出高电平的键扫描信号，作为键盘电路的行输出信号，共有七行。芯片 5~8 脚为键盘电路的列信号输入脚，共有四列。用户按下任一按键时，就接通该按键对应的行与列引线，对应的列线就为高电平输入，而其他列线则为低电平输入。这样四条列输入端就会得到一个编码信号。因键盘电路中每一个功能按键都有一个确定的行号与列号，如功能键“2”在第一行第二列上，功能键“AV/TV”在第四行第四列上，这样，不论用户按下什么按键，单片微处理器都能根据该按键所在的行号与列号，判断出用户将要发出什么控制指令。

（5）4 位的键选信号变为 8 位的功能码

按下遥控器的按键所得到的键选输入信号只有 4 位，要进行编码与码值变换变为 8 位，才能提高抗干扰能力。得到的 8 位码，代表用户要发出的控制指令，通常称为功能码。按下不同的按键，得到的功能码值是不同的。

（6）8 位的功能码变为 16 位的数据码

代表不同遥控功能的 8 位功能码，还要再加上另 8 位的用户码，共 16 位，才能送去调制与发射，得到的 16 位码称为数据码。用户码是一种特殊的代码，用来表示不同的公司或同一公司不同型号遥控器之间的区别，相当于打长途电话时的区号，以免不同的电视机在接收信号时发生误动作。用户码由各生产厂商自定，正是因为这个原因，不同型号的遥控器是不能通用的。TC9028F-022 芯片的用户码由 15 脚和 17 脚的外部连接情况来决定，改变 15 脚和 17 脚的外部连接情况，就可以改变用户码，便可制成不同型号的遥控器。

（7）16 位的数据码调制成脉冲编码信号

16 位的数据码是高低电平的数字信号，是不能直接发射出去的。晶振产生的 455 kHz 正弦波信号经过 12 次分频后，变为约 38 kHz 的信号，用 38 kHz 信号去调制 16 位的数据码，调制后的信号是一种特殊的脉宽调制信号。数据码为 1 时，用时间间隔为 2 ms、占空比为 1：3 的矩形波表示；数据码为 0 时，用时间间隔为 1 ms、占空比为 1：1 的矩形波表示，如图 2—8—4 所示。

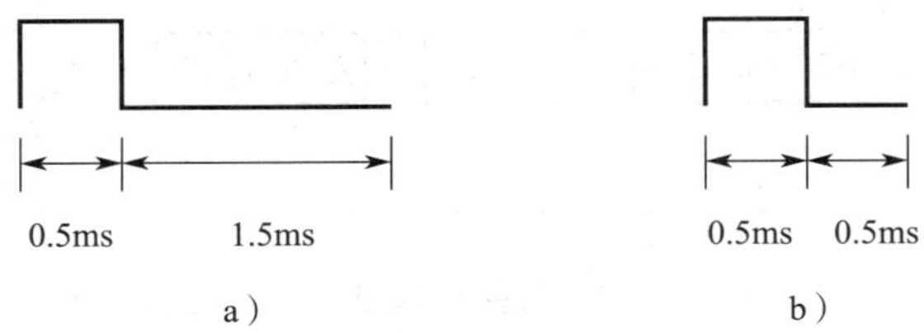

图 2—8—4 数据码为 1 和数据码为 0 时的波形图

a）数据码为 1 时，调制后的波形（红外线发光二极管亮灭一次的时间间隔较长）

b）数据码为 0 时，调制后的波形（红外线发光二极管亮灭一次的时间间隔较短）

例如，若某型号的遥控器用户码为 0000 0100，按下某一按键后产生的功能码为 0100 0000，则组成的数据码为 0000 0100 0100 0000。调制后的波形如图 2—8—5 所示。

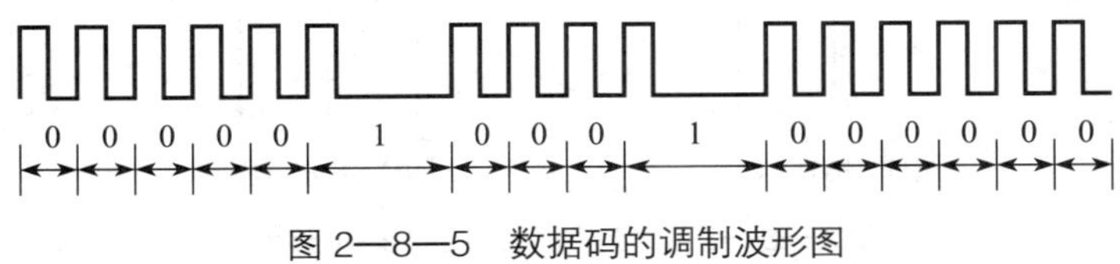

图 2—8—5 数据码的调制波形图

（8）编码信号的放大与发射

调制后的编码信号从芯片的 19 脚输出。Q1 工作在开关状态，D1 工作在断续亮灭发光状态，当 19 脚为高电平时，Q1 饱和，3V 电源经 D1、Q1、R1 与地构成回路，D1 发光；当 19 脚为低电平时，Q1 截止，D1 不发光。注意这里的光指红外线。

三、红外线遥控接收器

1. 红外线遥控接收器的作用

红外线遥控接收器的作用是，接收遥控发射器发射的光信号，把光信号转变为电信号，对电信号进行放大与解调，还原为 38 kHz 的脉冲编码信号（与发射器中驱动放大管 Q1 的 c 极波形完全一致）。

2. 红外线遥控接收器的电路组成

红外线遥控接收器的电路组成方框图如图 2—8—6 所示。

红外线遥控发射器发射过来的红外线信号被光电二极管接收后，送前置放大电路中进行放大。为了防止发射过来的信号因强弱变化太大而影响正常的工作，前置放大电路中加有自动电平控制电路（ABLC），放大后的信号经带通滤波器去掉干扰信号，再经检波、解调和放大，即可成为与发射前一致的脉宽调制信号。

3. 红外线遥控接收器的结构

目前，红外线遥控接收器各组成电路都封装在一起，做成一个专用的接收器件，通常称为遥控接收头。遥控接收头有两种封装外形，如图 2—8—7 所示。

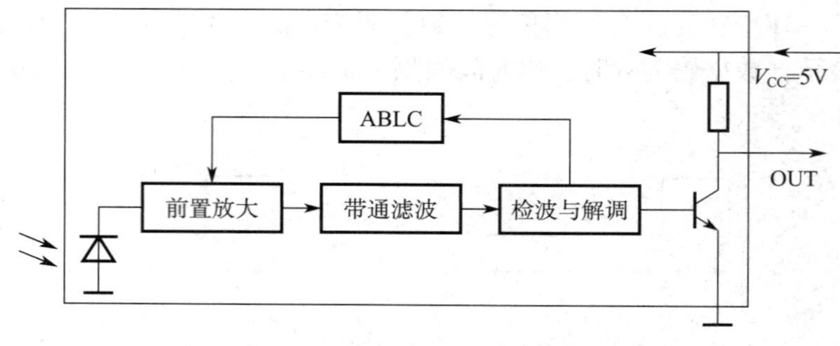

图 2—8—6　红外线遥控接收器电路组成方框图

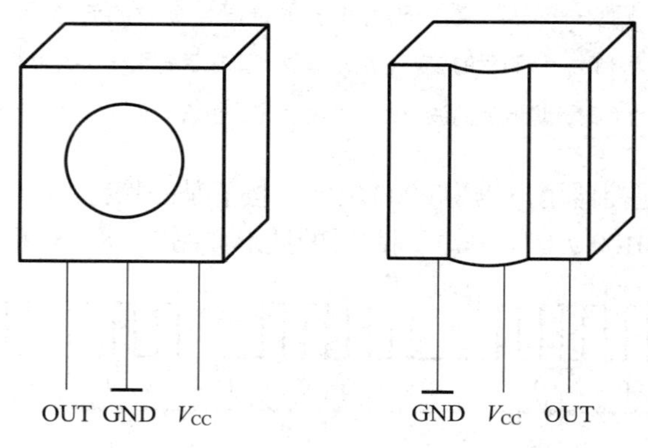

图 2—8—7　红外线遥控接收器外形图

市售的遥控接收器无论是何种封装结构，其引脚都只有三个，分别为供电（V_{CC}=5 V）输入脚、信号输出脚（OUT）、接地端子（GND），但它们的引脚排列顺序不同，两者完全可以代用，其引脚接法应按功能来连接，方可使用。

四、红外线遥控发射器与接收器常见故障与检修方法

1. 红外线遥控发射器常见故障与检修方法

红外线遥控器在使用过程中，常会出现无法遥控、遥控距离变短的故障现象，各种故障的检修方法如下：

（1）无法遥控

1）查虚焊法。认真查电路板有无断裂和虚焊现象，尤其是晶振元件与芯片。有损坏的地方重新焊好，一般即可解决问题。

2）测波形法。用示波器探头接触晶振元件的任一个引脚并按下遥控器按键，应有正弦波波形出现（频率约为 500 kHz），不按则无，一按就有。有正常的正弦波波形出现，表明晶振电路工作正常。用示波器探头改接三极管的 b 极或 c 极并按下遥控器按键，正常时应有调制后的矩形波出现；若无调制后的矩形波出现，则说明遥控器芯片损坏。此法最准，但略烦琐。

3）代用元件法。选用相同规格的元件来代用，重点是晶振元件与发射二极管。代换时应注意，晶振元件无正负极之分，正反装都可以，但发射二极管是有正负极的，不可装错极性，焊接时要采取防静电措施。

（2）遥控距离变短

当晶振电路的频率偏离过多、红外发射二极管老化、电源滤波电容漏电时，遥控器就会出现遥控距离变短，也即遥控灵敏度下降的故障。可以用测波形法加以确认，应重点更换晶振元件、发射二极管、电源滤波电容。

（3）红外发射二极管与普通发光二极管的区分方法

红外发射二极管与普通发光二极管外形很相似，区分方法是，红外发射二极管一般为天蓝色或白色，普通发光二极管则有多种颜色；用万用表的 R × 100 挡或 R × 10 挡来测量其正向导通时的阻值，红外发射二极管阻值比普通发光二极管的阻值小很多。

2. 红外线遥控接收器常见故障与检修方法

红外线遥控接收器常因雷击而损坏，故障现象是电视机无法遥控。遥控接收器的好坏一般无法用万用表来检测，判断其好坏有两种方法：其一是用代换法，换一个好的遥控接收器试一试，但应注意的是，在拆或装遥控接收头时，都应采取防静电措施；其二是用测波形法，用遥控器对准接收器来按按键，在接收器的输出端用示波器观测其输出波形，根据脉宽调制输出的波形是否正常来判断遥控接收器的好坏。

实训 7　遥控系统发射器和接收器电参数测试与故障维修

实训目的

1. 进一步熟悉红外线遥控发射器与接收器的工作原理。
2. 能对红外线遥控发射器与接收器的电参数进行测试。
3. 能完成红外线遥控发射器与接收器故障的维修。

实训设备与工具

普通 CRT 遥控彩色电视机、常用维修工具、双踪示波器、彩条信号源、实训指导书等。

实训内容与步骤

一、红外线遥控发射器与接收器电参数测试

1. 红外线遥控发射器与接收器关键点电压的测试

（1）红外线遥控发射器关键点电压的测试

拆开遥控器后盖，测试信号发射放大管 c 极与地之间的直流电压，并观察按下和不按下遥控器的按键时指针的变化情况。

（2）红外线遥控接收器关键点电压的测试

拆开电视机的后盖，取出电路板，测试遥控接收器的供电电压。测试遥控接收器输出的信号电压，并观察按下和不按下遥控器的按键时指针的变化情况。

2. 红外线遥控发射器与接收器关键点波形的测试

按照表 2—8—2 的要求进行测试，并填写表格。

表 2—8—2　　波形测试表

	晶振波形	发射器放大管 c 极波形	接收器输出波形
测量点	晶振任一脚对地	放大管c极对地	接收器输出脚对地
波形			
U_{p-p}			
周期T			
频率f			

二、红外线遥控发射器与接收器故障维修

1. 进行故障设置

结合红外线遥控发射器与接收器电路原理图进行故障设置（结合实际选做）。

（1）如果要使遥控器出现无法遥控的故障，可以分别拆下晶振、振荡电容器和发射二极管。

（2）如果要使遥控器出现遥控距离变短的故障，可进行如下设置：

1）更换晶振，即改变晶振的振荡频率，如原来晶振的频率为 455 kHz，把它换为 500 kHz。

2）把红外发射二极管更换成普通发光二极管，因两者发光的主波长不同，故用普通发光二极管发射调制信号时，发射能力将大为下降，遥控灵敏度随即下降。

2. 故障检修

按照红外线遥控发射器与接收器故障检修的方法进行检修，检修故障时，首先用观察法，看晶振、芯片、发射管等元件有无虚焊；再用测波形法，测试关键点的波形，即易找出故障范围。分清故障范围后，再用元件代换的方法，即可修好。

【想一想】

1. 打开收音机的中波段，将遥控器靠近收音机并按下按键，会听到“嘟、嘟”声，能否判断遥控器一定是好的？

2. 将遥控器对准手机的摄像头并按下按键，手机屏幕上会出现什么现象？

3. 遥控器按键的导电橡胶老化后，使用时会出现什么问题？

§ 2—9　遥控系统的微处理器与存储器

学习目标

1. 掌握微处理器与存储器的组成、各部分电路的工作原理。

2. 掌握微处理器与存储器电参数测试方法和常见故障的检修方法。

红外遥控系统中的微处理器与存储器工作原理较复杂，下面以 TCL9614C 型彩色电视机遥控系统为例，系统分析微处理器与存储器的工作原理、电参数的测试方法与常见故障的维修方法。

TCL9614C 型彩色电视机以微处理器 LUKS–5140–M2 为核心，完成遥控系统的控制工作。

一、LUKS–5140–M2 型遥控系统的特点及组成

1. LUKS–5140–M2 遥控系统的特点

（1）微处理器与存储器之间的数据读与写，采用 I^2C 总线技术，只用 SCL 时钟信号线与 SDA 数据信号线来连通，电路非常简洁，且存储容量大。

（2）具有各种常规的遥控功能。

（3）具有图像多制式（PAL 4.43 MHz，NTSC 4.43 MHz，NTSC 3.58 MHz）选择接收功能。

（4）具有无台静噪、蓝背景控制功能。

（5）根据工作环境的明暗程度，有三种背景亮度设定可供选择。

2. 微处理器 LUKS–5140–M2 集成电路引脚功能

LUKS–5140–M2 集成电路各引脚功能见表 2—9—1。

表 2—9—1　　LUKS–5140–M2 集成电路各引脚功能表

引脚	符号	输入 / 输出	功能说明
1	VT	输出	16 bit D/A转换PWM输出，用于调谐电压控制
2	VOL	输出	6 bit D/A转换PWM输出，用于音量控制
3	CONT	输出	6 bit D/A转换PWM输出，用于对比度控制
4	BRI	输出	6 bit D/A转换PWM输出，用于亮度控制
5	COL	输出	6 bit D/A转换PWM输出，用于色饱和度控制
6	TINT	输出	6 bit D/A转换PWM输出，用于NTSC制色调控制
7	SCL	输出	I^2C总线时钟信号输出
8	SDA	输入/输出	I^2C总线数据信号输入/ 输出
9	AFC	输入	AFT检测信号输入
10	R71	空	—
11	R72	输出	PAL制与NTSC制解码转换控制输出
12	R73	输出	4.43 MHz与3.58 MHz滤波、晶振转换控制输出
13	K00	输入	本机键盘信号输入
14	K01	输入	同上
15	K02	输入	同上
16	50/60	输入	PAL制与NTSC制场频50/60 Hz检测输入
17	R60	空	—

续表

引脚	符号	输入 / 输出	功能说明
18	R61	输出	本机键扫描信号输出
19	R62	输出	同上
20	R63	空	—
21	VSS	地	—
22	PWR	输出	遥控开/关机控制输出
23	G	输出	绿色字符信号输出
24	R	输出	红色字符信号输出
25	Y	输出	字符消隐信号输出
26	HD	输入	行逆程脉冲信号输入
27	VD	输入	场逆程脉冲信号输入
28	OSC1	—	字符显示用时钟振荡
29	OSC2	—	同上
30	TST	地	—
31	XIN	输入	主时钟振荡信号输入
32	XOUT	输出	主时钟振荡信号输出
33	RST	输入	复位信号输入
34	KED	地	—
35	INT	输入	红外遥控信号输入
36	HSYC	输入	复合同步信号检测输入
37	AV/TV	输出	AV/TV转换控制输出
38	SAT/TV	空	—
39	MUTE	输出	静音控制输出
40	BAND0	输出	频段转换编码输出
41	BAND1	输出	同上
42	+5 V	—	供电

3. LUKS-5140-M2 型遥控系统的组成

LUKS-5140-M2 型遥控系统由红外遥控发射器、红外遥控接收器、微处理器 LUKS-5140-M2、I^2C 总线控制存储器 24C02、面板键盘输入电路及各种接口电路构成。其组成方框图如图 2—9—1 所示。

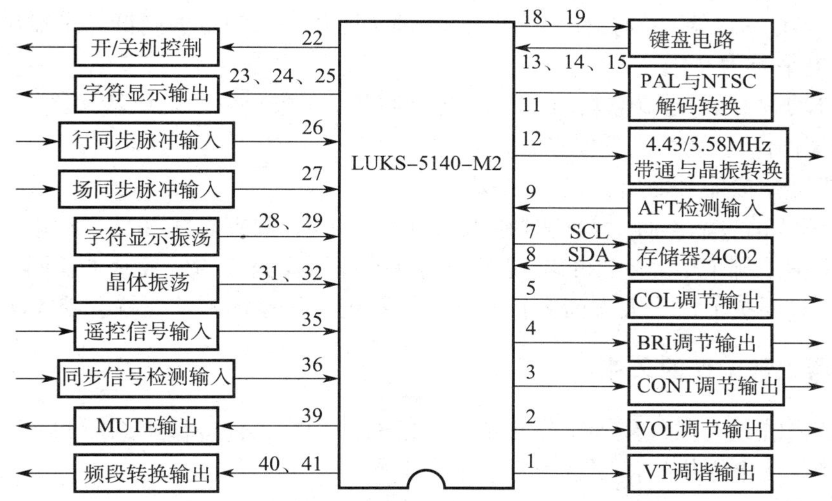

图 2—9—1　LUKS-5140-M2 型遥控系统组成方框图

从 LUKS-5140-M2 的引脚功能与遥控系统的组成方框图可以看出，整个微处理器的引脚功能可以分为三大类：

第一类引脚——保证遥控系统能正常工作的引脚：

（1）供电，42 脚。

（2）复位，33 脚。

（3）主时钟振荡电路，31、32 脚。

第二类引脚——各种输入信号的引脚：

（1）遥控信号输入，35 脚。遥控发射器发出的遥控信号被遥控接收器接收并解码后，从 35 脚送入微处理器中。

（2）本机键盘信号输入，13、14、15 脚。本机面板按键发出的控制指令从这几个脚送入微处理器中。

（3）有无节目信号检测输入，36 脚。当有节目信号时，36 脚便有复合同步信号输入；当无节目信号时，36 脚便无复合同步信号输入。微处理器根据该脚复合同步信号的有无来判断有无节目信号。

（4）AFT 检测信号输入，9 脚。调台时，节目是否调到最佳状态的检测信号由该脚输入。该信号从中频通道的 AFT 鉴频电路送来。

（5）PAL 制与 NTSC 制信号检测输入，16 脚。当场频为 50 Hz 时，为 PAL 制信号，16 脚为低电平；当场频为 60 Hz 时，为 NTSC 制信号，16 脚为高电平。

（6）显示字符时，用于定位的行、场逆程脉冲信号输入，26、27 脚。这两个信号决定字符在屏幕中的显示位置。

第三类引脚——各种输出信号的引脚：

（1）模拟量控制信号输出脚：包括音量 VOL 输出，2 脚；对比度 CONT 输出，3 脚；亮度 BRI 输出，4 脚；彩色 COL 输出，5 脚；色调 TINT 输出，6 脚。均为 PWM 量输出。

（2）工作状态转换控制信号输出脚：包括 PAL 制与 NTSC 制解码器转换控制输出，11 脚；4.43 MHz/3.58 MHz 带通与晶振转换控制输出，12 脚；开 / 关机控制输出，22 脚；AV/

TV 转换控制输出，37 脚；静音控制输出，39 脚。这几个控制量为高低电平输出，高电平时为 3.6 V，低电平时为 0 V。

（3）全自动调台信号输出脚：包括 VT 电压输出，1 脚；频段电压转换输出，40、41 脚。前者为 PWM 输出，后者为高低电平输出。

（4）本机键扫描信号输出，18、19 脚。

（5）I^2C 总线信号输出脚：包括时钟总线 SCL，7 脚；数据总线 SDA，8 脚。

其实，无论是哪个厂家生产的电视机，其微处理器要完成的任务基本相同，其引脚功能也大同小异。只要按上述三大方面去查找，遥控系统工作原理的掌握就会变成简单的问题。

二、微处理器正常工作的条件

红外遥控系统只有微处理器工作正常，才能对各种输入信号做出判断和处理，并输出相应的控制信号，让电视机按使用者的意图正常工作。

要使微处理器能正常工作，必须同时满足下列三个条件：

1. 供电端的供电电压必须正常

供电电压必须正常，这是最基本的条件。微处理器的供电电压一般为 5 V，但应注意有的微处理器供电端不止一处，供电电压有时也不一定为 5 V。

供电电压一般由开关稳压电路提供，并且在遥控关机的情况下，供电电压还应是稳定不变的，否则就不可能再通过遥控器来重新开机。正是由于有上述要求，目前生产的彩色电视机一般都是通过切断行振荡电路的供电，或降低开关电源的振荡频率，使稳压输出下降为原来的五分之一以上，让行扫描电路停止工作，而微处理器供电电压仍正常的方法，来解决这个问题。

2. 复位端的复位电压必须正常

（1）微处理器中复位电路的作用

微处理器中复位电路的作用是，开机后，在微处理器的供电端获得稳定的工作电压之前，让复位端保持短暂的低电平，在这段时间内微处理器不能工作，约 1 ms 后，复位端自动变为高电平，微处理器才能开始工作。

复位过程是先保留一段时间低电平（正在复位），后自动变为高电平（复位结束）。值得注意的是，复位结束之前（复位脚为高电平之前），即使微处理器的供电端电压已是稳定值，微处理器也不能开始工作。若复位端元件出现故障，复位结束后无法变为高电平，微处理器将无法正常工作，彩色电视机的遥控系统也就完全失控。

（2）实用的复位电路工作原理分析

复位电路有多种形式，通常，微处理器稳压供电电路与复位电路连接在一起。9614C 型彩色电视机稳压、复位电路如图 2—9—2 所示。

其工作原理是，开机后，开关稳压电路送来 18 V 电压，通过 R032、R033 使 Q004 导通，微处理器供电端 42 脚电压开始上升，并较快上升到 5 V。

18 V 电压还通过 R033、R034、D003 加到 Q005，由 R033、R034、D003、Q005 构成串联型稳压电路，Q005 导通，但由于 C020 与 C021 的充电作用，复位脚 33 脚为低电平，令微处理器处于复位之中。但这段时间很短，约 1 ms 后，C020 电压上升，使 33 脚为高电平，复位完毕。

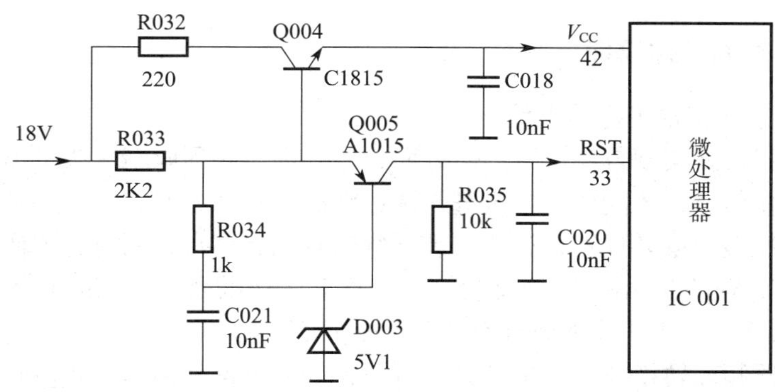

图 2—9—2　稳压电路与复位电路

R033、R034、D003、Q004 又构成另一个串联型稳压电路，向 42 脚提供稳定的供电电压，于是微处理器开始工作。电路的工作波形图如图 2—9—3 所示。

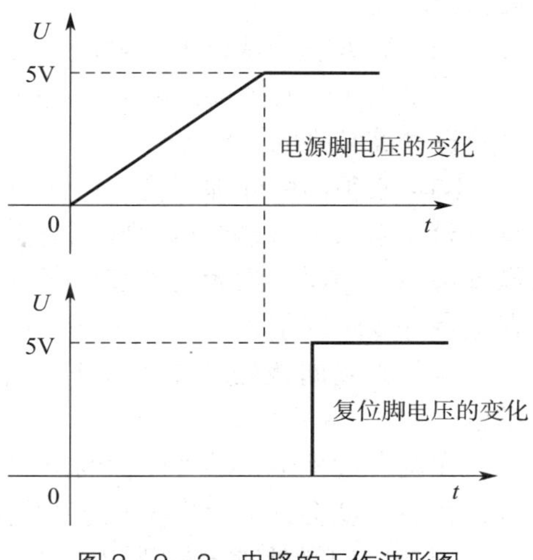

图 2—9—3　电路的工作波形图

3. 主时钟振荡信号必须正常

遥控系统中的微处理器，其 A/D 转换，数据的传输、存储、读出等过程都必须在时钟信号统一作用下才能协调完成。

遥控系统中的时钟振荡电路，一般由微处理器内部电路与外接的石英晶体、电容等元件构成。振荡产生的波形为正弦波，频率多为 4 MHz，也有 8 MHz 的。振荡电路产生的信号，一般要经过分频等处理，以满足不同电路的需要。

当彩色电视机的晶振电路损坏后，整个遥控系统都无法工作，若振荡不稳定时，会出现跳台等现象。

三、面板控制输入电路

1. 面板控制输入电路的作用

面板控制输入电路的作用是，让用户可以通过面板控制按键，对电视机进行各种控制操作，如进行调台、模拟量调整等。

2. 面板控制输入电路的形式

面板控制输入电路的形式一般有两种：一种是键控扫描信号工作方式。9614C 型机就采用这种方式，微处理器 18、19 脚为键扫描信号输出，13、14、15 脚为键扫描信号输入，其中功能键 FUN 相当于菜单键。这种方式的工作原理与遥控器键扫描信号的工作原理完全相同。面板控制输入电路的另一种形式是，采用电阻进行串联分压，不同的按键按下时，分压结果不同，不同的电压代表不同的按键功能，再经 A/D 转换、比较识别后，实现相应的控制功能。

四、自动选台电路的工作原理

1. 自动选台系统正常工作的条件

遥控彩色电视机要实现自动选台，一方面，微处理器必须向高频头发出频段转换控制信号与调谐电压变化信号，才能使电视机进入调台状态。另一方面，图像中频信号处理电路应把复合同步信号反馈给微处理器，让微处理器判断有无调到台；同时，图像中频信号处理电路中的 AFT 电路，还应把 AFT 信号反馈给微处理器，让微处理器判断有无调准台（最佳状态）。故自动选台系统正常工作的条件有如下几个方面：

（1）微处理器频段转换控制输出端必须有正常的编码信号输出。频段转换编码信号一般要经过译码电路译码后，才能送往高频头，使高频头 VL、VH、U 频段转换端子的控制电压能按要求变化。

（2）微处理器调谐电压输出端必须有正常的 PWM 信号输出。微处理器输出的调谐电压变化范围较小，有效值一般为 0 ~ 5 V，应经倒相放大，变为 0 ~ 30 V（有效值）的变化电压，才能送往高频头的 VT 端子。

（3）必须向微处理器输入正常的复合同步信号。该信号的作用是，让微处理器判断有无调到台。若微处理器无法接收到复合同步信号，就无法判断有无调到台，即使已调到有台，微处理器也会误认为无电台节目存在，会出现继续往前调台、图像出现后一闪而过、无法保存电台等故障现象。

（4）必须向微处理器输入正常的 AFT 信号。该信号的作用是，让微处理器判断有无调准台。

在调台过程中，随着图像的出现，微处理器的复合同步信号输入端检测到有复合同步信号存在时，就会减慢 VT 电压的变化速度，进入微调状态。在微调状态时，微处理器的 AFT 输入端子应向微处理器输入可变的检测电压，变化的 AFT 电压经 A/D 转换后，与微处理器内部设定的标准值进行比较，比较的结果达到标准值后，微处理器便认为已调准了台，于是便将这个台的频段电压数据、调谐电压数据，以数字量的形式存入存储器的指定位置（台号）中。

若中频通道的 AFT 鉴频中周失谐，微处理器检测不到正常的 AFT 信号时，会出现自动方式调不准台，即图像水花点多、只有黑白图像的情况。严重失谐时，会出现自动方式不能调出台，但可用手动方式调出台的现象。

2. LUKS-5140-M2 型遥控系统自动选台电路的工作原理

LUKS-5140-M2 型遥控系统自动选台电路与高频调谐器电路相同（图 2—2—5），参考其进行电路分析。

（1）VT 电压的产生

IC001 的 1 脚输出 0 ~ 5 V 连续可变的电压，经 Q001 倒相电压放大，R005、R006、R106、C003、C004、C005、C123 平滑滤波后，变为 0 ~ 30 V 连续可变的电压，加到高频头的 VT 脚。注意，在任一个频段里，不同的台其 VT 电压的大小是不相同的。

（2）频段转换电压的产生

IC001 的 40、41 脚输出两位二进制的编码信号（高电平为 3.6 V，低电平为 0 V），经 IC101 译码，变为 VL、VH、U 三个频段电压，送入高频头的相应脚。

（3）复合同步检测信号的输入

IC201 的 50 脚输出的彩色全电视信号，经 Q204 放大、Q006 三极管箝位分离后，取出复合同步信号，从 36 脚进入 IC001。

（4）AFT 检测信号的输入

调台开始时，IC001 的 39 脚（AFT ON/OFF 控制）输出 5V 高电平，Q12、Q13 饱和导通，12 V 电压经阻值为 4K7 与 3K3 的电阻串联分压后，由 Q12、Q13 给高频头的 AFT 端送入一个固定电压，这个电压约为 4.5 V。高频头 AFT 端子的 AFT 自动跟踪功能失效。

当调出电台时，IC001 的 36 脚有复合同步信号输入后，VT 电压的变化放慢，此时 IC201 的 60 脚输出的 AFT 检测电压被送往 IC001 的 9 脚，IC001 的 9 脚输入的 AFT 电压经 A/D 转换，并与微处理器内部设定的值进行比较，达到最佳值时，微处理器便认为已调准了台，便将这个台的频段电压、调谐电压数据存入存储器中，然后又继续改变调谐电压，按上述过程调谐新的节目。

正常收看时，IC001 的 39 脚（AFT ON/OFF 控制）输出 0 V 低电平，Q12、Q13 截止，高频头的 AFT 端子电压改由 IC201 的 60 脚提供，对高频头本振电路的振荡频率进行跟踪调整。R104、R105 的作用是，对 12 V 电压进行串联分压，给 AFT 信号叠加一个直流电压。

五、模拟输出量的工作原理

9614C 型彩色电视机模拟输出量的控制，包含音量、对比度、亮度、彩色饱和度的控制，当接收 NTSC 制信号时，还有色调 TINT 控制。

1. 模拟输出量接口电路的作用

微处理器输出的各模拟控制量信号都是脉宽调制信号（PWM 信号），PWM 信号幅度较小，而且不是连续变化的直流电压，故须经过接口转换，才能满足控制要求。

2. 模拟输出量接口电路的形式

模拟量控制的接口电路形式一般有两种：一种是输出量先叠加一个直流电压，再经平滑滤波后送往控制端；另一种是输出量先放大，再经平滑滤波后送往控制端。以第一种形式较多见。

3. LUKS–5140–M2 型遥控系统模拟量控制电路工作原理分析

LUKS–5140–M2 型遥控系统模拟量控制电路由 IC001 有关脚与外围接口电路构成，其电路原理图如图 2—9—4 所示。

（1）音量控制电路

R608 为 IC001 的 2 脚内部三极管的 R_c 电阻，2 脚输出的 PWM 信号经 C014、R609、C611 平滑滤波后，变为 0 ~ 12 V 连续变化的电压，送入 IC601 的 4 脚进行音量控制。

（2）对比度控制电路

IC001 的 3 脚输出的 PWM 信号，叠加一个由 R015、R019、R214 串联分压的直流电压后，经 C252 滤波，变为 4 ~ 6 V 连续变化的电压，送入 IC201 的 14 脚进行对比度控制。

（3）亮度控制电路

IC001 的 4 脚输出的 PWM 信号，叠加一个由 R014、R018、R237、VR203 串联分压的直流电压后，经 C227 等进行滤波，得到 2 ~ 4 V 连续可变的电压，送入 IC201 的 42 脚进行亮度控制，其中 R237、VR203 为副亮度调节电路。

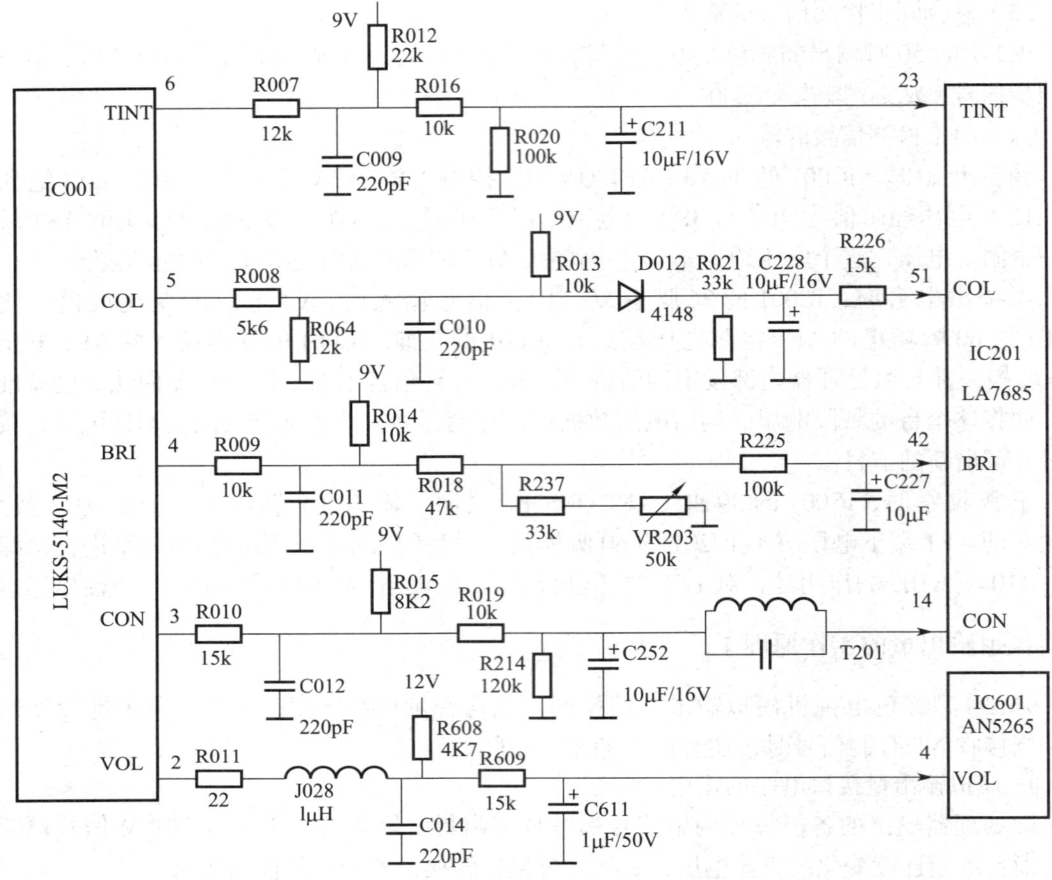

图 2—9—4　LUKS-5140-M2 遥控系统模拟量控制电路原理图

（4）彩色饱和度控制电路

IC001 的 5 脚输出的 PWM 信号，叠加一个由 R013、D012、R021 串联分压的直流电压后，经 C228 进行滤波，得到一个 2～5 V 连续可变的电压，送入 IC201 的 51 脚进行彩色饱和度控制。

（5）色调 TINT 控制电路

当电视机接收 PAL 制信号时，是不存在色调失真问题的，但当接收 NTSC 制信号时，就易出现色调失真问题。为了防止接收 NTSC 制信号时出现色调失真情况，设置了一个色调调节功能。IC001 的 6 脚输出的 PWM 信号，叠加一个由 R012、R016、R020 串联分压的直流电压后，经 C211 进行滤波，得到一个 2～5 V 连续可变的电压，送入 IC201 的 23 脚进行色调控制。

六、工作状态转换电路的工作原理

遥控彩色电视机工作状态的转换，主要指遥控开 / 关机控制、AV/TV 转换、静音控制、制式转换这几种。

LUKS-5140-M2 型遥控系统工作状态转换控制电路原理图如图 2—9—5 所示。

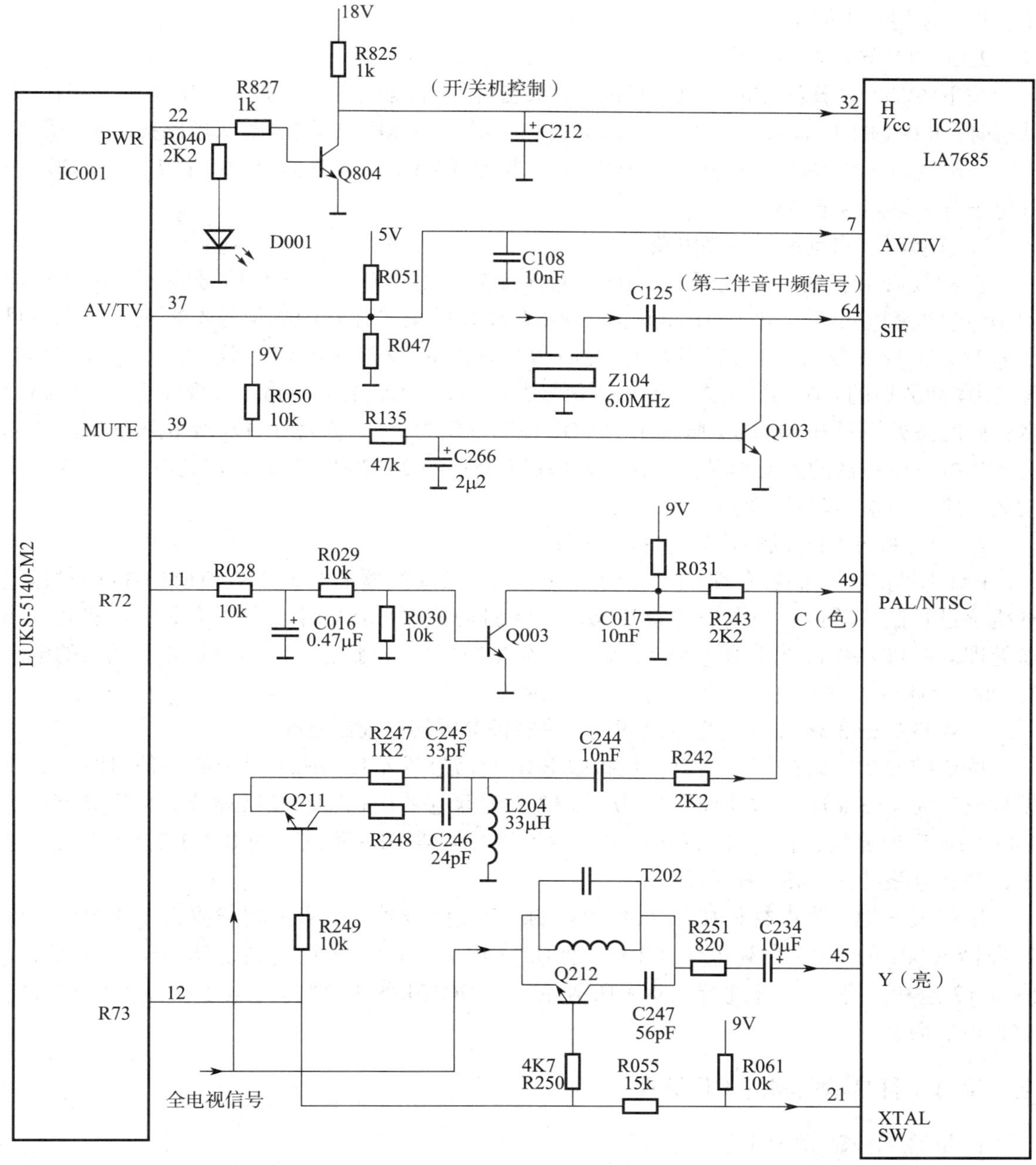

图 2—9—5　工作状态转换控制电路原理图

1. 遥控开 / 关机控制电路

按下电源开关后，IC001 的 22 脚为低电平 0 V，工作指示二极管 D001 不亮，Q804 截止，稳压电源的 18 V 电压经 R825 串联分压后（约为 7.5 V），送入 IC201 的 32 脚。此时，行扫描振荡电路的供电正常，行扫描电路正常工作，电视机可正常收看节目。

若按下遥控关机键，则 IC001 的 22 脚为高电平 5 V，二极管 D001 亮，指示电视机处于待机状态，Q804 饱和，使 IC201 的 32 脚为 0 V，行扫描振荡电路供电不正常，行扫描电路不工作，电视机也就不工作。

2. AV/TV 转换控制电路

按下 AV/TV 转换按键时，电视机的 AV 状态与 TV 状态可轮流转换。当电视机工作在 TV 状态时，IC001 的 37 脚为 0 V，将其送入 IC201 的 7 脚，IC201 内部电子开关电路接通 TV 信号。

当电视机工作在 AV 状态时，IC001 的 37 脚为 3.6 V，将其送入 IC201 的 7 脚，IC201 内部电子开关电路接通 AV 信号。

3. 无台时，自动静噪控制电路

正常收看节目时，微处理器 IC001 的 36 脚会检测到有复合同步信号输入，微处理器 IC001 的 39 脚输出低电平，Q103 截止，对 6.0 MHz 的第二伴音中频信号不影响。当无节目信号时，36 脚无复合同步信号输入，此时微处理器的 39 脚输出高电平 0.6 V，Q103 饱和，经 Z104 滤波后的 6.0 MHz 第二伴音中频信号通过电容 C125 交流短路，实现伴音中频电路静音；同时微处理器 IC001 的 2 脚输出的 VOL 控制电压为 0 V，实现伴音功放电路静音。

当按下遥控器的静音键时，是让微处理器 IC001 的 2 脚输出的 VOL 控制电压为 0 V，使功放电路关闭来实现静音的。

4. PAL 制与 NTSC 制解码转换控制电路

PAL 制与 NTSC 制彩色解码电路的组成不同，按遥控器的制式（SYSTEM）按键时，电视机会进行制式转换。当微处理器 IC001 的 11 脚为低电平 0 V 时，为 PAL 制工作状态；当微处理器 IC001 的 11 脚为高电平 4.2 V 时，为 NTSC 制工作状态。IC001 的 11 脚送出的电平经 Q003 倒相后，送入 IC201 的 49 脚，以实现转换控制。

5. 4.43 MHz/3.58 MHz 亮色分离滤波、副载波晶振转换控制电路

按遥控器的制式按键，当电视机接收 PAL 制信号或 4.43 MHz 的 NTSC 制信号时，彩色副载波都为 4.43 MHz，微处理器 IC001 的 12 脚为低电平 0 V，使 Q211 截止，色度通道进行 4.43 MHz 带通滤波；使 Q212 截止，亮度通道进行 4.43 MHz 陷波；使 IC201 的 21 脚为低电平，晶振电路进行 4.43 MHz 振荡。

按制式按键，当电视机接收 3.58 MHz 的 NTSC 信号时，因彩色副载波为 3.58 MHz，微处理器 IC001 的 12 脚为高电平 4.2 V，使 Q211 饱和，色度通道进行 3.58 MHz 带通滤波；使 Q212 饱和，亮度通道进行 3.58 MHz 陷波；使 IC201 的 21 脚为高电平，晶振电路进行 3.58 MHz 振荡。

七、屏幕字符显示电路的工作原理

1. 屏幕字符显示电路的作用

字符显示电路的作用是，对电视机的操作及工作状态，用文字或符号在屏幕上显示出来。

2. 屏幕字符显示电路正常工作的条件

对字符显示的要求是，所显示的字符应稳定、清晰、色彩柔和、显示的位置合适。字符显示要符合上述要求，应同时满足以下三个条件：

（1）显示用的时钟振荡电路必须正常

显示字符用的时钟振荡信号的作用是，决定字符在屏幕上显示的相对长度和相对位置。显示用的时钟振荡电路常有两种形式：一般的遥控彩色电视机，其振荡电路由微处理器内部电路和外接 RC 或 LC 电路构成；由 I^2C 总线控制的彩色电视机，显示用的时钟信号则由主时

钟振荡信号经分频后产生，没有专门的显示用时钟振荡电路。显示字符用的时钟振荡电路其振荡频率一般为 4 ~ 6 MHz。

（2）必须同时引入正常的行、场定位脉冲信号

行、场定位脉冲信号是由行、场扫描电路引入的行、场逆程脉冲信号。其中，行逆程脉冲信号的作用是，用于确定字符在屏幕上的水平位置；场逆程脉冲信号的作用是，用于确定字符在屏幕上的垂直位置。行、场逆程脉冲信号丢失其中一种或幅度不正常，都不能使字符在屏幕上显示出来。

（3）字符信号输出电路必须正常

微处理器产生的字符显示输出信号，通常有 R、G 两种，两种的组合共可显示三种颜色（即红、绿、黄）。因无信号时电视机为蓝背景，故一般无 B 色字符信号输出。同时为了使显示的字符清晰，微处理器还应输出字符底色消隐信号，其作用是，用于消除字符显示位置上的视频图像信号，让字符不叠加图像信号，使字符清晰、稳定。

3. LUKS–5140–M2 型遥控系统屏幕字符显示电路

LUKS–5140–M2 型遥控系统屏幕字符显示电路原理图如图 2—9—6 所示。

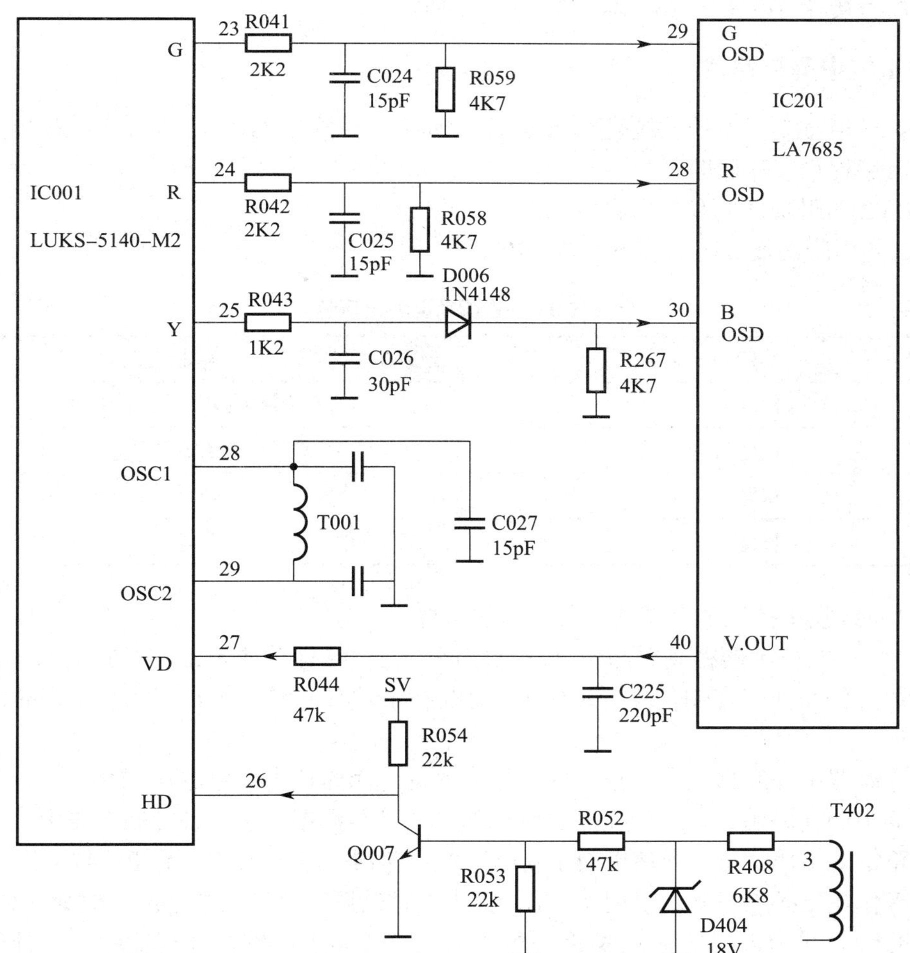

图 2—9—6　LUKS–5140–M2 型遥控系统屏幕字符显示电路原理图

（1）行逆程脉冲信号的输入

高压包 T402 的 3 脚产生的脉冲，经 R408、D404 稳压，R052、R053 分压，Q007 整形放大，从 IC001 的 26 脚输入。

（2）场同步脉冲信号的输入

IC201 的 40 脚输出的场同步脉冲经 R044 后，从 IC001 的 27 脚输入。

（3）字符振荡电路

由 IC001 的 28、29 脚内、外电路组成。调整中周 T001 的磁芯可改变振荡频率，使显示字符的位置发生改变。

（4）字符显示消隐信号的输出

从 IC001 的 25 脚输出，经 R043、D006 隔离后，从 IC201 的 30 脚输入。

（5）字符显示信号的输出

红、绿字符脉冲信号从 IC001 的 24、23 脚输出，从 IC201 的 28、29 脚输入，叠加在 R–Y、G–Y 信号上，再送往显像管，可显示红、绿、黄三种颜色的字符。

字符显示信号为近似矩形波的脉冲信号，只有在显示字符期内有输出，其频率为行频，可用示波器直接在 IC001 的 23、24、25 脚观测到。

八、遥控系统中的存储器

LUKS–5140–M2 型遥控系统使用外挂式存储器，型号为 24C02，属于 I^2C 总线控制的电可改写、可编程只读存储器。

1. 24C02 的引脚功能和各引脚电压值

24C02 各引脚功能和电压值见表 2—9—2。

表 2—9—2　24C02 各引脚功能和电压值

引脚	功能	电压值	引脚	功能	电压值
1	接地	—	5	串行数据线SDA（入/出）	5 V
2	供电	5 V	6	串行时钟线SCL（出）	5 V
3	接地	—	7	接地	—
4	接地	—	8	供电	5 V

2. I^2C 总线技术控制的存储器正常工作的条件

采用 I^2C 总线技术的存储器与微处理器之间，通过时钟总线 SCL 与数据总线 SDA 相连，完成所有数据的交换与存储任务。采用 I^2C 总线技术的存储器，正常工作必须同时满足以下几个条件：

（1）存储器中必须预先存有正常的初始化数据。因为这类彩色电视机开机后，微处理器要从存储器中调出原始数据，如亮度、对比度、音量等数据，送入各控制电路中，才能使电视机进入正常的工作状态，即使更换了新的空的存储器，电视机还是不能正常工作。

（2）工作电压必须正常。采用 I^2C 总线技术的存储器，正常供电电压一般为 5 V。

（3）时钟总线 SCL 与数据总线 SDA 的连接必须正常。时钟总线传输的是时钟信号，其作用是让存储器的工作节拍与微处理器相同。数据总线的作用是让各种数据在微处理器与存储器之间进行读写交换。若有一条总线不正常，则整个系统都无法正常工作。

3. I^2C 总线技术控制的存储器所存储的内容

24C02 存储器所存储的数据主要有如下几项：

（1）50 个预选频道的频段数据、调谐电压数据，以及自动调台时，AFT 电压比较数据。

（2）图像与伴音工作状态数据，包括对比度、亮度、色饱和度、色调、音量等数据。

（3）每次关机前电视机工作状态数据，包括频道号、频段、调谐电压、图像与伴音工作状态等数据。

（4）其他工作状态数据，如定时关机时间等数据。

九、微处理器与存储器常见故障与检修方法

1. 微处理器与存储器常见故障的检修要求

（1）要熟悉遥控系统主要电路正常工作的条件

主要应熟悉遥控系统中，微处理器、存储器、自动选台电路、字符显示电路等电路正常工作的条件。

（2）要熟悉遥控系统信号的电参数

主要应熟悉遥控系统有哪些输入信号和输出信号，还应知道各个输入和输出信号的作用、电压范围、波形特点。

（3）要灵活应用不同的检测方法

根据检测的对象不同，所用的检测方法应有所不同。

1）对工作状态转换控制量的检测。用万用表检测其输出端子高、低电平变化，即可判断其是否正常。

2）对模拟控制输出量的检测。可用万用表直流电压挡测其输出端电压的变化范围，或用示波器观测其输出端 PWM 波形的变化情况，都可判断其是否正常。

3）对脉冲输出、输入量的检测。如遥控接收器输出信号、字符显示输出信号等，最好用示波器观测其瞬间的波形，才能做出准确的判断。

2. 微处理器与存储器常见故障及检修方法

（1）电视机开机后有光栅，但无字符显示，也不能进行任何操作。这是遥控系统不工作的典型现象，这种故障要从微处理器正常工作条件入手去检修，多为晶振元件损坏、供电不正常或微处理器损坏所致。

（2）开机后有光栅，有字符显示，但无法调出台，有部分遥控功能失效。这种现象多为存储器电路有问题，若存储器的供电及 SDA 线、SCL 线电压都正常，可更换存有数据的新存储器试一试，也可拆下原来的存储器，在专用的读写机上重新格式化后装回去试机。

（3）电视机开机后，可进行各种操作，字符显示也正常，可以调出电台节目，并可正常收看，但关机后重新开机，原来的台没有了，又要重新调台才能收看。这种现象是存储器电路有问题，处理方法同故障 2。

（4）出现跳台现象。正在看的节目，会突然自动换成另一个节目，有时连换几个台又可正常收看。这是微处理器的晶振频率不稳定所致，应更换晶振元件。

（5）用手动方式调台，声图都正常，但用自动方式进行调台时，无法收图，或虽可收图，但图差或为黑白的图像。这是遥控系统的 AFT 检测信号不正常所致，多为中频通道的

AFT 鉴频中周失谐所引起。

（6）可正常收台，但无字符显示或字符沿上、下方向移动、不稳定。这通常是字符显示电路中的行、场定位脉冲丢失或字符振荡电路损坏所致。

（7）手动方式与自动方式都无法调出电台，送 AV 信号也无法出现正常图像。这种情况如果与遥控系统有关，一般是送往微处理器的复合同步信号不正常所致，要在输入 AV 信号的方式下，用示波器检测 IC001 的 36 脚有无同步信号输入，即可找出故障根源。

（8）能用本机面板按键进行操作，但无法用正常的遥控器来操作。问题一般出在遥控接收器，受雷击的电视这种现象很常见。可用示波器测 IC001 的 35 脚的遥控输入波形，按遥控器，若无脉冲波形出现，应换遥控接收器；若有脉冲波形出现，应换微处理器（脉冲波形的频率约为 40 kHz）。

（9）开机后，电源指示灯亮，但无光、无图（处于待机状态）。这种故障若与遥控系统有关，则应查开 / 关机控制端子电平的变化情况。

（10）手动方式与自动方式都无法调出电台，送 AV 信号电视机可正常工作。若电视机中频公共通道正常，应系统检查自动选台电路正常工作的各个条件，一般不难找到故障部位。

遥控系统出现的故障，其实远不止上述几种，有时同一种故障现象还与通道电路有关，但只要熟悉遥控系统的工作原理，检修并不是很困难的事情。

实训 8　遥控系统微处理器与存储器电参数测试与故障维修

实训目的

1. 进一步熟悉遥控系统微处理器与存储器的工作原理。
2. 能对遥控系统微处理器与存储器的电参数进行测试。
3. 能完成遥控系统微处理器与存储器故障的维修。

实训设备与工具

普通 CRT 遥控彩色电视机、常用维修工具、双踪示波器、彩条信号源、实训指导书等。

实训内容与步骤

一、遥控系统微处理器与存储器电参数测试

1. 用万用表测控制电压的变化范围

（1）用遥控器调台，测 IC001 的 1 脚 VT 电压的变化范围。

（2）用遥控器调 VOL，测 IC001 的 2 脚电压的变化范围。

（3）用遥控器调 CONT，测 IC001 的 3 脚电压的变化范围。

（4）用遥控器调 BRI，测 IC001 的 4 脚电压的变化范围。

（5）用遥控器调 COL，测 IC001 的 5 脚电压的变化范围。

2. 用万用表测高低控制电平的变化范围

（1）测 PWR 控制电平的变化范围。在 IC001 的 22 脚分别测出遥控开、关机时的电压。

（2）测 AV/TV 电平的变化范围。在 IC001 的 37 脚分别测出 AV 状态和 TV 状态时的电压。

（3）测 MUTE 电平的变化范围。在 IC001 的 39 脚分别测出静音时和工作时的电压。

（4）测 NTSC/PAL 解码转换控制电平的变化范围。在 IC001 的 11 脚分别测出屏幕显示 PAL 时和 NTSC 时的电压。

（5）测 4.43 MHz/3.58 MHz 振荡与滤波转换控制电平的变化范围。在 IC001 的 12 脚分别测出屏幕显示 4.43 MHz 和 3.58 MHz 时的电压。

3. CPU 正常工作三要素电压的测量

（1）测工作电压，在 IC001 的 42 脚处测电压。

（2）测复位电压，在 IC001 的 33 脚处测电压。

（3）测时钟电压，在 IC001 的 31 脚处测电压。

4. 波形的测量

电视机接收彩条信号，测量表 2—9—3 和表 2—9—4 中的波形，并记录相关参数。

表 2—9—3　　波形测量（一）

	行逆程脉冲信号（HD）	场同步信号（VD）	晶振信号（XIN）
波形			
U_{p-p}			
周期T			
频率f			

表 2—9—4　　波形测量（二）

	行同步信号（HD）	字符振荡信号（OSC1）	时钟信号（SCL）
波形			
U_{p-p}			
周期T			
频率f			

5. 观察模拟控制量波形的变化

用遥控器进行操作，用示波器分别观察 VT、VOL、CONT、BRI、COL 脉宽调制波形的变化。

二、遥控系统微处理器与存储器故障维修

1. 进行故障设置

结合遥控系统微处理器与存储器电路原理图进行故障设置（结合实际选做）。

（1）如果要使电视机的遥控系统出现完全失控的故障，可以分别拆下微处理器的晶振元件 X001、R032 等。

（2）如果要使电视机的遥控系统出现无法保存节目的故障，可以同时拆下 R022、R023

这两个元件，使上拉电阻供电不正常。

（3）如果要使电视机的遥控系统出现无字符显示的故障，可以拆下 R052 等元件，使行定位信号丢失。

（4）如果要使电视机的遥控系统出现无法调出节目的故障，可以拆下 C031 等元件，使送往微处理器的复合同步信号丢失。

2. 故障维修

按照遥控系统微处理器与存储器故障检修的方法进行维修，检修时首先开机进行收台操作，用观察法看出现什么问题，初步判断故障范围；再用测电压法与测波形法，即易找到故障元件。

【想一想】

1. 电视机无法调出电台节目，与哪方面的电路有关？应如何分割故障范围？

2. 能用示波器观察到键扫描输入与输出信号、屏幕字符显示信号与存储器的 SDA 信号吗？

§2—10　I²C 总线控制技术

1. 了解 I²C 总线控制技术的基本概念。
2. 掌握 I²C 总线控制技术的工作原理。
3. 掌握 I²C 总线控制技术彩色电视机故障维修方法与调试方法。

在 I²C 总线控制技术应用于彩色电视机之前，电视机内的各个项目调整都是通过机械调节方式来进行的。因机械触点易因振动导致移位及易氧化，电视机的故障率较高，同时因调整项目多，线路复杂，因而很难缩小电视机电路板的体积。I²C 总线控制技术应用于彩色电视机之后，上述情况得到极大改善。

一、I²C 总线控制技术的工作原理

1. I²C 总线系统的组成

（1）I²C 总线的定义

I²C 总线是“集成电路间总线”或“内部集成电路总线”的英文缩写，又可写成 IIC。I²C 总线系统传输信号时，仅通过一条串行时钟线 SCL 和一条串行数据线 SDA 就可以完成，但传输信号的功能却十分强大。

（2）I²C 总线系统的组成部分

I²C 总线系统由微处理器、存储器（有的芯片把存储器集成在微处理器内，外部也就无专门的存储器）、受控集成电路这三大部分组成。微处理器与各受控集成电路之间通过 SCL

线和 SDA 线相连，其组成方框图如图 2—10—1 所示。

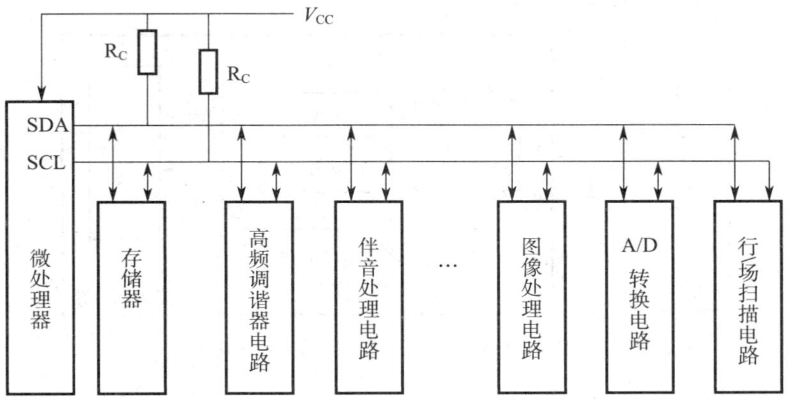

图 2—10—1 I^2C 总线系统的组成方框图

（3）I^2C 总线系统各部分的作用

微处理器是 I^2C 总线系统的控制核心，一个遥控系统的微处理器可引出一组或多组 I^2C 总线，每组 I^2C 总线上又可挂接（控制）多个集成电路。

存储器的主要作用是，存储各个频道（节目）的预选数据，包括频段数据与调谐电压数据，存储音量、亮度、彩色、对比度的数据，存储各受控 IC 的控制数据，如垂直（场）参数、水平（行）参数、亮暗平衡（色温）参数等。

受控集成电路是受 I^2C 总线控制的集成电路。受控集成电路可以有多个，以并联方式挂接在一起，每个受控集成电路与微处理器之间可单独进行信息传送，但各受控集成电路之间互不相干，无信息来往。挂在 I^2C 总线上的任何一个受控 IC 都分配有一个地址数据，就像每个人都有一个家庭住址一样，只有这样，微处理器才能正确寻找控制对象，进行数据传输。

（4）SCL 线、SDA 线的作用

I^2C 总线系统中，SCL 线的作用是传送时钟信号，使整个系统统一工作节拍，步调一致。SDA 线的作用是，为微处理器与受控集成电路之间的数据交换提供通路。

SCL 线与 SDA 线分别通过上拉电阻 R_C 与正电源 V_{CC} 相连接（上拉电阻其实就是共发射极放大电路中的 R_C），用万用表直流电压挡去测量，正常工作时，SCL 线或 SDA 线的电压约为 4.5 V。当该电压不正常时，一般为电路硬件有故障，如上拉电阻损坏、集成电路损坏等，此时 I^2C 总线系统也就不能正常工作了。

2. I^2C 总线系统中的接口电路

一般，I^2C 总线上每个受控 IC 的 SCL 线和 SDA 线的输入脚内部都设置有一个 I^2C 总线接口电路，因为 I^2C 总线上传输的信号都是数字信号，但彩色电视机中使用的电路多为模拟电路，当微处理器向受控 IC 传输信号时，输入的数字信号若不经过接口电路转换，受控 IC 是无法正常工作的；当受控 IC 向微处理器回送信号时，也要通过接口电路转变成数字信号，才能传送回微处理器中。

接口电路一般由译码器、D/A 转换器、控制开关等电路组成，如图 2—10—2 所示。

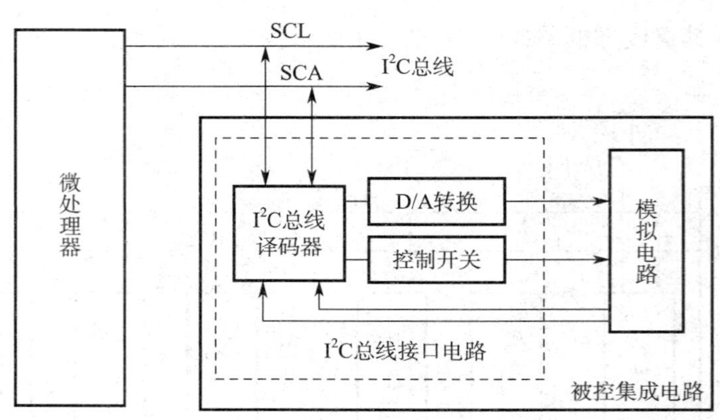

图 2—10—2　I^2C 总线系统的接口电路

3. I^2C 总线系统传输数据的工作方式

I^2C 总线系统传输信号时，是双向传输的，微处理器可以向受控 IC 发送数据（写），受控 IC 也可以向微处理器发送数据（读），是进行读操作，还是进行写操作，由微处理器决定。不论是读还是写，都是按 8 位数为一个字节的节拍来传送的，即每次传送 8 位二进制数，每传完一个字节（8 位数），对方要应答一下，表示传输成功，才传下一个字节，共传多少字节没有限制，视传输数据量来定。

I^2C 总线传输一次数据的格式如下：

微处理器向各受控 IC 发出一个起始信号，表示开始启动 I^2C 总线操作功能；微处理器发出一个寻址（地址）信号和一个是读还是写的信号，表明寻找哪一个受控 IC，是进行读操作还是进行写操作；各受控 IC 核对地址数据，被选中的受控 IC 向微处理器发回应答信号；进行数据传输；传完数据，微处理器发出一个停止信号，表示本次传输过程结束。用方框图表示如图 2—10—3 所示。

由图 2—10—3 可以发现，I^2C 总线系统传输数据的过程，与人们打一次电话的过程类似。

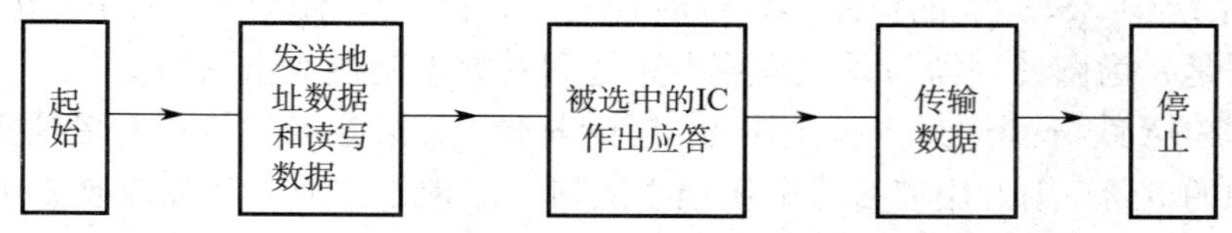

图 2—10—3　I^2C 总线系统传输数据的格式

4. 彩色电视机采用 I^2C 总线控制技术的优势

与传统的彩色电视机相比，采用 I^2C 总线技术的彩色电视机具有下列几个优势：

（1）电路简洁

I^2C 总线可以挂接多个受控 IC，在电路上省去了很多硬线的连接，电路板的体积大大缩小。

（2）调整方便

采用 I^2C 总线控制技术的彩色电视机，要调整各种电路参数时，不必拆盖，只需要进入 I^2C 总线调整状态，用遥控器就可轻而易举地完成。

（3）生产效率高

采用 I^2C 总线技术的彩色电视机在生产时，可以将各个电路的最佳参数（如亮暗平衡参数等）先存入存储器中，只要电路硬件正常，通电后，彩色电视机一般都能正常工作，只需要将个别参数做少量调整即可，生产效率大大提高。

（4）故障率低

采用 I^2C 总线控制技术的彩色电视机，都采用无触点的软件技术，完全可消除由触点接触不良所引起的各种故障。

二、I^2C 总线控制技术彩色电视机的调试方法

采用 I^2C 总线控制技术的彩色电视机出厂时，电路的各项参数都是调到最佳状态的，长期使用后，可能会出现一系列故障，通过利用 I^2C 总线技术调整电路参数，使电视机正常工作时，应注意以下几点：

1. 需要对 I^2C 彩色电视机进行参数调整的条件

采用 I^2C 总线技术的彩色电视机出现故障后，是不是一定要通过 I^2C 总线进行参数调整？答案是不一定的。

（1）电路出现硬性故障时不必进行调整

当电视机元件损坏、出现硬性故障时，如 IC 损坏，电阻、三极管等元件硬性损坏时，是不能进行 I^2C 总线调整的。如果强行进行 I^2C 总线调整，有可能越调越乱，产生新的人为故障。只有确保电路硬件正常，进行 I^2C 总线调整才有意义。

（2）电路性能参数变化时才有必要调整

从元器件使用的情况来看，彩色电视机使用日久之后，元器件特性发生变化，或更换了某些受控元器件后，其性能参数与原先有差异时，可对彩色电视机进行调整，特别是更换微处理器或存储器后，就有必要对电路的参数进行调整。

从故障现象来看，当电视机出现光栅失真或亮暗平衡不正常的故障时，如行 / 场线性失真、行 / 场幅度与中心位置不正常、图像背景偏色等，可通过 I^2C 总线对相应电路的参数进行调整，有时可以解决问题。

另外，要改变电视机的某些参数，如色温（即亮暗平衡），以满足观看者的要求，也可进行调整。

2. I^2C 总线控制技术彩色电视机的调试方法

（1）彩色电视机进入 I^2C 总线调整状态的方法

要对彩色电视机的电参数进行调整时，就要使电视机进入调整状态（有时称为维修状态），才能进行有关项目的调整。目前生产的电视机，进入维修状态的方法都是密码进入法，按遥控器的有关按键，输入密码即可。

不同型号的电视机进入维修状态的密码是不相同的。进入维修状态的密码可向售后服务特约维修点查询或查其他资料。电视机进入维修状态后，屏幕上会有相应的调整项目显示。

（2）选择调整项目的方法

电视机进入维修状态后，直接按遥控器上的节目上、下按键，即可选择所需进行调整的项目。

（3）数据的调整方法及注意事项

选择好要调整的项目后，就可对该项目的参数进行调整，改变参数的方法一般是按遥控器的音量加、减键。

需要注意的是，有的电视机是按音量加、减键来改变调整项目，按节目上、下键来改变调整参数大小的，并且在进行数据调整之前，一定要先记录下当前的数据，以防万一调整失败时进行恢复。

I^2C 彩色电视机各个调整项目参数的表示方法，一般有两大类：

一种是用具体的数值来表示，即用数值来表示调整量的大小。但要注意，表示数值的大小时，有的电视机用 10 进制数，有的电视机用 16 进制数。例如，某个调整项目若显示为“H–SIZE 32 0–63”，表示调整的内容为行幅调整，当前的设定值为 32，音量加、减键可在 0～63 连续调节，且为 10 进制数。

另一种是用代码来表示，即用代码来表示电视机的工作状态或工作模式。这种表示方法一般也是通过按音量加、减键来进行选择的。如“STAND–BY 1/0”，表示调整的内容为开机工作模式选择调整，有 1 或 0 两种工作状态可选，并不表示具体的数值。设定（选择）为 1 时，表示每次按下电源开关，开机后为待机状态；当选择为 0 时，表示每次按下电源开关，开机后电视机即正常工作。

（4）退出维修状态的方法

要调整的各个项目调整完毕，电视机需要从维修状态退回到正常的收看状态。退出的方法是，按某一键（如菜单键）即可回到正常收看状态。

三、I^2C 总线控制技术的 CRT 彩色电视机调整项目

采用 I^2C 总线技术能对 CRT 彩色电视机进行调整，不同厂家生产的电视机有较大的差异，归纳起来一般有如下几大调整项目：

（1）垂直调整：包括场幅、场线性、场中心、场 S 校正等调整。

（2）水平调整：包括行幅、行中心、平行四边形、枕形、梯形、弓形等调整。

（3）平衡调整：包括暗平衡、亮平衡调整。平衡调整有时又叫色温调整。

（4）声音调整：包括伴音制式、丽音功能、音量范围、左右声平衡、高低音、重低音等调整。

（5）字符调整：调整字符的大小、显示位置及颜色等。

（6）工作方式、工作状态调整：如拉幕式开机功能等。

采用 I^2C 总线技术的平板电视（如 LCD TV），无垂直与水平失真调整项目，调整项目比 CRT 彩色电视机相对要简单。

四、I^2C 总线控制技术彩色电视机的维修方法

采用 I^2C 总线控制技术的电视机所用的存储器，除存储有频道、音量等数据内容外，还存有各受控 IC 的控制数据，如垂直（场）参数、水平（行）参数、亮暗平衡（色温）参数、声音控制参数、工作方式状态参数等。每次开机时，微处理器都要通过 I^2C 总线向各受控 IC 读 / 写正确的数据，电视机才能进入正常的工作状态。故采用 I^2C 总线技术的彩色电视机所用的存储器损坏后，表现出来的故障现象将复杂得多。

1. 判断 I^2C 总线控制系统工作是否正常的方法

通常采用如下两种方法来判断 I^2C 总线控制系统是否正常工作：

（1）测电压法与测波形法

根据微处理器正常工作的条件，测微处理器的供电电压、复位电压、晶体振荡电路波形是否正常；测存储器供电电压是否正常；测 SCL 线与 SDA 线的电压是否正常（约 4.5 V）。若以上电压或波形有不正常的情况存在，则微处理器或存储器损坏的可能性较大。

（2）看故障的表现

一般地，微处理器损坏或存储器损坏后，故障现象多表现为大部分控制功能失控，如无法进入调台状态，无字符显示或字符显示异常等。

当微处理器或存储器的关键点电压、波形有不正常的情况存在，且电视机有的操作功能失控或字符显示不正常时，一般应先检查 I^2C 总线控制系统部分的电路，否则应先检查受控 IC 部分的电路。按照这样的思路来检修，往往可事半功倍。

2. 更换 I^2C 总线控制系统存储器的注意事项

市场上所售的存储器，里面的内容大部分都是空的，如果更换存储器时直接把空的存储器装上去，电视机是无法正常工作的，因此，在更换存储器之前应注意以下几个问题：

（1）尽量保留原存储器中的数据。若电视机能开机，应设法进入 I^2C 总线维修状态，尽可能抄下各个项目的所有参数，以便备用。

（2）新的存储器装上之前，最好把该机型用的 I^2C 总线数据写入后再安装。I^2C 总线数据的写入方法有两种：其一是让存储器经销商帮助写入，其二是自己用专门的抄写（拷贝）设备写入，抄写（拷贝）器市场有售，且价格很便宜，拷贝用的母本存储器可从正常工作的同型号机上拆下来，拷贝完后，将用作母本的存储器装回原机，新拷贝的存储器即可使用。

（3）如果自己有该种型号电视机的 I^2C 总线存储器数据表，可先把空的存储器装上去，然后让电视机进入 I^2C 总线维修状态，用遥控器把数据逐项写入存储器中，也能解决问题。存储器数据表可向电视机生产厂家或特约维修中心查询；也可以打开相同型号的电视机，让其进入 I^2C 总线维修状态，抄下各项数据而获得。

（4）在拆卸、安装微处理器与存储器时，都要采取防静电措施。

实训 9 I^2C 总线控制技术彩色电视机的调试

实训目的

1. 进一步熟悉 I^2C 总线控制技术的工作原理。
2. 能对 I^2C 总线控制技术彩色电视机进行调试。

实训设备与工具

普通 CRT 遥控彩色电视机、常用维修工具、双踪示波器、彩条信号源、实训指导书等。

实训内容与步骤

1. 让彩色电视机进入 I^2C 总线调整状态。

根据实训室提供的彩色电视机，以及该机型的调整密码，让电视机进入 I^2C 总线调整状态。

2. 记录彩色电视机 I^2C 总线调整参数。

用遥控器改变调整项目，逐一记录各个项目在正常工作状态下的数据，以备恢复数据用。

3. 对彩色电视机 I^2C 总线的参数进行调试。

用遥控器改变各个调整项目及其参数，观察屏幕上的图像有何变化，并做好记录。

注意每个项目调试完毕，都应先调回原来的参数，才能调试另一个项目的参数。

4. 各个项目调试完毕，退出维修状态。

【想一想】

1. 为什么采用 I^2C 总线控制技术的彩色电视机进入维修状态时要设置密码？
2. 采用 I^2C 总线控制技术的彩色电视机，什么情况下才能进入维修状态进行调整？

§2—11 遥控彩色电视机综合故障维修

学习目标

1. 掌握遥控彩色电视机综合故障的分析方法。
2. 掌握遥控彩色电视机综合故障的维修方法。

一、遥控彩色电视机综合故障的分析方法

电视机是由多个单元电路组成的，长期使用后，一方面，每个单元电路都会出现故障；另一方面，电视机出现一种故障之后，该故障的部位可能只与一个单元电路有关，也可能与多个单元电路有关。作为电视机的维修人员，应能根据故障现象，采用各种检修手段，不断地分割与压缩故障范围，并根据检测的结果，对电视机做出综合的判断，直到找到故障元件，修复电视机为止。

在电视机所出现的各种故障现象中，无光栅、无图像、无伴音和有光栅、无图像、无伴音这两种故障现象常与多个单元电路有关，检修起来难度大一些。而其他故障现象，一般只与某个单元电路有关，检修起来也容易一些。故本节重点对无光栅、无图像、无伴音和有光栅、无图像、无伴音这两种故障现象进行分析。

1. 无光栅、无图像、无伴音故障现象的检修流程

当电视机出现三无故障现象时，故障的部位常与开关稳压电路、微处理器电路、行扫描电路、伴音通道电路、图像通道电路、视放矩阵电路有关，故检修三无故障现象时，就应该

对上述电路进行检修。

一般情况下，电视机三无故障的检修流程如图 2—11—1 所示。对 TCL 9614C 型彩色电视机而言，三无故障的检修流程如图 2—11—2 所示。

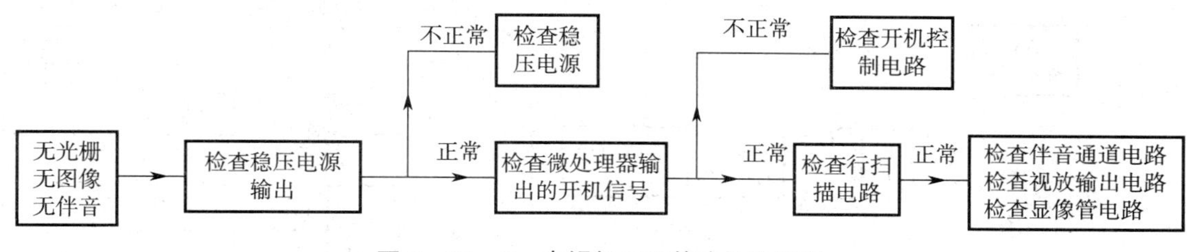

图 2—11—1 电视机三无故障检修流程

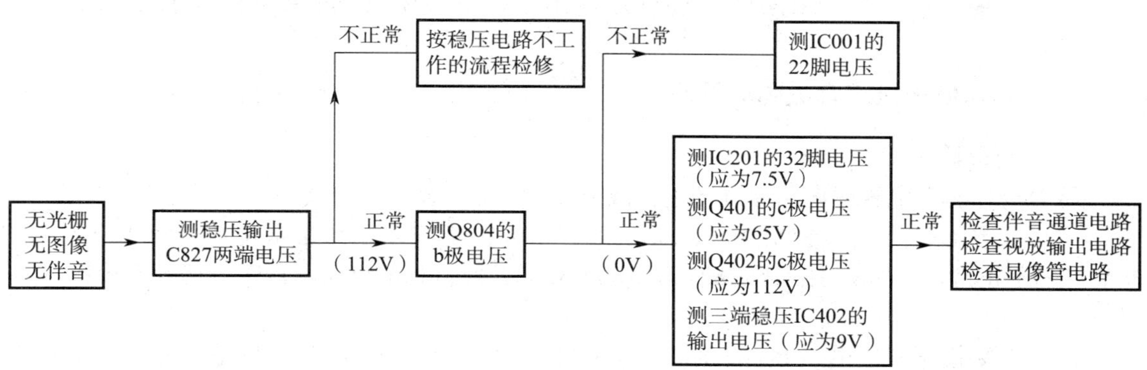

图 2—11—2 TCL 9614C 型彩色电视机三无故障检修流程

2. 有光栅、无图像、无伴音故障现象的检修流程

当电视机出现有光栅、无图像、无伴音的故障现象时，故障的部位常与 AV/TV 转换电路、送往微处理器的复合同步信号检测电路、微处理器电路、声图中频信号处理电路、解码电路、伴音电路、高频头电路有关。故检修有光栅、无图像、无伴音故障现象时，就应该对上述电路进行检修。

一般情况下，电视机有光栅、无图像、无伴音故障的检修流程如图 2—11—3 所示。对 TCL 9614C 型彩色电视机而言，有光栅、无图像、无伴音故障的检修流程如图 2—11—4 所示。

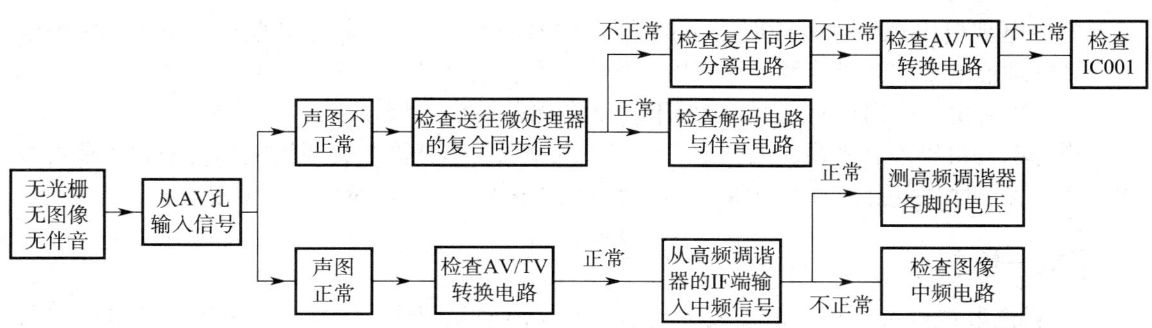

图 2—11—3 电视机有光栅、无图像、无伴音故障检修流程

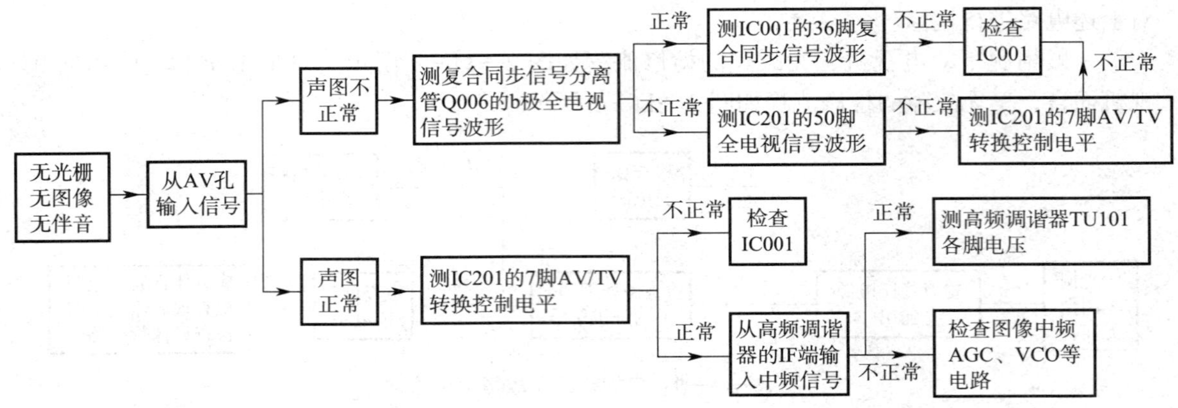

图 2—11—4　TCL 9614C 型彩色电视机有光栅、无图像、无伴音故障检修流程

二、遥控彩色电视机综合故障的维修

1. 进行故障设置

结合遥控彩色电视机电路原理图进行故障设置（结合实际选做）。

（1）如果要使彩色电视机出现三无故障，可以拆下三端稳压集成电路 IC402，使整机 9 V 供电不正常；也可分别拆下 R825 和 R802/R803，使行扫描电路不振荡，使开关稳压电路不工作。

拆下三端稳压集成电路 IC402 时，开关稳压电路与行扫描电路的工作是正常的，而显像管视放矩阵电路工作在截止状态，故无光；集成电路 IC201 的工作是不正常的，故声图皆无，彩色电视机最终变成“三无”。

（2）如果要使彩色电视机出现有光栅、无图像、无伴音的故障，可拆下微处理器的复合同步信号分离电路 Q006 中的 C031 或 R056，使送往微处理器的复合同步信号丢失。

拆下 C031 或 R056 后，会发现无论是接收天线信号，还是送入 AV 信号或图像中频信号，彩色电视机都是无图、无声的，原因是彩色电视机微处理器的 36 脚检测不到复合同步信号，以为无节目信号，强行使彩色电视机为蓝屏状态，故彩色电视机出现有光、无图、无声故障。

2. 进行故障维修

（1）彩色电视机出现三无故障的维修

彩色电视机出现三无故障时，可按照检修思路进行检修，主要检查开关稳压电路的输出、微处理器输出的开机信号、行扫描电路及显像管电路是否正常。

（2）彩色电视机出现有光栅、无图像、无伴音故障的维修

彩色电视机出现有光栅、无图像、无伴音故障时，可按照检修思路进行检修，主要检查送入 AV 信号时的声图、微处理器输入的复合同步信号、IC201 及微处理器是否正常。

【想一想】

1. 彩色电视机有光栅，但接收天线信号时，出现无图像、无伴音的故障，应如何进行维修?

2. 为什么送往微处理器的复合同步信号丢失后，彩色电视机会出现无图、无声故障？

思考与练习

1. 高频调谐器由哪几部分组成？各部分的作用是什么？

2. 高频调谐器是如何进行频段切换的？

3. 高频调谐器是如何改变本振频率的？为什么 VT 电压不论工作在哪一个频段，都应在 0~30 V 范围可变？

4. 图像中频通道有何作用？它是由哪些电路组成的？各部分的作用是什么？

5. 简述图像同步检波电路的工作原理。

6. AGC 电路有何作用？它是由哪几部分组成的？

7. AFT 电路有何作用？

8. 伴音通道是由哪几部分组成的？各部分的作用是什么？

9. 亮度通道有何作用？它是由哪几部分组成的？

10. 色度通道有何作用？它是由哪几部分组成的？

11. 基准副载波恢复电路有何作用？

12. 彩色电视机出现无彩色现象时，应如何检修？

13. 要正确地分析一个开关稳压电路，应从哪几个方面进行？

14. 红外线遥控系统是由哪几部分组成的？各部分有什么作用？

15. 如何判断红外线遥控器的时钟振荡电路是否正常工作？

16. 红外遥控接收器有何作用？如何判断其好坏？

17. 遥控系统的输入信号有哪些？输出的控制信号又有哪些？

18. 微处理器正常工作的条件有哪些？主时钟振荡电路不工作时，会出现什么故障现象？

19. 彩色电视机自动选台系统正常工作的条件是什么？

20. 微处理器输入的复合同步信号丢失时，会出现什么故障现象？

21. 屏幕字符显示电路正常工作的条件是什么？

22. I^2C 总线技术控制的存储器，所存储的内容有哪些？

23. 遥控系统出现故障后，其检修要领是怎样的？

24. 遥控系统常见的故障现象有哪些？

25. I^2C 总线系统是由哪几部分组成的？SCL 线与 SDA 线各有什么作用？

26. I^2C 总线系统传输数据的工作方式是怎样的？

27. 对 I^2C 总线彩色电视机进行调整的条件是什么？

28. I^2C 总线技术控制的彩色电视机，在调整时应注意什么问题？

第三章 液晶电视机原理与维修

液晶电视机与传统的CRT电视机相比，具有可平板化、图像没有几何失真、环保（无X射线）、节能省电、图像效果良好等诸多优点，已取代了传统的CRT电视机，进入千家万户。目前，液晶电视机正向智能化、多功能化的方向发展。液晶电视机结构精密，图像信号处理原理和液晶屏显像原理都比较复杂。本章先从基础入手，系统学习液晶材料的基础知识、彩色液晶屏的结构和显像原理等方面的内容。

§3—1 液晶材料的基础知识

学习目标

1. 了解液晶的概念。
2. 了解液体分子的空间结构与种类。
3. 掌握液体分子的电光特性。

液晶显示器、液晶电视（LCD TV）已进入千家万户，其功能与智能化水平越来越高。液晶电视机的组成结构与工作原理都较复杂，应进行深入的理论研究与实操训练，才能系统掌握液晶电视机的原理与维修技术。

液晶电视机中的核心部件是液晶显示屏，液晶显示屏里有一种特殊的材料，这种特殊的材料就是液晶材料，液晶材料是什么？它具有哪些电光性质？为什么能用来做显示屏？这是首先应弄清楚的问题。

一、液晶材料

1. 固体的基本性质

我们知道，物质通常有固体、液体、气体这三种状态。固体、液体、气体之间在一定的温度下都可以相互转化，而且相互转化时都有固定的温度点。

固体可以分为晶体与非晶体。非晶体，如塑料、玻璃等，没有固定的熔点，具有各向同性的基本特性，即在固体的各个不同的方向（面）上具有相同的物理性质，如具有相同的力学性质（硬度相同等）、电学性质（介电常数、电阻率相同等）、光学性质（吸收系数、折射率相同等）。

晶体如岩盐、明矾、水晶、金属等，则有固定的熔点，具有各向异性的基本性质，即在固体的各个不同的方向（面）上具有不同的物理性质，即固体的各个不同的面上其力学性质、电学性质、光学性质是不相同的。

2. 液晶的发现

在自然界中，有些呈晶体结构的有机化合物，如固体晶体，它在被加热时，不会直接变成液体，而是先变为混浊的中间状态，只有再继续加热时，才变为液体，这与日常生活中冰被加热时，由固态变为液态的情况完全不同。上述的晶体有机化合物被加热时，所出现混浊的中间状态，既具有液体特有的流动性质，又具有固体晶体各向异性的性质，其状态与性质介于固体晶体与液体之间，因而人们称其为液晶体，简称液晶。液晶用 Liquid Crystal（简称 LC）来表示。

液晶材料最早是由奥地利的植物学家于 1888 年发现的，但直到 1968 年，美国的 RCA 公司进一步研究才发现，液晶材料中的分子在外加电场的作用下会重新排列，并且可以让入射的光线产生偏转现象，据此研制出液晶显示屏，液晶材料从此进入实用阶段。

3. 液晶的定义

液晶是一种结构较复杂的有机化合物，常温状态下，它具有晶体（固体）的各向异性特性，且为黏稠的液体状，当继续加热时，则变成各向同性而透明的液体。所以液晶材料在常温条件下，呈现出既有液体的流动性，又有晶体的各向异性，因而称为“液晶”。它既不同于不能流动的晶体，也有别于各向同性的液体，是物质的一种特殊状态。

液晶可以在自然界中存在，也可以人工合成，种类很多。例如，把肥皂放入水中浸泡较长时间以后，所形成的乳白色的状态，就是一种液晶态。

二、液晶分子的空间结构与种类

1. 液晶分子的空间结构

就单个液晶分子的空间结构而言，其形状为细长棒形状，长约 10 nm，宽约 1 nm。就大量的液晶分子的排列而言，则其排列是有规律性和方向性的。排列的情况不同，液晶分子的种类也就不同。

2. 液晶分子的种类

液晶分子的种类很多，分类方法也很多。常用于显示器的液晶，根据各个分子在空间的整体排列情况不同，主要分为以下三种：

（1）层状液晶

这种液晶的大量分子聚集在一起，形成一层一层的结构，其每一层的分子长轴方向相互平行。该结构因较接近一般晶体的结构，故又叫近晶型液晶。

（2）丝状液晶

这种液晶的分子不是分层排列的，各棒状分子的长轴相互平行，前后交错地排在一起，指向某一方向。这类液晶主要应用于彩色显示器中。

（3）螺旋状液晶

从整体上看，其结构是分层的，同一层内的液晶分子的排列长轴方向指向基本是一样的，但不同层之间分子排列的指向是不同的，有一定的夹角，与麻绳的结构相类似。这种液晶材料通常与丝状液晶相混合，形成混合物材料，以改变液晶分子的旋光性能，使之有实用价值。

层状液晶、丝状液晶和螺旋状液晶的结构如图 3—1—1 所示。

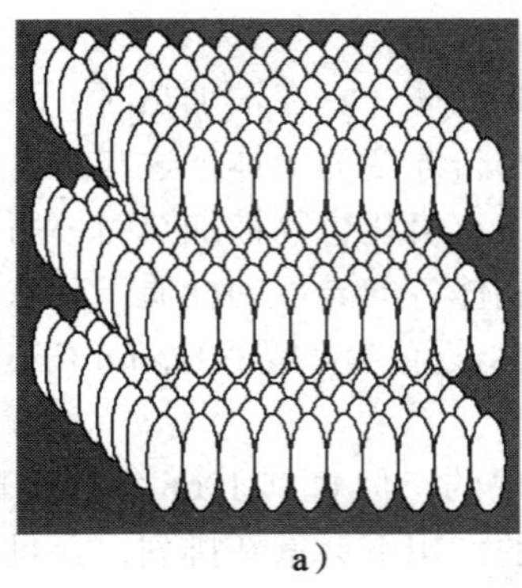
a）

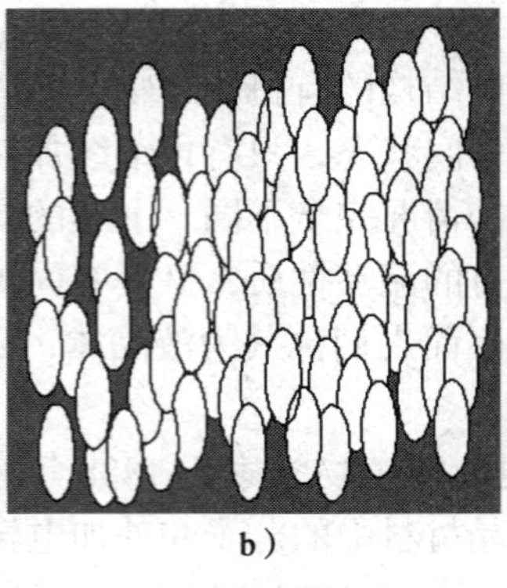
b）

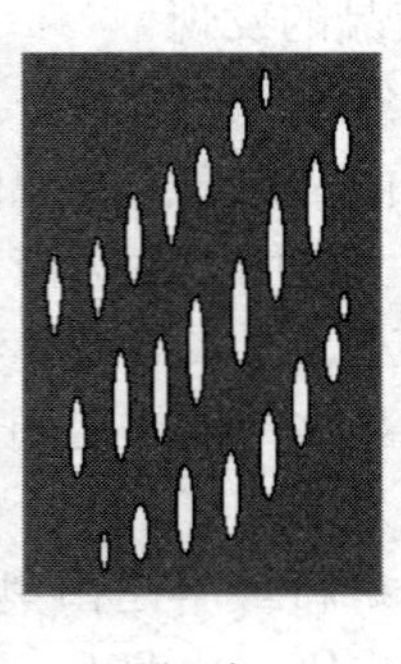
c）

图 3—1—1　液晶分子的结构

a）层状液晶　b）丝状液晶　c）螺旋状液晶

正是由于液晶分子的长轴具有指向性排列，又不像通常晶体结构那样坚固，使其对光、电的物理性质参数，在分子长轴方向及其短轴方向能取不同的值，并能在电场、磁场、温度、应力等外部因素的作用下，使其分子结构重新排列，液晶体各种光学性质随之发生变化，才使液晶电视的制造成为可能。

三、光的特性

1. 光是一种电磁波

光是以电磁波形式存在的一种物质，具有波粒二象的特性。实验表明，光是由光子组成的，光子是一种粒子，光子有质量、有速度，光可以产生反射、辐射、光电效应等现象，证明光具有粒子性；同时光又具有波动性，光是一种波，而且是一种横波，其光子的振动方向与传播方向是互相垂直的，光能产生干涉、衍射、偏振等现象，证明光具有波动性。

2. 自然光与偏振光

一束向前传播的自然光，任一时刻，在垂直于传播方向上的振动方向是随机的，在与传播方向垂直的平面上，它可以向任一方向振动。但从整体效果看，在与传播方向垂直的平面内，其振动情况分布是均匀的，即在与整个传播方向垂直的平面内，都有相同的振动能量，这种光叫自然光。图 3—1—2 表示两个正交方向振动、向前传播的光，图 3—1—3 表示有无数个振动方向、向前传播的光。

振动方向和光波前进方向构成的平面称为振动面，光的振动面只限于某一固定方向，这种光称为平面偏振光或线偏振光。

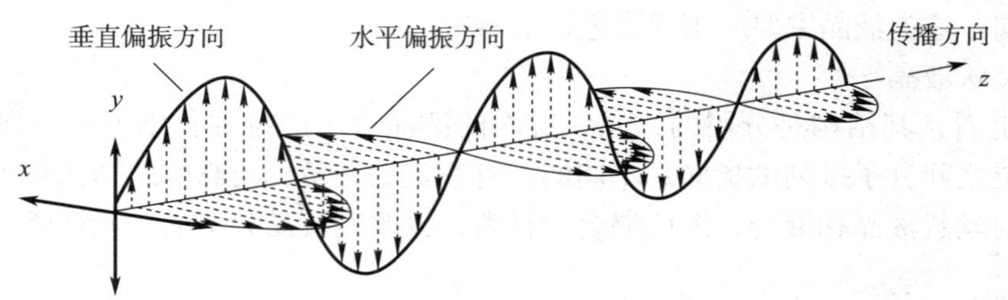

图 3—1—2　两个正交方向振动、向前传播的光

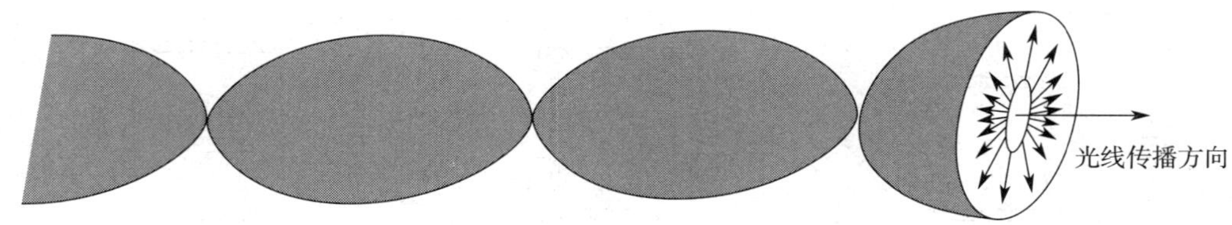

图 3—1—3　有无数个振动方向、向前传播的光

自然光经过偏振片滤光之后，可以成为偏振光，如图 3—1—4 所示。偏振片是用人工方法制成的薄膜，它允许振动方向与其缝方向（此方向称为偏振化方向）相同的光通过，而吸收振动方向与其缝方向垂直的光，因此，自然光通过偏振片后，透射过去的光成为平面偏振光。理想情况下，透射光的强度为入射光强度的一半，即光的强度会衰减一半。

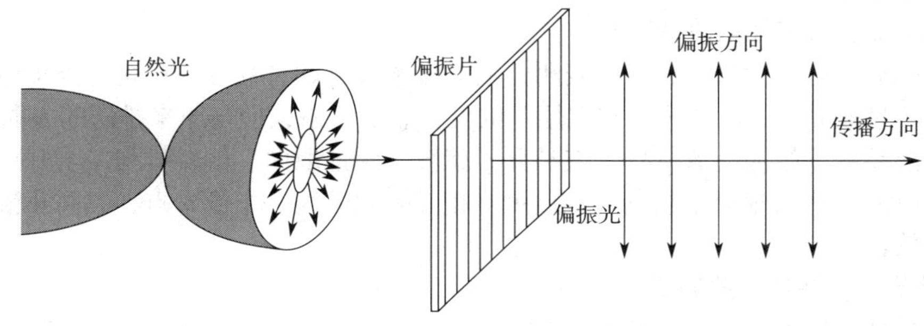

图 3—1—4　自然光变为偏振光

四、液晶分子的电光特性

液晶分子的电光特性是指液晶分子对外加电场、对用光来照射时，所呈现出来的性质。由于液晶材料与液晶分子结构的特殊性，使得液晶材料具有各向异性的基本性质，即在液晶体各个不同的方向（面）上具有不同的物理性质。

实验表明，就液晶材料的电学特性而言，液晶材料整体对外虽然是呈电中性的，但就单个液晶分子而言，单个的液晶分子是一种极性分子，其分子内部电荷的分布是不均匀的，正、负电荷的中心并不重合，对液晶材料制成的器件，分别沿长轴方向与短轴方向给其通电，其介电常数、电阻率等是不相同的。就液晶分子的光学特性而言，对液晶材料制成的器件，从液晶分子长轴方向施加光照和从液晶分子短轴方向施加光照，其通光情况是不同的，即其折射率等是不相同的。

1. 液晶分子对外加电场的反应

如果给液晶分子施加一个外部电场，液晶分子会有什么反应呢？

实验表明，液晶分子对外加电场会产生“重新排列的效应”。这是因为液晶分子是极性分子，其长轴方向的介电常数与短轴方向的介电常数是不一样的，这样在外加电场的作用下，会产生类似同性相斥、异性相吸的情况，液晶分子的排列会重新发生变化，如图 3—1—5 所示。

图 3—1—5a 表示未加外部电场，液晶分子长轴的方向为水平方向；图 3—1—5b 表示加较强的外部电场时的情况，液晶分子长轴的方向为垂直方向，与外加电场方向平行；若外加电场不够强，则液晶分子的排列情况会介于两者之间，如图 3—1—5c 所示。

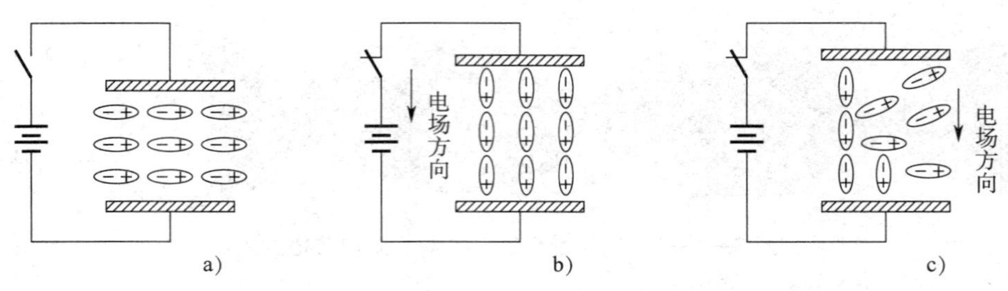

图 3—1—5 液晶分子在外加电场作用下的排列

a）未加外部电场时 b）加外部电场时 c）加外部电场不够强时

2. 液晶分子对外加电场方向的反应

在上述情况中，如果改变外加电场的方向，使外加电场的方向与原来的方向相反，液晶分子的排列情况会有怎样的改变呢？

由于液晶分子是极性分子，实验表明，液晶分子长轴的排列方向还是与外加电场的方向相平行，只不过液晶分子的“头”与“尾”的位置会反过来，即与原来排法的方向相反。

如果给液晶分子施加交流电场，液晶分子就会不断地取向、倒转排列，实际应用中，采用施加交流电的方法来驱动液晶电视机显示屏相邻帧间的同一个像素点，以防止液晶分子严重极化而失效。

3. 液晶分子对外加光照的反应

（1）液晶分子呈直线排列时对入射光的反应

如果液晶分子呈直线排列，用自然光来照射它时，光主要沿长轴方向传播；用偏振光来照射它时，光也主要沿长轴方向传播，而且偏光方向不变。

（2）液晶分子不呈直线排列时对入射光的反应

如果人为改变液晶分子的排列方式，使其为扭曲式排列，如麻绳似的结构，对入射光的反应情况又如何呢？研究发现，光还是沿液晶分子的长轴方向传播，不过光的偏振方向会沿着液晶分子的排列方向扭转一个角度，即产生所谓的旋光效应。对入射的自然光而言，因其偏振方向在与传播方向垂直的平面内是均匀分布的，旋光后的出射光与入射光是区别不出来的。但对入射的偏振光而言，旋光后出射光的偏振方向与入射光的偏振方向是完全不同的，如图 3—1—6 所示。

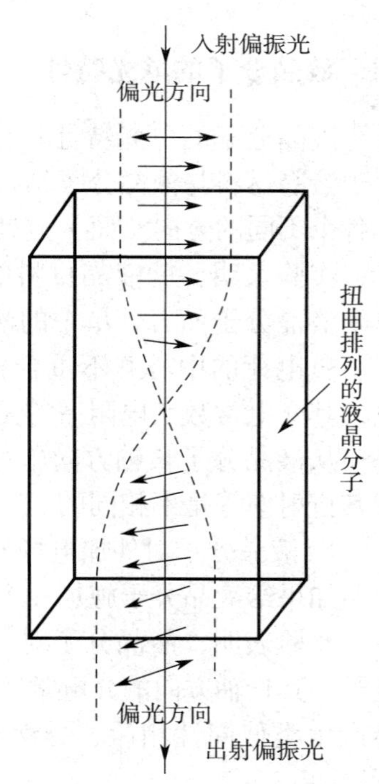

图 3—1—6 液晶分子扭曲排列时偏振光出现的旋光效应

如果在偏振光旋光后出射光的位置处再放置另一块偏振片，当偏振片的偏振化方向（缝的方向）与旋光后偏振光的振动方向相同时，偏振光就会透过第二块偏振片射出来；当第二块偏振片的偏振化方向与旋光后偏振光的振动方向正交时，偏振光就无法透过偏振片，光就会被阻断，如图 3—1—7 所示。

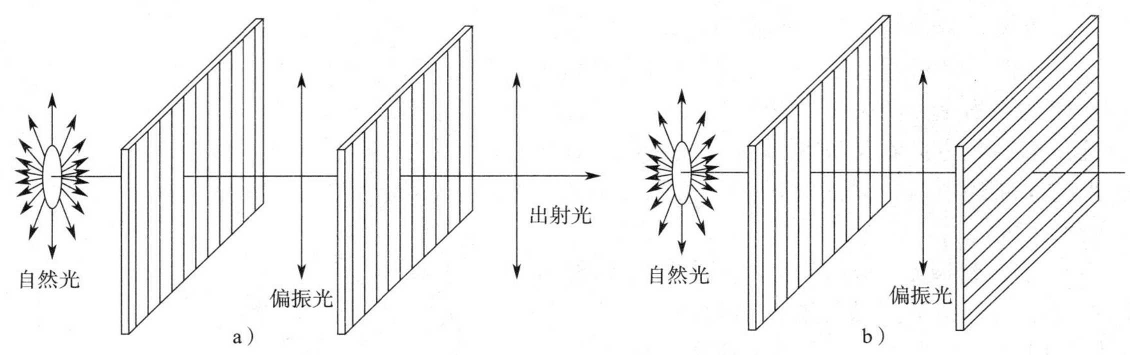

图 3—1—7 偏振光通过偏振片时的通光情况

a）光可以通过 b）光不可以通过

这样，可以通过改变液晶分子的排列（扭曲或不扭曲）来控制是否改变入射偏振光的偏振方向；或者通过改变左、右两块偏振片空间的偏振化方向，实现对入射偏振光的控制，成为一个可控的光阀，如图 3—1—8 和图 3—1—9 所示。图中，左、右两块偏振片的偏振化方向为正交状态的情况。如果只用一块偏振片，即使经过液晶分子进行旋光，也不能对入射的自然光进行控制，这就是为什么液晶电视机的液晶显示屏中要加一对偏振片的原因。自然光入射侧的偏振片对入射的自然光起滤光作用，把自然光变为偏振光；出射侧的偏振片对出射的偏振光起控制作用。

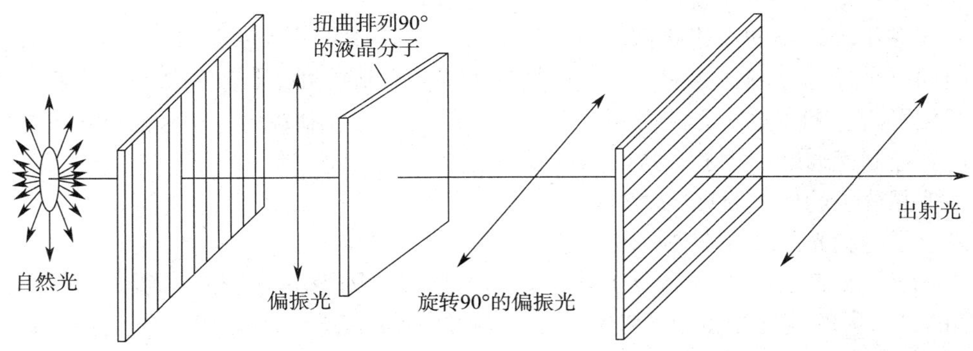

图 3—1—8 偏振光经过液晶分子 90° 旋光后可以从第二块偏振片射出来

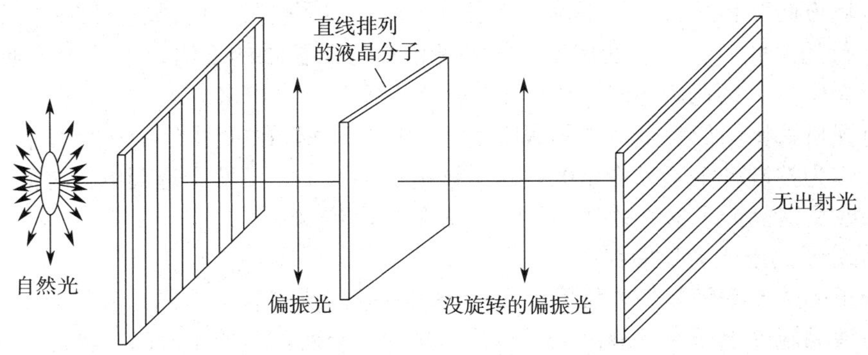

图 3—1—9 偏振光没有经过液晶分子 90° 旋光时不能从第二块偏振片射出来

4. 在液晶显示屏中控制液晶分子旋光的方法

实际使用的液晶显示屏中，左、右两块偏振片在空间的位置是固定的，排列方法是不能改变的，而且其偏振化方向在空间是呈正交关系的，这样控制光的通断的方法，只能通过控制液晶分子的旋光效应来实现。

如何控制液晶分子的扭转，达到旋光的效果呢？应该同时满足液晶分子在空间的排列方法固定和施加电场这两个条件，才能达到这一要求。

（1）液晶分子在空间的排列方法

通常，在液晶屏每一个像素点中的液晶分子，未受外部电场作用时，都要按规定的取向排列法来排列，一般按如图 3—1—10 所示方法取向排列。

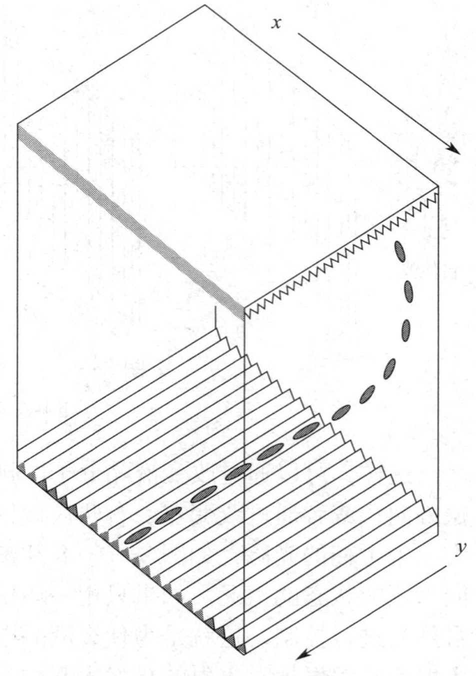

图 3—1—10　液晶像素点中液晶分子未加外部电场时的取向排列情况

图 3—1—10 中，液晶分子被包含在上、下两个内表面为槽状的液晶小盒中间（即像素点），上、下两个内表面槽的方向是互相垂直的，则液晶分子长轴的排列为：上表面的液晶分子沿着 x 轴方向排列；下表面的液晶分子沿着 y 轴方向排列。在自然状态下，介于上、下表面中间的分子则会产生旋转排列的效应，与一小段麻绳的结构相似，即各液晶分子长轴在两槽状表面间会产生 90° 的旋转；若给它施加一个外加电场，如前所述，液晶分子就会重新排列，长轴的排列方向将与外加电场方向互相平行。利用这一方法，用各个像素点的电信号控制各自像素液晶分子的扭转排列情况，达到控制光通断的目的，从而出现图像。

（2）液晶分子的旋光原理

液晶分子的旋光原理如图 3—1—11 所示。

图 3—1—11a 表示不给液晶分子外加电场的情况。因液晶分子的长轴方向是连续扭转 90° 排列的，入射的偏振光将顺着液晶分子长轴方向连续扭转 90° 传播，光到达下偏振片时可以从下偏振片中穿出来。

图 3—1—11b 表示给液晶分子外加电场的情况。在外加电场的作用下，液晶分子的长轴方向将与电场方向互相平行，且不论给液晶分子加正向还是反向电场，长轴方向与电场方向总是互相平行的。此时，入射的偏振光将顺着液晶分子长轴的方向，平行于长轴方向传播，不会发生旋光作用，光到达下偏振片时无法从下偏振片中穿出来。

液晶电视机每帧图像各个像素的数字信号，在时序驱动电路中经 D/A 转换后，变为模拟信号电压，作为控制各个液晶像素的电压，该电压加在上、下两个透明电极之间，产生控制电场，从而改变液晶分子透光的强弱，产生图像的效果。

5. 液晶分子的电光特性曲线

液晶分子的透光率随外加电压的变化情况用一条曲线来表示，称为液晶分子的电光特性曲线。即给液晶施加电压时，液晶分子将重新排列，当所加电压不同时，液晶分子长轴的排列方向与电场方向的夹角就会不同，透过光的强弱也就不同，这种情况可以用一条曲线来表示，如图 3—1—12 所示。

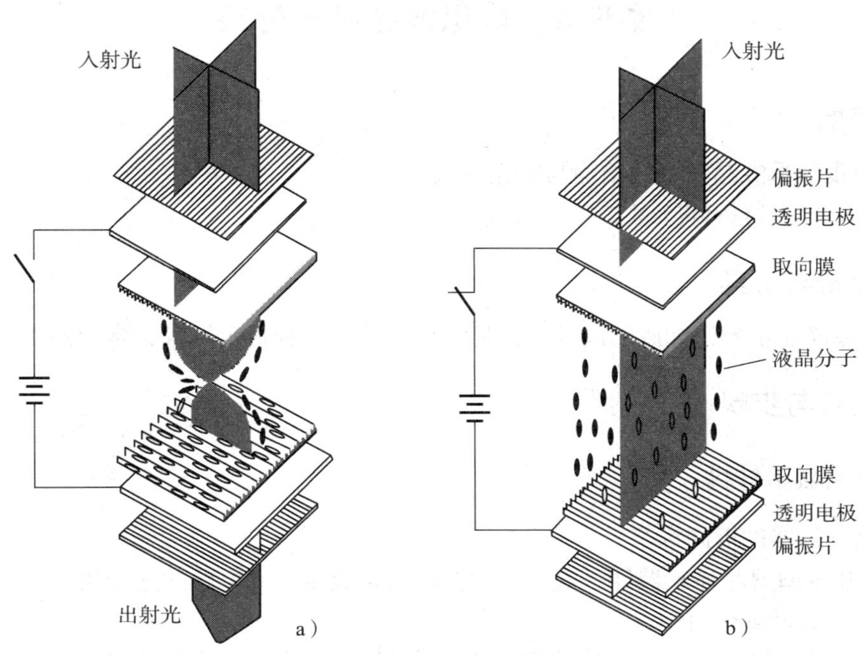

图 3—1—11 液晶分子的旋光原理

a）光可以通过 b）光不可以通过

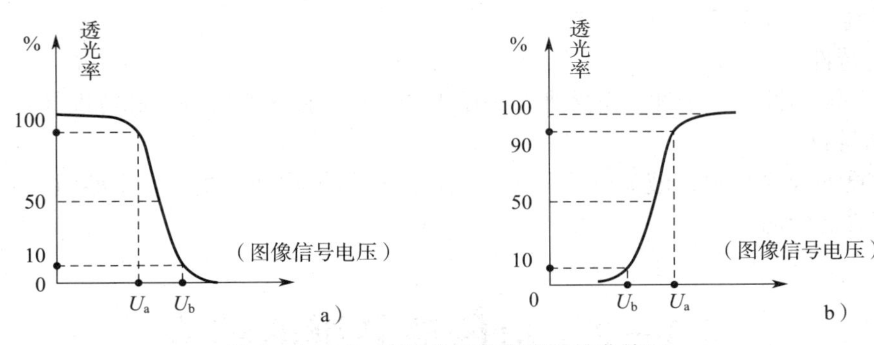

图 3—1—12 液晶分子的电光特性曲线图

a）常亮模式 b）常暗模式

图中，U_a 为饱和电压，U_b 为截止电压。无外加电场时透光最大，有外加电场时透光减弱，这种工作模式称为常亮模式，反之称为常暗模式。

若两偏振片的偏光方向改为互相平行，则透光、遮光情况相反，常亮与常暗模式互换。

像素点亮暗的控制方法为：图 3—1—12b 常暗模式中，当外加电压下降到饱和电压 U_a 后，液晶透光情况开始减弱；当外加电压下降到截止电压 U_b 之后，透过的光强接近于零。在饱和电压与截止电压之间有一个线性变化范围，在这一范围改变电压值时，就可显示不同的灰度。实际的液晶电视机液晶屏中各个像素点所加的电压，就是相应像素点的图像电压，通光情况随像素点电压大小而变化，即可达到正常图像亮暗的显示。

实训 1　认识液晶显示材料

实训目的

1. 进一步熟悉液晶材料的结构与电光特性。
2. 对液晶屏进行拆卸练习。

实训设备与工具

废旧的液晶显示屏，如废旧的计算机显示屏、液晶电视显示屏等，常用的工具。

实训内容与步骤

一、认识液晶显示材料

1. 液晶显示器件拆卸练习

小心拆卸废旧液晶显示器件，观察显示器件的组成结构和电路的连接情况。

2. 认识液晶显示材料

小心敲开显示板，观察液晶材料的颜色、流动性、对光的反应等情况。

二、拓展学习

通过上网，查找并下载下列资料：

1. 光的特性

包括光的波动性、粒子性，自然光与偏振光的区别，偏振光的种类和特性等方面的内容。

2. 液晶材料

包括常见的液晶材料，液晶分子的种类，液晶材料的物理性质、化学性质、光学性质和电学性质等方面的内容。

§3—2　彩色液晶屏的结构

1. 掌握彩色液晶屏的结构。
2. 了解液晶屏的光学系统。
3. 掌握液晶板的结构。
4. 掌握彩色液晶屏的使用注意事项。

彩色液晶屏是液晶电视机的一个重要组成部件，其组成结构与CRT电视机显像管的组成结构完全不同。

彩色液晶屏又叫液晶模组屏，一般由时序驱动电路板、液晶板、光学系统这三部分构成，其组成结构图如图 3—2—1 所示，图中未画出时序驱动电路板，这里仅介绍光学系统和液晶板。

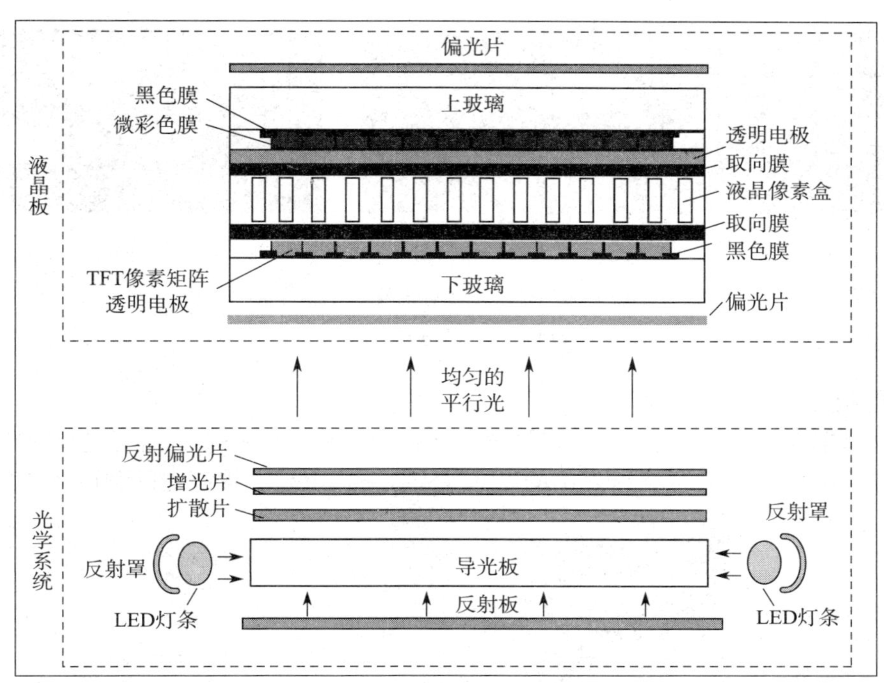

图 3—2—1　彩色液晶屏的组成结构图

一、光学系统

彩色液晶屏的光学系统主要由 LED 灯条、灯条反射罩、反射板、导光板、扩散片、增光片、反射偏光片等部分组成，其作用是产生强度足够、均匀的白光，射向液晶板，作为液晶板的背光源，如图 3—2—2 所示。

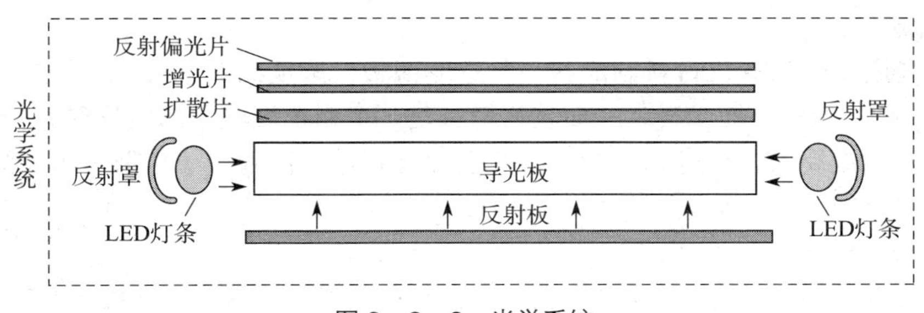

图 3—2—2　光学系统

光学系统各部分的作用如下：

1. LED 灯条

早期的液晶电视机，采用不需要预热的冷阴极荧光灯，这种灯的光色较好，但驱动电路复杂，且灯管容易损坏。随着 LED 照明技术的成熟，现在的液晶电视机普遍采用 LED 灯条作为光源。平板电脑、屏幕较小的液晶电视机，只在屏幕的下侧边上安装一条 LED 灯条；屏幕较大的液晶电视机，在屏幕的上、下两边，或屏幕四周的边上安装 LED 灯条，以满足亮度要求，如图 3—2—3 所示。灯条损坏之后，可以拆卸下来，更换新的灯条。

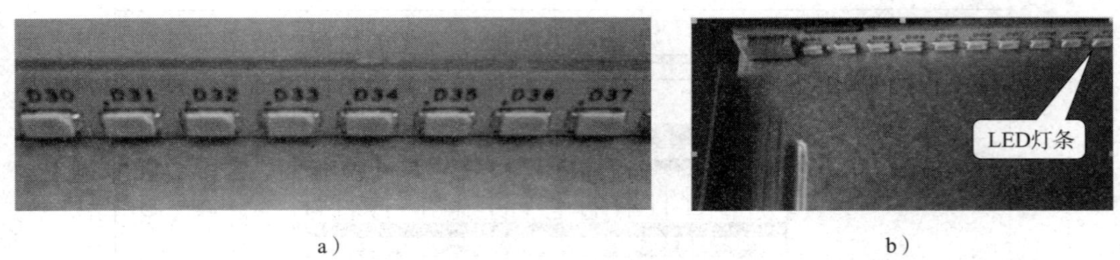

a）　　　　b）

图 3—2—3　LED 灯条及其安装位置

a）LED 灯条　b）安装位置

2. 反射板

反射板（图 3—2—4）安装在液晶屏光学系统的最底部，是一个由有机材料制成的平面反射镜，其作用是把 LED 灯条所发出的光往导光板方向反射，提高光的利用率。

图 3—2—4　反射板

3. 导光板

导光板是用特殊的有机材料制成的一种透明薄板，厚度约 2 mm，呈长方形，结构如图 3—2—5 所示。导光板一面光滑，一面较粗糙，是一个粗糙度较大的漫反射镜。导光板的作用是使光线发生漫反射，让光线均匀化，并引导光线进入散射板（扩散片），提高光的利用率和屏幕亮度。

4. 散射板

散射板又叫扩散片，是用特殊的有机材料制成的一种透明薄板，厚度约 0.2 mm，一面光滑，一面较粗糙，是一个粗糙度较小的漫反射镜。散射片的作用是让进入的光线再次产生漫反射，使光的分布更加均匀化。

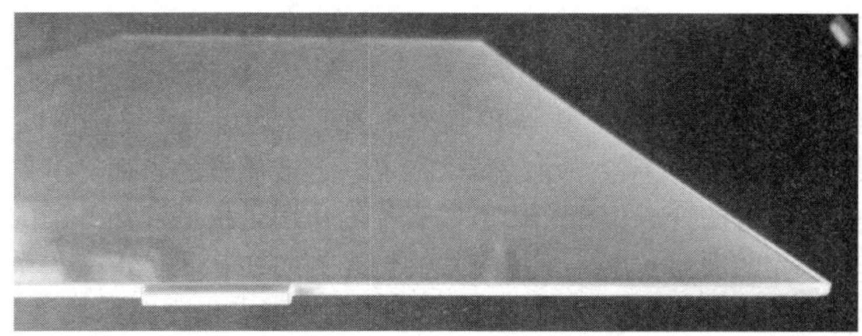

图 3—2—5　导光板

5. 增光片

增光片也是用特殊的有机材料制成的一种透明薄板，厚度约 0.2 mm，实际上是一个很薄的凸透镜，使漫反射之后的入射光成为平行光，再射向反射偏光片与液晶板。

6. 反射偏光片

反射偏光片也是用特殊的有机材料制成的一种透明薄板，厚度约 0.2 mm，实际上是一块偏光片，其作用是把液晶板逆反射回来的光通过偏光作用，再反射回液晶板中，提高光的利用率。

二、液晶板

液晶板一般与驱动电路板连在一起，成为一个整体，不可再分解、拆卸。液晶板如果损坏，只能与驱动电路板一起整体更换。其组成结构图如图 3—2—6 所示，实物如图 3—2—7 所示。

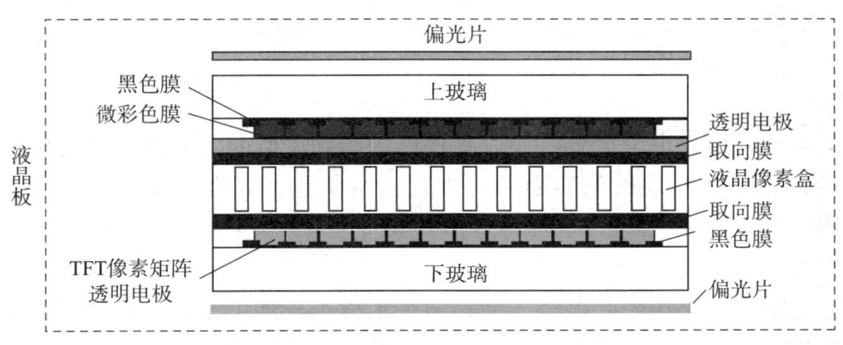

图 3—2—6　液晶板的组成结构图

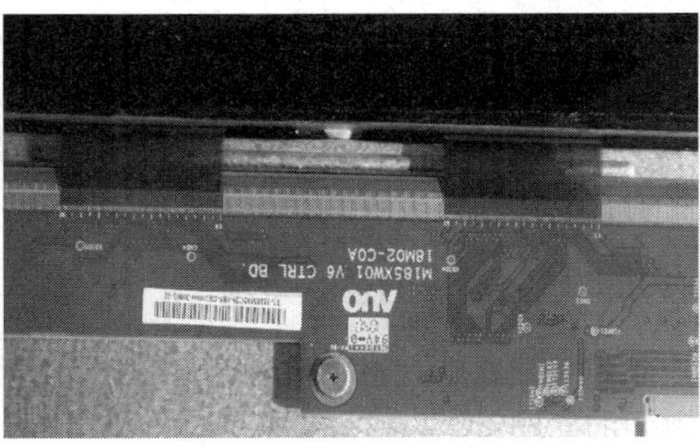

图 3—2—7　液晶板与驱动电路板

液晶板由一对偏光片，上、下玻璃，一对透明电极，一对取向膜及液晶材料组成，各部分作用如下：

1. 偏光片

偏光片又称偏振片，上、下各一块，紧贴在上、下玻璃板的表面。下偏光片的作用是将光学系统入射的自然光过滤变成偏振光。上偏光片的作用是根据液晶分子的扭转情况，配合下偏光片，控制偏振光的通过（上、下偏光片的偏光方向在空间呈正交关系，与各像素点的液晶体构成光阀，从而控制各像素光的通过），使各个像素点出现图像。

2. 上、下玻璃

上玻璃的作用之一是作为封装液晶材料的盒，另一个作用是在其下表面蒸镀微彩色膜、黑色膜与透明电极。

下玻璃的厚度约 1 mm，作用之一是作为封装液晶材料的盒，另一个作用是在其上表面蒸镀一层透明的导电层，这一导电层又被分割成互相绝缘的许多小块，每一小块对应一个子像素点，在每一小块上用光刻加工的方法，制成透明的像素图形（场效应管的电极）及外引线图形，外引线通过导电薄膜带与外部的驱动电路进行连接。

3. 透明电极

透明电极由透明的导电材料蒸镀而成。

下透明电极为 TFT 电极，每个子像素点都有一个各自独立的 TFT 电极，每个 TFT 电极构成一个场效应管，其栅极加行驱动脉冲信号，源极加该像素点的图像电压（模拟电压值）。场效应管导通后，该像素点的图像电压即从漏极输出，与公共电极之间形成一个像素点电场，控制该像素点液晶分子的扭转，形成明暗像素点。

上透明电极以整体形式作为公共电极，各个子像素点的 TFT 电极虽然是分开的，但公共电极则可被各个像素点共用。

4. 取向膜

取向膜又叫定向层，上、下各一块，其槽齿的排列（取向）方向呈正交排列，使液晶分子沿液晶盒内的上、下两块玻璃表面平行排列，但在上、下两块玻璃之间，液晶分子又呈 90° 扭转排列。

5. 微彩色膜

微彩色膜紧贴在各小块公共电极表面，通过蒸镀工艺加工而成，对穿过各子像素液晶体的白色偏振光进行过滤，使之成为基色光。当微彩色膜为红色时，取出的是 R 色光（当然，该像素点所加的电压为该像素点 R 信号电压），该像素点即呈红色。G、B 基色像素点的产生方法与此相同。每三个基色子像素单元，构成一个彩色像素。

6. 黑色膜

黑色膜是在各个分割的透明公共电极之间和各个 TFT 透明电极之间，蒸镀上一层黑色的吸光材料，其作用是吸收散射光，提高对比度，类似 CRT 显像管的黑底技术。

三、使用彩色液晶屏的注意事项

液晶屏是液晶电视机的关键部件，价格不低，使用不当时极易损坏，使用时应注意以下几个方面的问题：

1. 保持表面清洁。接触液晶屏表面时，最好戴橡胶手套；表面有灰尘时，要用柔软且不带静电的布轻抹。

2. 不要用力按压液晶面板的表面，否则会损坏偏光片等器件，使液晶屏永久损坏。

3. 液晶屏只可在室温下使用，在温度过高或过低的情况下（尤其是0℃以下）使用会大大缩短其寿命，且也不可让阳光照射。

4. 注意防水。水会导致短路，从而烧坏液晶屏的驱动电路。

5. 远离腐蚀性气体。腐蚀性气体会导致光学系统损坏。

实训 2　认识液晶显示屏光学系统

实训目的

1. 进一步熟悉液晶显示屏光学系统的结构。
2. 能对液晶显示屏光学系统进行拆装。

实训设备与工具

废旧的液晶显示屏，如废旧的计算机显示屏、液晶电视显示屏等，常用的工具。

实训内容与步骤

一、液晶显示屏光学系统拆卸

1. 液晶显示屏光学系统拆卸练习

小心拆卸废旧液晶显示屏的光学系统。认识光学系统的组成结构，重点认识反射板、导光板、扩散片、增光片、反射偏光片等部分的结构，包括如何区分不同的片，如何区分片的正反面，如何防止液晶屏漏光等方面的内容。

2. 认识液晶板

小心敲开液晶板，认识液晶板的组成结构，观察液晶材料的颜色、流动性、对光的反应情况。

二、拓展学习

通过上网，查找与下载下列资料内容：

1. 液晶屏的结构

包括组成液晶屏的驱动电路、光学系统、液晶板等方面的内容。

2. 液晶显示屏光学系统各个部分的作用

包括反射板、导光板、扩散片、增光片、反射偏光片等部分的结构、作用、材料、正反面的区分方法等内容。

§3—3 液晶屏的显像原理

1. 掌握一个黑白像素的显像原理。
2. 掌握一个彩色像素的显像原理。
3. 了解液晶屏像素的驱动原理。

液晶显示屏的结构与CRT电视显像管的结构是完全不同的，显像原理也不同。但就一个彩色像素的显像原理而言，其依据的原理还是三基色原理。

从液晶显示屏的结构可见，液晶屏显示彩色像素点的原理是，用每一个彩色像素点的R、G、B三基色电信号，分别去控制三个小液晶像素点（子像素）液晶分子的通光（白光）情况，再分别经过R、G、B彩色滤色膜进行滤光，让三基色光在空间相加，通过空间混色法显现彩色像点。

一、一个子像素点的显像原理

液晶显示屏各个子像素点的显示，是由薄膜场效应晶体管来完成的。

1. 薄膜场效应晶体管的作用

薄膜场效应晶体管有S、G、D三个电极（图3—3—1a），其栅极G加入一高电平脉冲（称为被扫描选通）时，场效应管导通，源极S的信号电压（即图像信号电压）通过场效应管的漏极D输出，加到透明电极上。公共电极是各个子像素点共用的电极，一般是接地的，这样在透明电极与公共电极之间就出现了一个电场。两个电极之间夹着液晶材料，液晶分子在这个电场作用下重新排列，成为一个光阀，从而控制偏振光的通光量。其等效电路如图3—3—1b所示，C是透明电极与公共电极之间总的等效电容，总容量约为0.5 pF，R为等效负载电阻。

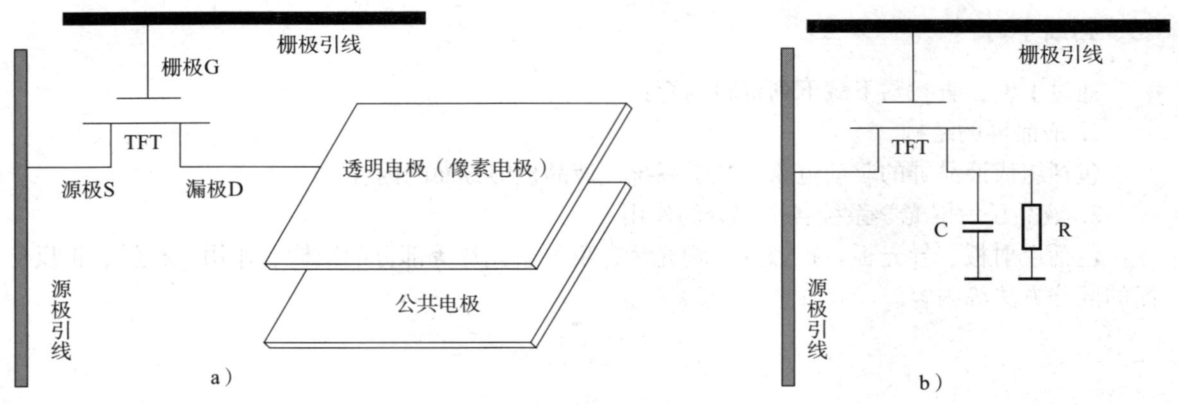

图3—3—1 薄膜场效应晶体管
a）结构 b）等效电路图

2. 显示一个黑白子像素点的组成结构

在液晶显示屏中，显示一个黑白子像素点的组成结构，如图 3—3—2 所示。从图中可见，显示一个黑白子像素点的组成结构，主要由左、右偏振片，一对电极，左、右取向膜以及液晶材料构成。

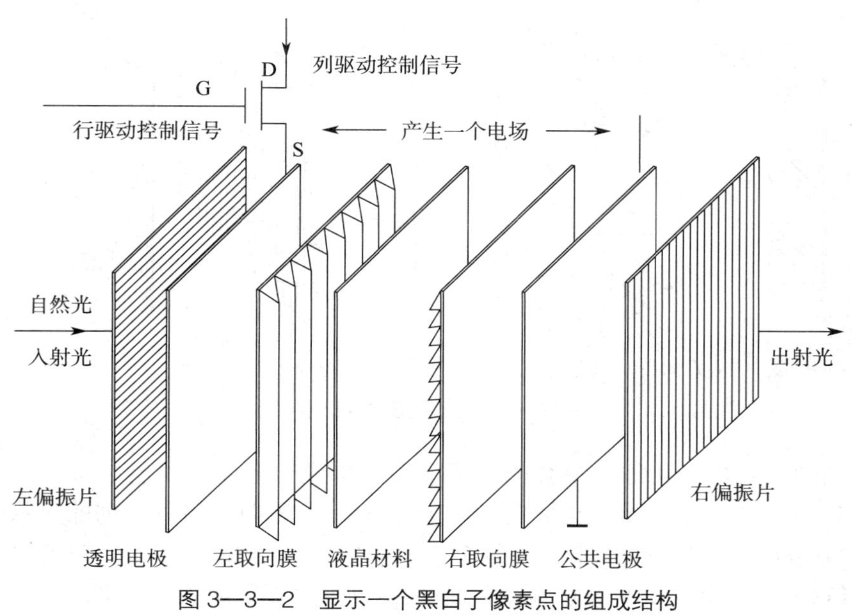

图 3—3—2　显示一个黑白子像素点的组成结构

左偏振片的作用是将背光系统照射过来的自然光变为偏振光；左、右取向膜上的槽是相互垂直的，其作用是强迫液晶分子长轴产生 90° 的连续扭转状态；右偏振片的作用是只让入射的并产生 90° 扭转的偏振光出来；透明电极与公共电极的作用是，在行驱动信号电压和列驱动信号电压的作用下，在液晶分子间产生一个电场，控制液晶分子的通光情况，从而出现明暗和灰度均不同的像素。

二、一个彩色像素的显像原理

1. 一个基色像素的显像原理

一个像素要出现彩色效果，根据三基色原理，就应该让红、绿、蓝三基色光按一定比例相加。

如何产生一个像素的三基色光呢？可以用一个彩色像素的三个电信号之一，如 R 基色电信号，控制一个薄膜场效应管，即控制其液晶分子是否通光及通光多少。通过的光虽然是白光，但当这束白光经红色滤光片滤光后，就会出现该彩色像素的红基色光。图 3—3—3 表示用一个像素的红基色信号控制场效应管的通光情况，再用红滤色膜进行滤光，产生红基色像素点的情况。

2. 一个彩色像素的显像原理

如果用一个彩色像素的三个基色的电信号，分别控制三个场效应管的导通情况，所通过的光分别再经过 R、G、B 滤光片滤光，再令其在空间相加并混合，就会出现一个彩色像

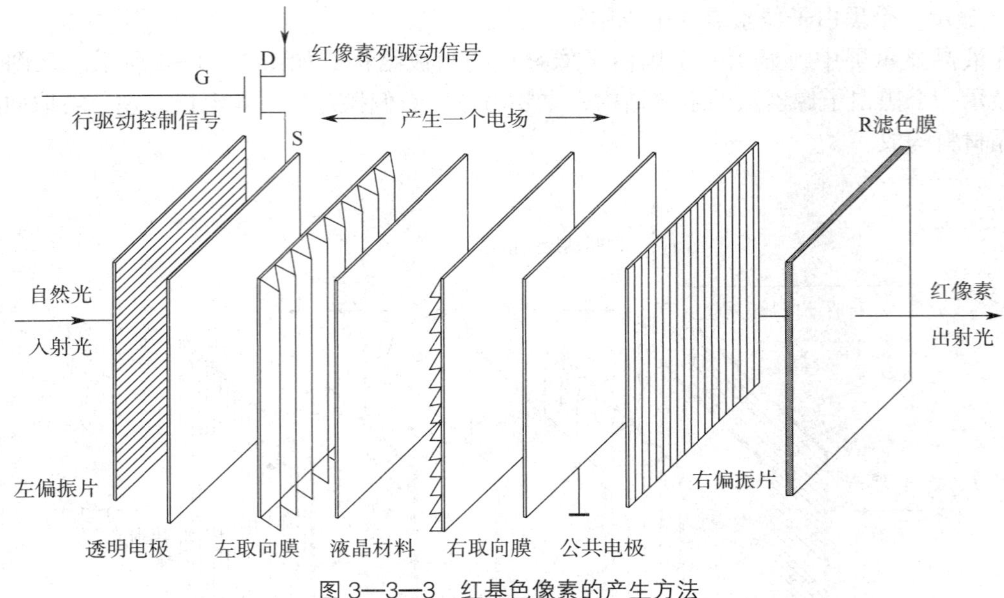

图 3—3—3 红基色像素的产生方法

素，不同比例的三基色光相加并混合的结果就可产生成千上万种彩色。即每一个彩色像素点，都是由 R、G、B 三个子像素构成的，一个分辨率为 768 行、1 024 列的显示屏，共可显示 768 × 1 024=786 432 个彩色像素，而每个彩色像素点又由 R、G、B 三个子像素构成，这样共有 786 432 × 3=2 359 296 个子像素，共要 2 359 296 个场效应管来驱动。

3. 一个彩色像素电极的连接方法

在彩色液晶显示屏中，一个彩色像素电极的连接方法如图 3—3—4 所示。每一个彩色像素的 R、G、B 三个子像素，在空间上呈水平排列，三个子像素的栅极是连在一起的，同时导通或同时截止，而一个彩色像素的 R、G、B 三个基色信号是分别加在三个场效应管的源极上的，构成一个彩色像素电极的空间排列。

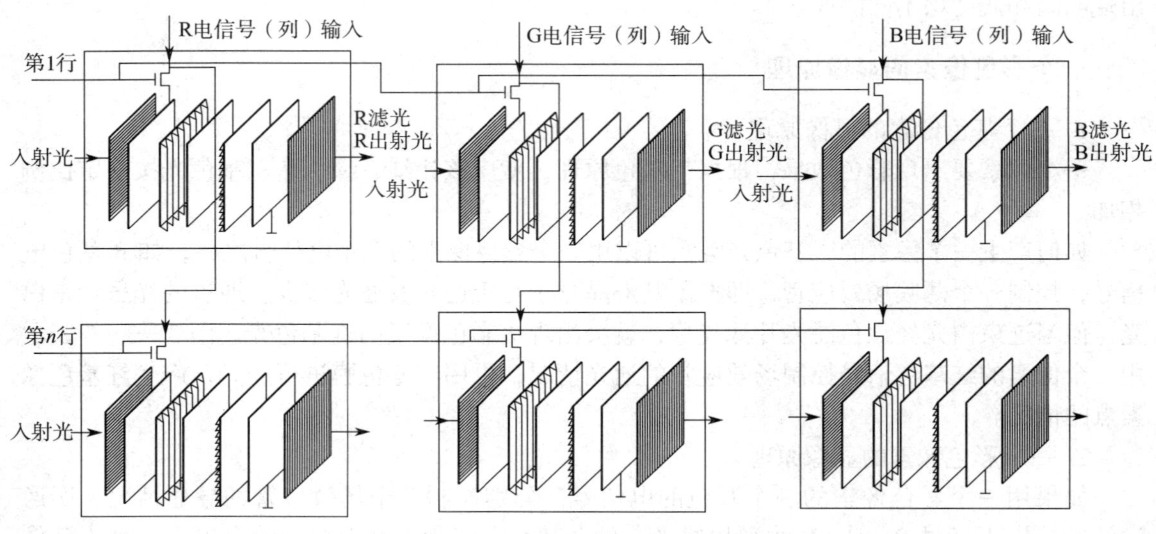

图 3—3—4 一个彩色像素电极的连接方法

4. 彩色液晶屏中各个彩色子像素电极的连接方法

在彩色液晶屏中，各个彩色子像素电极的连接方法为，同一行上各个子像素的栅极是连在一起的；同一列上各个子像素的源极是连在一起的，如图 3—3—5 所示（图 3—3—5 表示两行、三列子像素的连接情况）。

由图 3—3—5 可见，同一行上各像素的栅极是相连在一起的，一般用“行电极母线”来表示；同一列上各像素的源极是相连在一起的，一般用“列电极母线”来表示；各像素的漏极则是互相独立的，用“透明像素电极”来表示。

5. 彩色液晶屏中 R、G、B 三基色像素在空间的排布规律

一台液晶彩色电视机的液晶显示屏，其有源矩阵 R、G、B 三基色像素在空间的排布情况如图 3—3—6 所示（大多数显示屏都遵循此排布规律）。

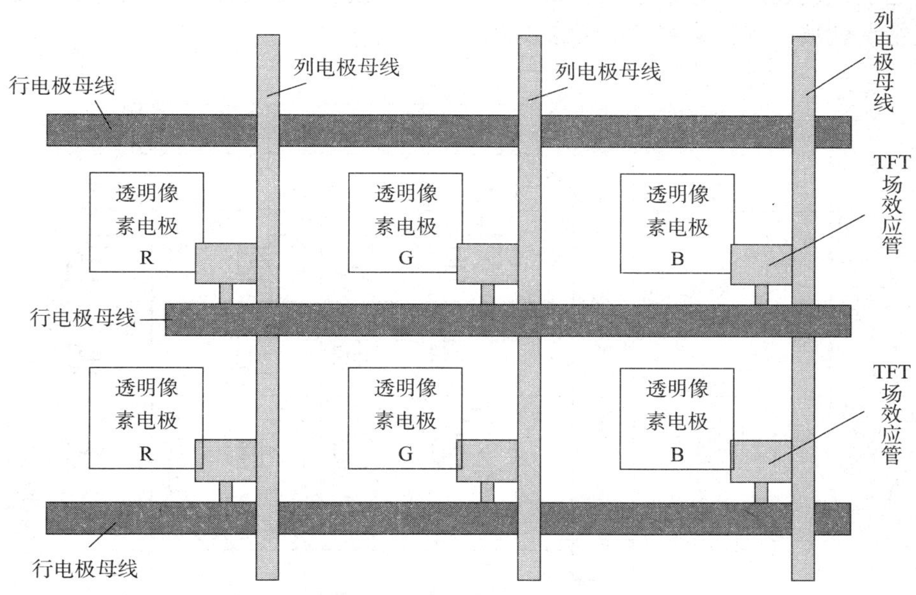

图 3—3—5 各个彩色子像素电极的连接方法

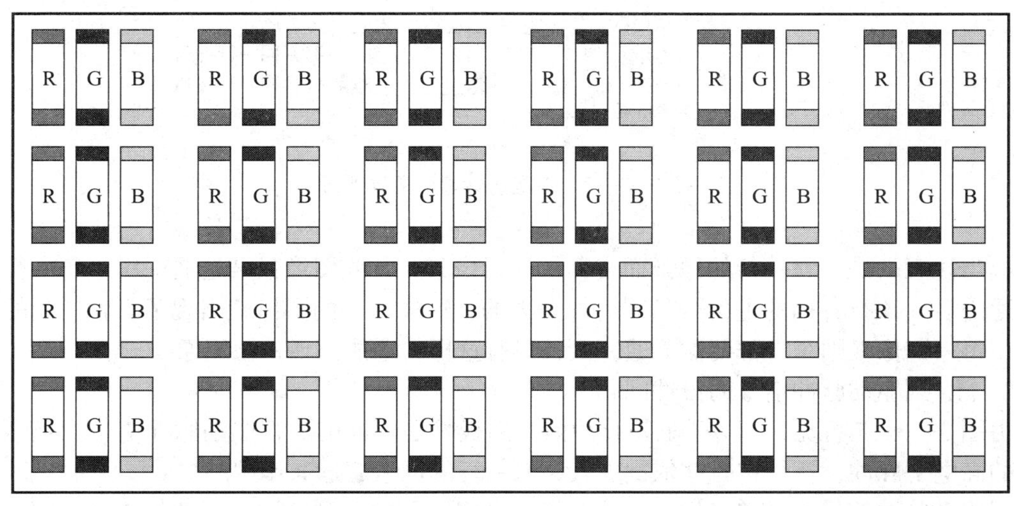

图 3—3—6 液晶显示屏 R、G、B 三基色像素在空间的排布

三、彩色液晶屏图像像素的驱动方法

在液晶分子的两透明电极之间施加电场，以改变液晶分子对光的透射率，称为对液晶像素的驱动。

1. 液晶屏像素的驱动原理

液晶屏像素的驱动原理如图 3—3—7 所示，在各行（X_1，X_2，…，X_n）的栅极母线上按时序依次加入一正向的高电平脉冲（相当于行扫描），由于一行内各像素的栅极是连在一起的，当某一行高电平到来时，该行各像素全部都被选通，此时，若 Y_1，Y_2，…，Y_m 某列的源极母线上有信号电压输入，该列也全部被选通。这样在被选通的行、列电极交叉点上的子像素就被选通。被选通的子像素电极的场效应管，其漏极与公共电极之间就产生电场，该子像素的通光情况就被控制，从而产生图像效果。

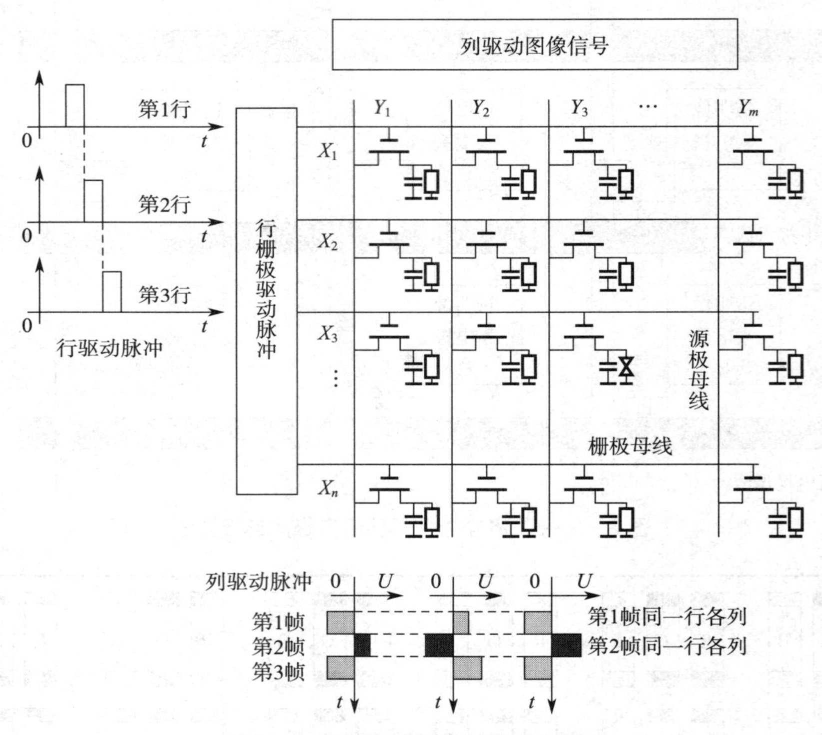

图 3—3—7　液晶屏像素的驱动原理

应当注意的是，就一行的像素而言，每一行像素，每帧图像只被选通一次，每一行像素被选通之后，该行各列的电信号是同时加上去的，这样一行的图像就出现了。就一列的像素而言，每一列像素则每行都要被选通一次，只有这样，才能出现一帧图像。

2. 行 / 列驱动脉冲信号的极性问题

由图 3—3—7 可见，行 / 列驱动脉冲信号的极性是不同的。行驱动脉冲信号的极性是单极性的高电平脉冲，逐行按时序依次加入，对一行的像素起选通作用。

列驱动脉冲信号不是单极性的。同一帧的图像，相邻各列的同一行的像素，其驱动脉冲的极性是相反的，如 Y_1、Y_2 列驱动脉冲的极性就是相反的。如果第 1 帧图像第 1 列（Y_1）的各像素（X_1，X_2，X_3，…，X_n 各行的第 1 个像素）都用负脉冲来驱动，则在驱动第 2 帧图像时，第 1 列（Y_1）的各像素（X_1，X_2，X_3，…，X_n 各行的第 1 个像素）都要用正脉冲来驱动。即列驱动信号采用正、负脉冲交替来进行驱动。

为什么要采用这种方法来进行液晶像素的列驱动呢？这是因为液晶分子是极性分子，如果一直处在单一极性电场的作用下，会发生电解反应，从而失去旋光作用，液晶屏就无法再使用。为了防止出现这种情况，就应该采用交替驱动法，让同一个像素在第 1 帧与第 2 帧（即相邻两帧）的驱动电压极性相反，这样不断地倒相变化，就能让液晶分子正常工作。

3. 改变液晶电视机图像（像素）对比度的方法

由主电路板送往彩色液晶显示屏驱动电路中的信号是数字信号，数字信号经 D/A 转换变为模拟电压，同一个像素的 R、G、B 模拟电压分别加到同一个像素的 R、G、B 三个驱动电极上，作为外加电场的电压。

当调整电视机的对比度时，R、G、B 三基色信号的幅度就会不同，加在 R、G、B 驱动电极上的脉冲幅度也就不同，液晶分子的外加电场大小与通光情况随之被改变，从而实现图像对比度的调节。在液晶分子的电光特性曲线中（图 3—1—12），外加电压在饱和电压 U_a 与截止电压 U_b 之间变化时，其光—电变化关系是线性关系，对比度调节就在这个范围内进行。

实训 3　认识液晶显示屏驱动电路

实训目的

1. 进一步熟悉液晶显示屏驱动电路的结构与工作原理。
2. 能对液晶显示屏进行拆装。

实训设备与工具

废旧的液晶显示屏，如废旧的计算机显示屏、液晶电视显示屏等，常用的工具。

实训内容与步骤

一、认识液晶显示屏驱动电路

观察液晶板与驱动电路的连接。小心拆卸液晶显示屏，观察液晶板与驱动电路的连接情况，包括行驱动信号和列驱动信号的连接方式、行驱动电路和列驱动电路的数量（即像素）等。

二、拓展学习

通过上网，查找与下载下列资料内容：

1. 驱动电路板的组成结构。包括驱动电路板的组成、各部分电路的作用、有关的电参数等内容。

2. 液晶驱动电路板的工作原理。

§3—4 彩色液晶屏装接与维修

学习目标

1. 掌握彩色液晶屏的装配工艺流程。
2. 能对彩色液晶屏进行装接。
3. 能完成彩色液晶屏常见故障的检修。

彩色液晶屏的装配，是指把固定液晶屏的背板、光学系统器件、液晶板（含驱动电路）等部件组装在一起，形成一个完整的液晶屏（液晶屏又叫液晶模组屏）。液晶屏、外壳、主电路板再组装在一起，即成为液晶电视机整机。

一、彩色液晶屏装配工艺流程

彩色液晶屏装配流程如图 3—4—1 所示。

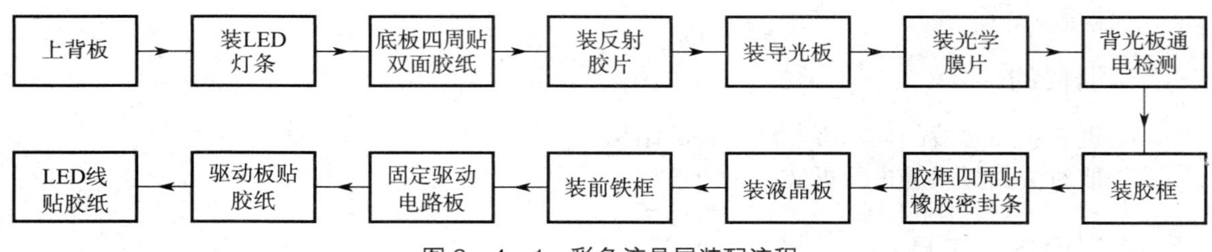

图 3—4—1 彩色液晶屏装配流程

液晶屏装配工序较多，装配工艺要求很高，下面以作业指导书（表 3—4—1 ~ 表 3—4—13）的形式，介绍 TCL-L19P21 型机液晶屏的装配过程，重点介绍各个装配岗位的“工序名称”“作业内容要求”“物料数量”“工具参数要求”“注意事项”等内容，系统学习液晶屏装配的工艺流程和工艺要求，掌握液晶屏拆卸和装配技能。

二、彩色液晶屏常见故障与检修方法

彩色液晶屏是高科技产品，生产工艺复杂，生产工艺不良、使用不当、维修不当，液晶屏都会出现故障。液晶屏常见故障与检修方法见表 3—4—14。

表 3—4—1

作业指导书 1——上背板

公司名称：　　　　　　　　　　　　　　　　　　　　　　　　　　编制日期：

<table>
<tr><td>机型</td><td></td><td>模组料号</td><td></td><td>文件编号</td><td></td><td>生产线名称</td><td></td><td>工位号</td><td></td></tr>
<tr><td>工序名称</td><td colspan="7">上背板</td><td>作业人数</td><td>1</td></tr>
<tr><td>序号</td><td>物料编号</td><td>物料数量</td><td colspan="5">作业内容要求</td><td colspan="2">穿戴要求</td></tr>
<tr><td>1</td><td></td><td>大号海绵垫1块</td><td colspan="5">取大号海绵垫放置于工作台上</td><td colspan="2" rowspan="4">戴白色棉手套</td></tr>
<tr><td>2</td><td></td><td>小号海绵3块</td><td colspan="5">取小号海绵3块，叠放在大号海绵垫上，使之成为“门框”形</td></tr>
<tr><td>3</td><td></td><td>铁质背板1块</td><td colspan="5">取背板（凹面朝上）放置于“门框”形海绵垫上</td></tr>
<tr><td colspan="3">注意事项</td><td colspan="5">1. 海绵垫要放到位、放正，不能漏放
2. 检查背板是否有凹陷、变形、生锈等情况，若有应更换</td></tr>
<tr><td>标注
图示</td><td colspan="9">叠在一起的海绵垫

凹面朝上放置的背板</td></tr>
</table>

表 3—4—2　　作业指导书 2——装 LED 灯条

公司名称：　　编制日期：

机型		模组料号		文件编号		生产线名称		工位号	
工序名称	装LED灯条							作业人数	1
序号	物料编号	物料数量	作业内容要求					穿戴要求	
1		LDE灯条1条	取LED灯条放于工作台上					戴白色棉手套，戴防静电手环	
2		导热胶带	把导热胶带贴到LED灯条背面						
3			将贴好导热胶带的LED灯条的离型纸撕掉，把灯条贴到背板相应位置						
注意事项			1. 将导热胶带贴到LED灯条上时，灯条与胶带两端要对齐，压紧、贴平胶带，不能有贴偏、折叠等不良现象 2. 固定灯条到背板相应位置上时，要按LED灯条的两边缘，手不能直接压灯珠，以防损坏灯珠，LED灯条的两端与背板槽口的两端要平齐						
标注图示	LED 灯条		a）　b） 灯条在背板中的位置示意图						

表 3—4—3

作业指导书 3——底板四周贴双面胶纸

公司名称：　　　　　　　　　　　　　　　　　　编制日期：

<table>
<tr><td>机型</td><td></td><td>模组料号</td><td></td><td>文件编号</td><td></td><td>生产线名称</td><td></td><td>工位号</td><td></td></tr>
<tr><td>工序名称</td><td colspan="7">底板四周贴双面胶纸</td><td>作业人数</td><td>1</td></tr>
<tr><td>序号</td><td>物料编号</td><td>物料数量</td><td colspan="5">作业内容要求</td><td colspan="2">穿戴要求</td></tr>
<tr><td></td><td></td><td>双面胶纸</td><td colspan="5">按规定尺寸截取双面胶纸，贴于底板四周，用于粘贴反射胶片</td><td colspan="2" rowspan="4">戴白色棉手套，戴防静电手环</td></tr>
<tr><td></td><td></td><td></td><td colspan="5"></td></tr>
<tr><td></td><td></td><td></td><td colspan="5"></td></tr>
<tr><td colspan="3">注意事项</td><td colspan="5">将双面胶纸贴到底板四周时，胶纸与规定位置的两端要对齐，压紧、贴平胶纸，不能有贴偏、折叠等不良现象</td></tr>
<tr><td>标注图示</td><td colspan="9">贴双面胶纸的位置示意图</td></tr>
</table>

表 3—4—4　　作业指导书 4——装反射胶片

公司名称：　　编制日期：

<table>
<tr><td>机型</td><td></td><td>模组料号</td><td></td><td>文件编号</td><td></td><td>生产线名称</td><td></td><td>工位号</td><td></td></tr>
<tr><td>工序名称</td><td colspan="7">装反射胶片</td><td>作业人数</td><td>1</td></tr>
<tr><td>序号</td><td>物料编号</td><td>物料数量</td><td colspan="5">作业内容要求</td><td colspan="2">穿戴要求</td></tr>
<tr><td>1</td><td></td><td>反射胶片1块</td><td colspan="5">轻轻揭下底板四周双面胶纸上的离型纸</td><td colspan="2" rowspan="4">戴白色棉手套，戴防静电手环，戴口罩</td></tr>
<tr><td>2</td><td></td><td></td><td colspan="5">取反射胶片（光面朝上），对准安装缺口位置，把反射胶片贴在双面胶纸上</td></tr>
<tr><td></td><td></td><td></td><td colspan="5"></td></tr>
<tr><td colspan="3">注意事项</td><td colspan="5">1. 揭开离型纸时，应防止胶带脱离底板，不能有偏离、折叠等不良现象
2. 拿取反射胶片时，双手拿其短边，并使反射胶片尽量平整、不弯折，以免出现折痕
3. 将反射胶片贴到底板四周时，胶片与规定位置的两端要对齐、压紧，不能有贴偏等不良现象
4. 反射胶片上不能有污染物存在，如有，应清除干净</td></tr>
<tr><td>标注图示</td><td colspan="9">安装缺口
安装缺口示意图</td></tr>
</table>

表 3—4—5　　作业指导书 5——装导光板

公司名称：　　　　编制日期：

机型		模组料号		文件编号		生产线名称		工位号	
工序名称	装导光板							作业人数	1
序号	物料编号	物料数量	作业内容要求					穿戴要求	
1		导光板1块	将导光板的保护膜撕掉，检查导光板是否有污染、折痕，三边是否已贴有反光边（防漏光用）					戴白色胶手套，戴防静电手环，戴口罩	
2			双手拿导光板短边，粗面在下、光面在上，对准安装缺口位置，将导光板装在反射胶片上						
注意事项			1. 将导光板装在反射胶片上时，两端要对齐，压紧，不能放偏 2. 导光板上不能有污染物存在，如有，应清除干净 3. 导光板正、反面不能装反						
标注图示	导光板外形　贴好反光边的导光板　安装好的导光板								

表 3—4—6

作业指导书 6——装光学膜片

公司名称：　　　　　　　　　　　　　　　　　　　　编制日期：

<table>
<tr><td>机型</td><td></td><td>模组料号</td><td></td><td>文件编号</td><td></td><td>生产线名称</td><td></td><td>工位号</td><td></td></tr>
<tr><td>工序名称</td><td colspan="7">装光学膜片</td><td>作业人数</td><td>1</td></tr>
<tr><td>序号</td><td>物料编号</td><td>物料数量</td><td colspan="5">作业内容要求</td><td colspan="2">穿戴要求</td></tr>
<tr><td>1</td><td></td><td>扩散膜片1块
（散射片）</td><td colspan="5">双手拿膜片短边，尽量使其平整、不弯折，检查膜片是否有污染、折痕，对准安装缺口位置，将其装贴在导光板上</td><td colspan="2" rowspan="4">戴白色胶手套，戴防静电手环，戴口罩</td></tr>
<tr><td>2</td><td></td><td>增光片1块
（大焦点透镜）</td><td colspan="5">对准安装缺口位置，将增光片装贴在扩散膜片上</td></tr>
<tr><td>3</td><td></td><td>DBEF膜片1块
（反射偏光片）</td><td colspan="5">对准安装缺口位置，将DBEF膜片装贴在增光片上</td></tr>
<tr><td colspan="3">注意事项</td><td colspan="5">1. 装贴各个膜片时，两端要对齐，压紧，不能放偏
2. 各个膜片上不能有污染物存在，如有，应清除干净
3. 各个膜片正、反面不能装反
4. 各个膜片的顺序不能装错</td></tr>
<tr><td>标注图示</td><td colspan="9">对准安装缺口
对准安装缺口贴好扩散膜片、增光片及 DBEF 膜片</td></tr>
</table>

表 3—4—7

作业指导书 7——背光板通电检测

公司名称：　　　　　　　　　　　　　　　　　　编制日期：

机型		模组料号		文件编号		生产线名称		工位号	
工序名称	背光板通电检测							作业人数	1
序号	物料编号	物料数量	作业内容要求					穿戴要求	
1		背光源驱动电源	将LED灯条连接线与LED驱动电源相连，打开驱动电源，点亮LED灯条					戴白色棉手套，戴防静电手环，戴口罩	
2			从正面和侧面检查光学膜片在光照下是否有污染、暗点、水纹、划伤等情况						
3			测量LED灯条与导光板之间的间隙宽度，应符合要求						
注意事项			1. 光学膜片上若有异物，需要用胶纸粘干净 2. LED灯条与导光板之间的间隙宽度，一般应为0.3 mm≤间隙≤0.5 mm						
标注图示	驱动电源板　　安装好的背光板								

表 3—4—8　　作业指导书 8——装胶框

公司名称：　　编制日期：

<table>
<tr><td>机型</td><td></td><td>模组料号</td><td></td><td>文件编号</td><td></td><td>生产线名称</td><td></td><td>工位号</td><td></td></tr>
<tr><td>工序名称</td><td colspan="7">装胶框</td><td>作业人数</td><td>1</td></tr>
<tr><td>序号</td><td>物料编号</td><td>物料数量</td><td colspan="5">作业内容要求</td><td colspan="2">穿戴要求</td></tr>
<tr><td>1</td><td></td><td>胶框1块</td><td colspan="5">检查光学膜片四个角与背板定位缺口的对准情况，确保完全对齐</td><td colspan="2" rowspan="4">戴白色棉手套，戴防静电手环，戴口罩</td></tr>
<tr><td>2</td><td></td><td></td><td colspan="5">检查胶框的清洁情况，确保胶框清洁、干净</td></tr>
<tr><td>3</td><td></td><td></td><td colspan="5">双手拿胶框，对准安装缺口位置，将胶框装在背板上并紧扣到位</td></tr>
<tr><td colspan="3">注意事项</td><td colspan="5">胶框与背板应紧扣到位</td></tr>
<tr><td>标注图示</td><td colspan="9">胶框
安装好的胶框</td></tr>
</table>

表 3—4—9

作业指导书 9——胶框四周贴橡胶密封条

公司名称：　　　　　　　　　　　　　　　　　　　　编制日期：

机型		模组料号		文件编号		生产线名称		工位号	
工序名称	胶框四周贴橡胶密封条							作业人数	1
序号	物料编号	物料数量	作业内容要求					穿戴要求	
		橡胶密封条4条	取橡胶密封条贴于胶框上下和左右四个边的凹槽内					戴白色棉手套，戴防静电手环，戴口罩	
注意事项			1. 应检查胶框条是否有明显变形 2. 橡胶密封条要贴正、贴紧，不能出现翘边、翘角的情况，以防液晶屏漏光						
标注图示	橡胶密封条								

表 3—4—10

作业指导书 10——装液晶板

公司名称：　　　　　　　　　　　　　　编制日期：

<table>
<tr><td>机型</td><td></td><td>模组料号</td><td></td><td>文件编号</td><td></td><td>生产线名称</td><td></td><td>工位号</td><td></td></tr>
<tr><td>工序名称</td><td colspan="7">装液晶板</td><td>作业人数</td><td>1</td></tr>
<tr><td>序号</td><td>物料编号</td><td>物料数量</td><td colspan="5">作业内容要求</td><td colspan="2">穿戴要求</td></tr>
<tr><td>1</td><td></td><td>液晶板（含驱动板）</td><td colspan="5">将液晶板包装拆掉，检查有无破裂、划伤、气泡等情况</td><td colspan="2" rowspan="4">戴白色棉手套，戴防静电手环，穿防静电衣服，戴口罩</td></tr>
<tr><td>2</td><td></td><td></td><td colspan="5">撕掉液晶屏的保护膜</td></tr>
<tr><td>3</td><td></td><td></td><td colspan="5">用双手轻拿液晶屏的短边或用吸屏器将屏吸起，放入背板的胶框中，检查液晶板四角是否在胶框内</td></tr>
<tr><td colspan="3">注意事项</td><td colspan="5">1. 拿液晶板时，要轻拿、轻放，以防损坏液晶板
2. 注意驱动板的安装位置，不可装反
3. 液晶板四个角与胶框定位缺口完全对准后才能放下液晶板</td></tr>
<tr><td>标注图示</td><td colspan="9">
液晶板（含驱动板）
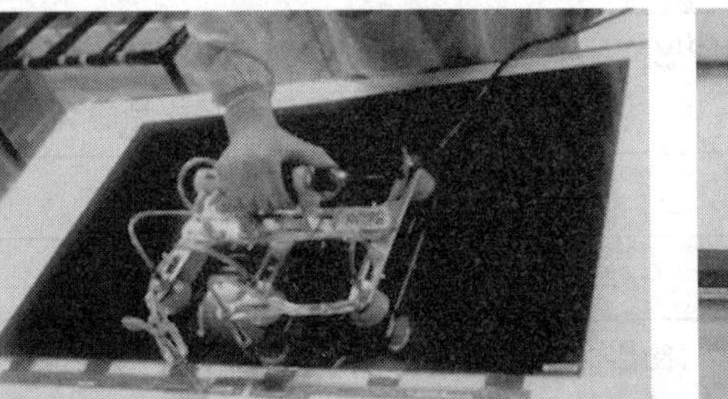
用吸屏器将屏吸起
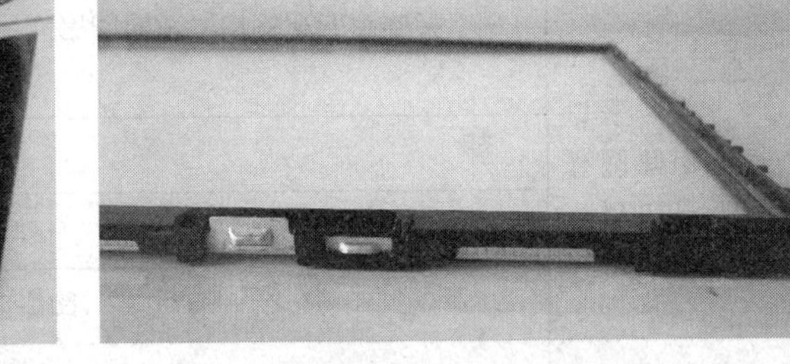
安放于背板胶框中的液晶板</td></tr>
</table>

表 3—4—11

作业指导书 11——装前铁框

公司名称：　　　　　　　　　　　　　　　　　　　　　　　　　编制日期：

<table>
<tr><td>机型</td><td></td><td>模组料号</td><td></td><td>文件编号</td><td></td><td>生产线名称</td><td></td><td>工位号</td><td></td></tr>
<tr><td>工序名称</td><td colspan="7">装前铁框</td><td>作业人数</td><td>1</td></tr>
<tr><td>序号</td><td>物料编号</td><td>物料数量</td><td colspan="5">作业内容要求</td><td colspan="2">穿戴要求</td></tr>
<tr><td>1</td><td></td><td>液晶屏模组前铁框</td><td colspan="5">拿取液晶屏模组前铁框，检查有无生锈、变形等情况存在</td><td colspan="2" rowspan="4">戴白色棉手套，戴防静电手环，穿防静电衣服，戴口罩</td></tr>
<tr><td>2</td><td></td><td></td><td colspan="5">将铁框对准液晶屏胶框的四角，并对准背板缺口，装好铁框</td></tr>
<tr><td>3</td><td></td><td></td><td colspan="5">在液晶屏左、右两边的螺钉孔上装螺钉</td></tr>
<tr><td colspan="3">注意事项</td><td colspan="5">1. 安装时，要轻拿、轻放，以防损坏液晶板
2. 注意铁框的安装位置，不可左、右装反
3. 液晶屏胶框四个角与铁框定位缺口完全对准后才能放下铁框
4. 液晶板的驱动板应放置好，切勿损坏驱动板及其连接线</td></tr>
<tr><td>标注图示</td><td colspan="9">液晶屏前铁框　　　　定位缺口位置示意图　　　　螺钉孔位置示意图</td></tr>
</table>

表 3—4—12

作业指导书 12——固定驱动电路板

公司名称： 编制日期：

<table>
<tr><td>机型</td><td></td><td>模组料号</td><td></td><td>文件编号</td><td></td><td>生产线名称</td><td></td><td>工位号</td><td></td></tr>
<tr><td>工序名称</td><td colspan="7">固定驱动电路板</td><td>作业人数</td><td>1</td></tr>
<tr><td>序号</td><td>物料编号</td><td>物料数量</td><td colspan="5">作业内容要求</td><td colspan="2">穿戴要求</td></tr>
<tr><td>1</td><td></td><td>螺钉3颗</td><td colspan="5">将液晶模组屏翻转180°，使屏幕面朝下、背板在上，放在海绵垫上</td><td colspan="2" rowspan="4">戴白色棉手套，戴防静电手环，穿防静电衣服，戴口罩</td></tr>
<tr><td>2</td><td></td><td></td><td colspan="5">将驱动电路板对准安装螺孔，装上螺钉，固定好驱动板</td></tr>
<tr><td></td><td></td><td></td><td colspan="5"></td></tr>
<tr><td colspan="3">注意事项</td><td colspan="5">1. 安装时，要轻拿、轻放，以防损坏液晶板
2. 切勿损坏驱动板及其连接线
3. 电动旋具的力矩要求为：（3.5±0.5）kgf·cm（注：1 kgf=9.8 N）</td></tr>
<tr><td>标注图示</td><td colspan="9">与安装孔对齐的驱动电路板

固定好的驱动电路板</td></tr>
</table>

表 3—4—13

作业指导书 13——驱动板与 LED 线贴胶纸

公司名称：　　　　　　　　　　　　　　　　　　　　　　　　编制日期：

机型		模组料号		文件编号		生产线名称		工位号	
工序名称	驱动板与LED线贴胶纸							作业人数	1
序号	物料编号	物料数量	作业内容要求					穿戴要求	
1		黑色胶纸	将整个驱动板贴上黑色胶纸，以起固定与保护作用					戴白色棉手套，戴防静电手环，穿防静电衣服，戴口罩	
2		玻璃胶纸	将LED灯条的连接线用玻璃胶纸固定好						
注意事项			1. 贴黑色胶纸时，要对准位置一次性贴到位，切勿贴偏，以防返工损坏液晶板的连接线 2. 小心操作，切勿损坏驱动板及其连接线 3. 要按照粘贴规范进行操作 4. 电动旋具的力矩要求为：（3.5±0.5）kgf·cm						
标注图示	在驱动板上贴黑色胶纸				 贴好黑色胶纸且固定好的 LED 灯线				

表 3—4—14　　液晶屏常见故障与检修方法

故障现象	故障原因	检修方法
液晶电视机开机后无光栅，液晶屏出现黑屏故障	（1）背光灯损坏、不亮 （2）液晶屏驱动电路板损坏 （3）主电路板送往液晶屏的信号不正常	（1）判断背光灯是否正常发亮。按照液晶屏拆卸工艺流程，对液晶屏进行拆卸，至可看见LED灯条时，给电视机通电，如果背光灯能正常发亮，则背光灯是好的；不亮表明背光灯损坏，可重点检查12 V供电（熔断器F）和CPU送来的3V或5V的开关控制电压（信号）是否正常 （2）判断液晶屏驱动电路是否正常。在背光灯能正常发亮的情况下，应重点检查主电路板送往液晶屏驱动电路的供电电压，以及使能信号、锁存信号、移位信号等时序信号是否正常。如果以上信号异常，则故障在主电路板；如果以上信号正常，则故障在液晶屏驱动电路，液晶屏驱动电路损坏时，一般应更换整个液晶板
液晶屏有图像，但垂直方向或水平方向出现亮线（亮带）、暗线（暗带）	液晶屏故障	首先检测液晶屏TAB柔性电路的连接情况，如果柔性电路开路，则需要生产厂家的专业维修工具才能进行维修；如果柔性电路连接正常，则通常都是相应区域的行或列驱动芯片损坏所致，可更换相应的IC。有时，液晶板本身有漏电也会出现这种故障，应更换液晶板
液晶屏花屏或白屏	液晶屏驱动电路的供电电压出现问题	重点检查液晶屏的供电电路
液晶屏内部有污点	液晶屏内有污染	拆开屏体，用棉球蘸纯净水清洗外层偏光片和有机玻璃片，再用风筒吹干，装回即可
液晶屏漏光或光线不均匀	背光出现故障	重新安装与调整背光源、导光板和光学膜片的位置
液晶屏出现亮点	开关管和电极虚连	用指尖轻轻压亮点，如果亮点消失，说明此像素的开关管和电极虚连；故障不能消失时应更换液晶板
液晶屏亮度低	背光源控制电路故障	重点检查背光源控制信号、驱动电路、LED灯条
液晶屏显示混乱	—	检测时钟信号和锁存信号是否正常
液晶屏显示缺色	—	重点检测液晶屏的数据输入信号是否正常，若正常，则是液晶屏的驱动电路有故障
液晶屏显示的画面部分区域明亮，部分区域较暗	背光源故障	可能是串、并联部分的LED出现问题，导致部分区域偏暗，应更换LED灯条

三、彩色液晶屏常见故障实例

图 3—4—2 所示为液晶屏右上角的屏与驱动电路板的连接排线开路后出现的故障现象。图 3—4—2a 所示为故障机开机后不收台时的情况，屏幕右边出现一条竖直的亮带；图 3—4—2b 所示为正常机接收彩条时的图像；图 3—4—2c 所示为故障机接收彩条时的图像，

屏幕右边的竖直亮带一直存在。

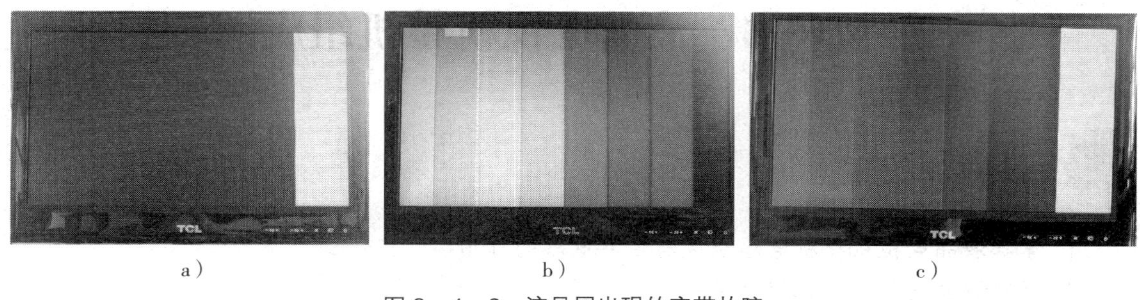

a）　　b）　　c）

图 3—4—2　液晶屏出现的亮带故障

a）故障机不接收图像时的光栅　b）正常机的彩条图像　c）故障机的彩条图像

实训 4　彩色液晶屏的装接

实训目的

1. 进一步熟悉彩色液晶屏的组成结构与工作原理。
2. 能装接彩色液晶屏。

实训设备与工具

液晶电视机（或废旧液晶显示器）、常用的防静电工具、常用的维修工具、双踪示波器、实训指导书等。

实训内容与步骤

液晶电视机彩色液晶屏装接技能训练，包括拆卸与装配技能训练：

1. 彩色液晶屏拆卸技能训练

按照本节所介绍的彩色液晶屏装配工艺流程的逆顺序，对彩色液晶屏进行拆卸，拆卸时务必要小心、细致。

2. 彩色液晶屏装配技能训练

按照本节所介绍的装配工艺流程与要求，把已拆卸的彩色液晶屏重新装配好，装配时务必要小心、细致。

3. 彩色液晶屏装配工艺质量检查

（1）对装配好的彩色液晶屏进行外观检查。

（2）对装配好的彩色液晶屏进行通电检查。

【想一想】

1. 如何更换彩色液晶屏中的 LED 灯条？
2. 导光板如果反过面来安装，会出现什么现象？
3. 如何防止损坏彩色液晶屏驱动电路的连接线？

§3—5 液晶电视机整机组成

1. 掌握液晶电视机整机电路组成与主要电路的作用。
2. 能对液晶电视机整机信号流程进行分析。
3. 能正确测试液晶电视机关键点的电压。
4. 能对液晶电视机常见故障进行检修。

液晶电视机整机电路的组成与CRT电视机电路的组成相比差别很大，其电路的工作原理也较复杂。本节先从整体入手，掌握电路组成、主要电路的作用与工作原理等方面的知识，为系统学习液晶电视机的工作原理与维修技能奠定基础。

一、液晶电视机整机电路组成

液晶电视机由模拟信号处理电路、数字信号处理电路、背光板电路、彩色液晶显示屏驱动电路、开关稳压电路这几大部分构成。

其中，模拟信号处理电路包括高频头电路、图像中频处理电路、多路AV/TV转换电路、彩色解码电路、伴音信号处理电路、伴音功放电路、微处理器电路；数字信号处理电路包括A/D转换电路、逐行转隔行变换电路、画面缩放处理（SCALER）电路、LVDS编码电路。

为减少电路之间的干扰，模拟信号与数字信号处理电路组合在一起，构成一个主电路板；而背光板电路、开关稳压电路则分别设计在不同的电路板上。

液晶电视机整机电路组成方框图如图3—5—1所示。

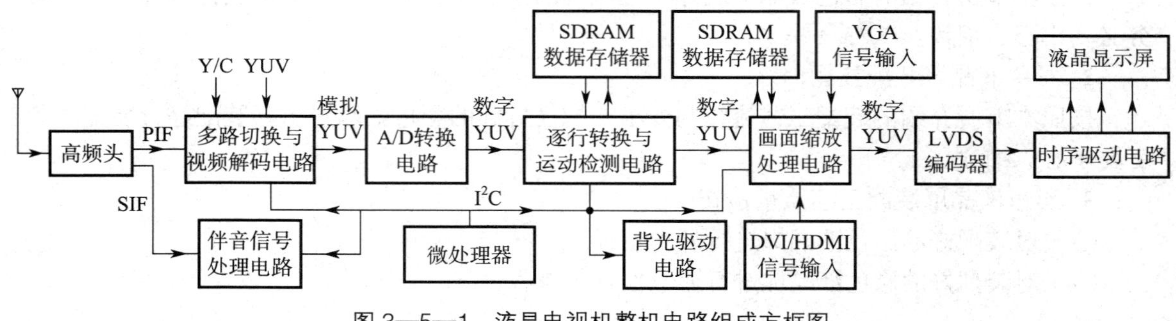

图3—5—1 液晶电视机整机电路组成方框图

二、液晶电视机主要电路的作用

1. 高频头电路

液晶电视机高频头电路由频率合成式高频头、DC/DC转换器（把5 V的电压转换成30 V

调谐电压）等电路组成。对输入的天线信号进行接收和变换处理，输出彩色全电视 VIDEO 信号和音频信号（有的液晶电视机高频头输出的是一对双差分信号）。

2. 多路切换与视频解码电路

液晶电视机输入的视频图像信号可以有如下几种：高频头送来的 VIDEO 信号，机外孔送来的 Y/C 信号、YCbCr 信号（即 YUV 亮度信号和色差信号）、VIDEO 信号。多路切换与视频解码电路的作用是，在 I^2C 总线控制下，对输入的各种视频图像信号进行选择，选出的全电视信号在数字梳状滤波器的配合下，完成视频解码，输出模拟的 YUV 信号。

3. A/D 转换电路

在微处理器 I^2C 总线控制下，对模拟的 R、G、B 输入信号或模拟的 YUV 输入信号进行 A/D 转换，输出 8 位（bit）R、8 位 G、8 位 B 数字信号（3 × 8 共 24 bit），以及行、场同步信号与时钟控制信号，送往逐行转换与运动检测电路。A/D 转换电路的有关参数如下：

（1）A/D 转换的取样频率

按照奈奎斯特采样定理，采样频率至少应为信号上限频率的两倍以上。亮度信号 Y 最高频率为 6 MHz，采样频率取 13.5 MHz。色差信号 U、V 的最高频率为 1.3 MHz，为了与亮度信号进行兼顾，色差信号的采样频率为 6.75 MHz，正好是亮度信号采样频率的一半。

（2）A/D 转换取样点数

根据取样频率、行频的参数，在一行的模拟图像信号里，PAL 制与 NTSC 制亮度信号 Y 的取样点数为 720 个，色差信号 U、V 的取样点数为 360 个。

（3）A/D 转换的采样结构

亮度信号与色差信号的采样结构如图 3—5—2 所示，其中，圆圈为亮度信号的采样点，方框为色差信号的采样点，奇数场和偶数场的采样点是一样的。色差信号的采样点只有亮度信号的一半，并与亮度信号的奇数采样点相重合。YUV 采样点数之比为 4∶2∶2，即每 4 个取样点中，每个取样点 Y 信号都要进行取样，U、V 信号取样点数则少一半，只对奇数点进行取样。

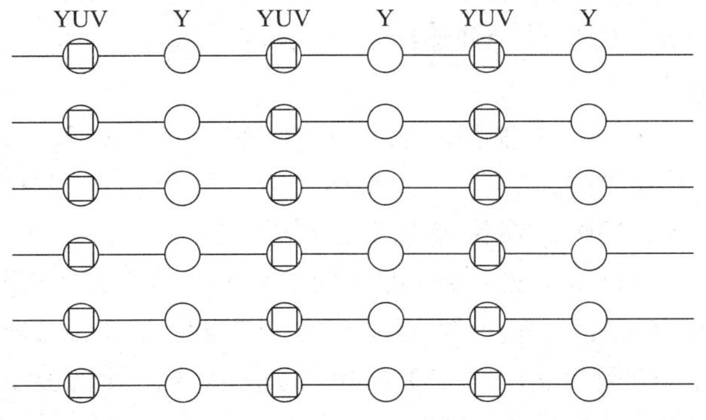

图 3—5—2　亮度信号与色差信号的采样结构

（4）A/D 转换的量化位数

各个取样点的模拟 Y、U、V 信号在量化时，量化的位数都为 8bit。视频信号的码率为亮度信号与两个色差信号的码率之和，为 216Mbit/s，即：

$$13.5\ \text{MHz} \times 8\ \text{bit} + (6.75\ \text{MHz} \times 8\ \text{bit}) \times 2 = 216\ \text{Mbit/s}$$

（5）A/D 转换的量化电平

在量化前，把亮度信号和色差信号的峰—峰值严格控制在 1V，当信号的幅度超过 1V 时，电路容易出现过载而引起工作的不稳定。

4. 逐行转换与运动检测电路

逐行转换与运动检测电路的作用是，把 3×8 bit 的 R、G、B 隔行扫描格式数字信号转变为 3×8 bit 的 R、G、B 逐行扫描格式数字信号；在转换过程中采用具有运动补偿功能的方法，以改善图像的画质。

目前，液晶电视机都采用插值算法，即在原奇数场信号中增加偶数行信号；在原偶数场信号中增加奇数行信号。逐行转换与运动检测原理如图 3—5—3 所示，即将隔行扫描格式的信号转变为逐行扫描格式的信号，同时又达到了运动补偿的目的。

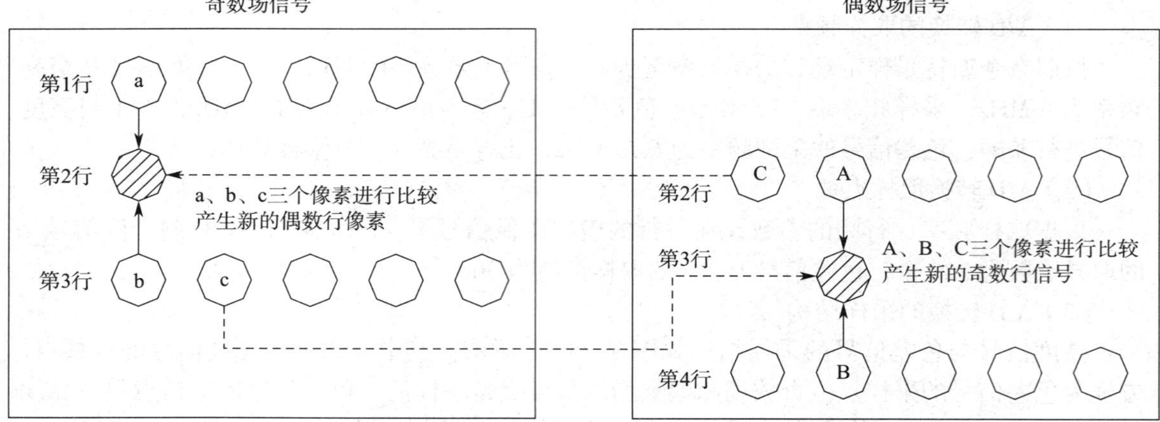

图 3—5—3　逐行转换与运动检测原理

5. 画面缩放处理电路（分辨率调整电路）

画面缩放处理电路的作用是，在 I^2C 总线控制下，把接收到的不同格式的信号，转换为液晶屏固有分辨率（格式）的信号，并输出各种同步信号。

（1）常见信号的格式

从天线输入的电视信号，PAL 制亮度信号 Y 为 720（列）×576（行），两个色差信号 U、V 都为 360×576；NTSC 制亮度信号 Y 为 720×480，两个色差信号 U、V 都为 360×480。计算机主机、数字电视机顶盒等设备输出的信号格式为：VGA 为 640×480，SXGA 为 1 280×1 024，UXGA 为 1 600×1 200 等，即不同信号的分辨率是不相同的。

对某一成品液晶电视而言，显示屏的尺寸是固定的，其行、列像素的数也是固定的，即其分辨率是固定的。如型号为 LCD27T-CMO 的液晶屏，其像素为 1 280×720。解决图像信号格式的多样性与屏格式的固定性这一矛盾的方法，就是用一个转换电路进行格式转换。

（2）格式转换电路的作用

格式转换电路的作用是，把输入信号每帧的行数，转换成与显示屏的行数相同；把输入信号每帧的列数，转换成与显示屏的列数相同，以使电视机显示的图像上下、左右满幅，清晰度最高。

6. LVDS 编码传送器

（1）电路板向液晶屏传送信号的方法

由于彩色液晶屏的显像原理与 CRT 显像管的显像原理是完全不同的，彩色液晶屏传送信号的方法也就不一样。液晶电视机中，数字信号经画面缩放处理电路后，是并行输出的 TTL 信号，因信号电平高（3 V/0 V 变化）、频率高、路数多，若直接送往液晶显示屏，会出现传输线路数多、抗干扰能力差的情况，为了改善这种情况，目前的液晶电视机采用 LVDS 接口技术来解决这一问题。

（2）LVDS 传送方式的定义

LVDS 是低电压差分信号的缩写，是高速率、低噪声、高准确度传送信号的一种方式。在电路板的发送端，通过编码传送器，把缩放处理电路输出的 R、G、B 图像信号数据、时钟控制信号数据等多路并行信号，转换为低电压串行差分信号，然后通过柔性排线送到液晶屏侧的接收解码器中，接收解码器再将其还原成并行的信号，送往后级的定时控制器与行 / 列驱动电路，以完成行 / 列像素的驱动。

（3）LVDS 传送信号的原理

在 LVDS 信号编码传送器中，将前级电路送来的并行 R、G、B 信号和时钟控制信号，转换成低电压的串行差分信号，信号电压的偏置值为 1.2 V，摆幅为 350 mV，即信号电压在 1.2 V ± 350 mV 范围变化，大大降低了传输信号的电平范围，也就降低了干扰的发生。同时，采用差分方式来传送，把每一位数据信号（每 1 bit）变成一对正向和负向的差分信号（1 变为 1/0，0 变为 0/1），在两条线路中同时传送出去，以提高抗干扰能力，如图 3—5—4 所示。

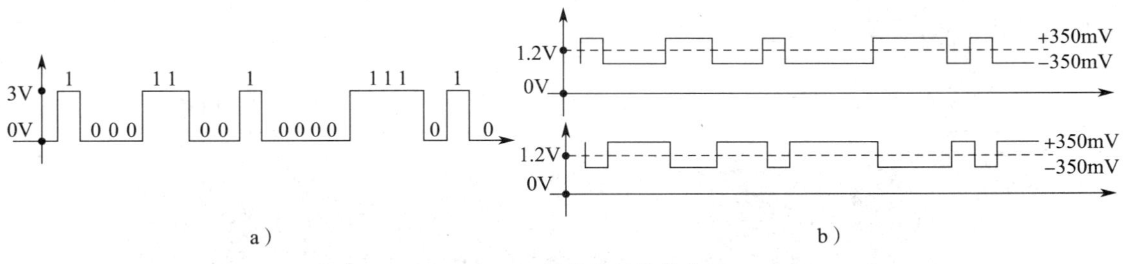

图 3—5—4　差分信号传输方法

a）原来要传输的信号　b）一对反向的差分信号

信号传送到液晶显示屏侧，经 LVDS 接收器译码，将串行的低幅度信号转变为并行的大幅度信号。同时，在转变过程中，将一对差分信号相减，就可以抵消信号在传输中叠加的干扰信号，最后送入后级驱动电路。

7. 背光驱动电路

因液晶材料本身不发光，需要有背光源照射并控制液晶分子的旋光才能出现像素。背光驱动电路的作用是，把输入的 12 V 直流低压（有的为 24 V）逆变为电压较高、可调的直流电压，以点亮 LED 背光灯条。

液晶电视机组成方框图中，多路切换与视频解码电路、A/D 转换电路、逐行转换与运动检测电路、画面放缩处理电路、微处理器，都由一个超大规模的集成电路来完成，电路很简洁。

三、TCL–L19P21 型液晶电视机

下面以 TCL–L19P21 型液晶电视机为例，对液晶电视机整机的组成、信号流程进行简要分析，并对关键供电点的电压进行测试。

1. 液晶电视机的输入信号

目前生产的液晶电视机都往多功能、智能化的方向发展，既可以作为电视机，又可以作为监视器来使用，主要有如下的功能：

（1）一路天线信号 ATV（RF IN）输入，支持 PAL–B/G、D/K、I 格式。

（2）一路数字高清信号输入，图像信号从 HDMI 插孔输入，支持 480i/p、576i/p、1 080i/p 格式输入，兼容 HDMI V1.3 版本输入。伴音信号则从 P301 插孔（即 Y、U、V、R、L 插孔）中的 R、L 孔输入。

（3）一路 VGA 信号输入，图像信号从 VGA 孔输入，伴音信号从 AV2 的 R、L 孔输入。

（4）一路模拟高清 YPbPr 亮色信号输入，支持 480i 到 1 080p。图像信号从 P301 的 Y、U、V 孔输入，伴音信号从 R、L 孔输入。

（5）两路 AV 输入，一路从 back AV2 孔输入，一路从 side AV1 孔输入。

（6）一路 AV–OUT 声图信号输出，从 P302（即 AV 孔）输出。

（7）一路 USB 信号输入，播放图片和音乐。

（8）串口 P001 输入，做串口升级用（MTK tool）。

2. 各个端口的功能

液晶电视机的端口包含各种形式的信号输入、输出孔，如天线信号输入孔、AV 信号输入与输出孔、VGA 信号输入孔、HDMI 信号输入孔、LVDS 口等，如图 3—5—5 所示。

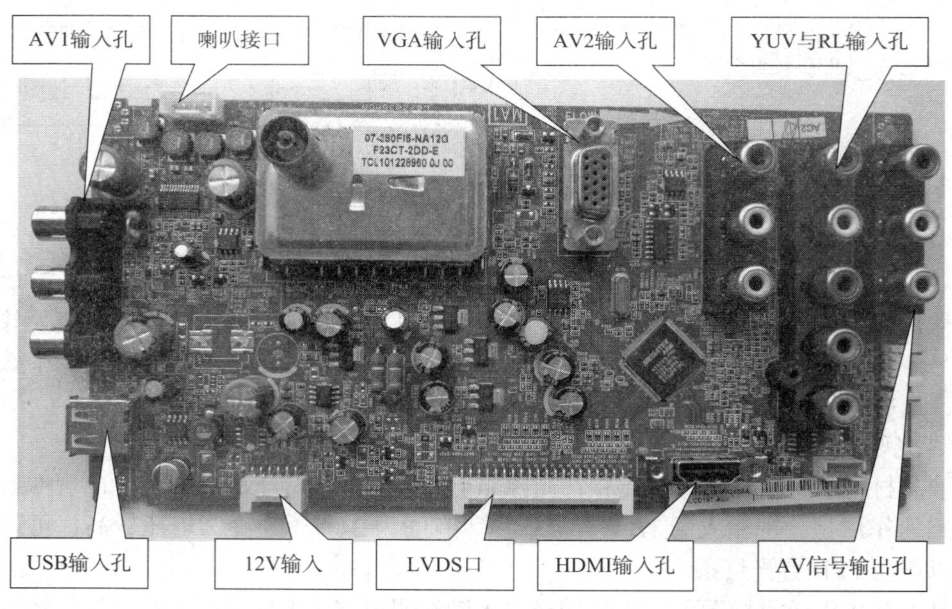

图 3—5—5　液晶电视机端口

3. 主要元器件的作用

机芯电路板上主要元器件有各个 IC、高频头等，其位置及作用如图 3—5—6 所示。

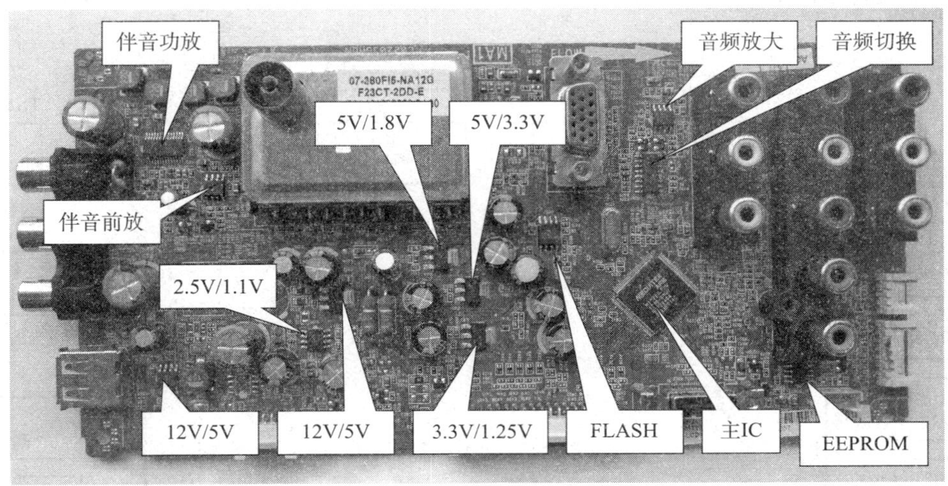

a）

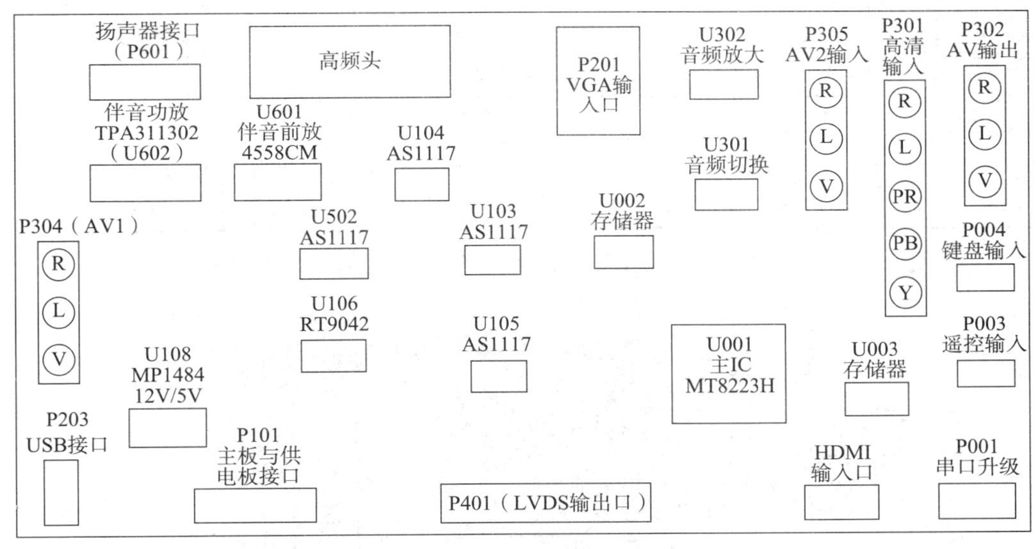

b）

图 3—5—6　液晶电视机主要元器件的作用与位置

a）液晶电视机主要元器件的作用　b）液晶电视机主要元器件的位置

4. 整机的信号流程

液晶电视机整机的信号流程，主要是指主电路板的信号流程。目前生产的液晶电视机都采用嵌入式、超大规模的 IC 来完成信号的处理。TCL-L19P21 型液晶电视机采用 MT8223H 集成电路来完成整机信号的处理。

（1）由 MT8223H 组成的液晶电视机信号流程

采用 MT8223H 组成的液晶电视机整机机芯，其系统组成方框图如图 3—5—7 所示，内部信号处理流程如图 3—5—8 所示。

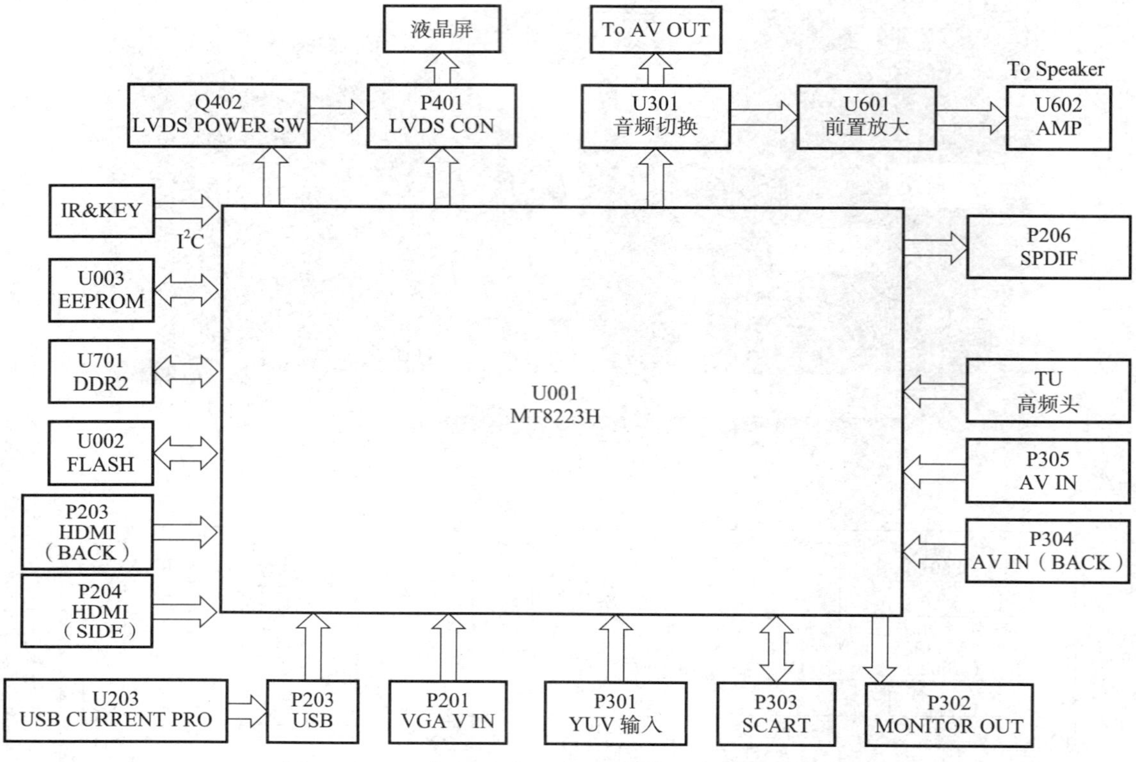

图 3—5—7　由 MT8223H 组成的整机系统组成方框图

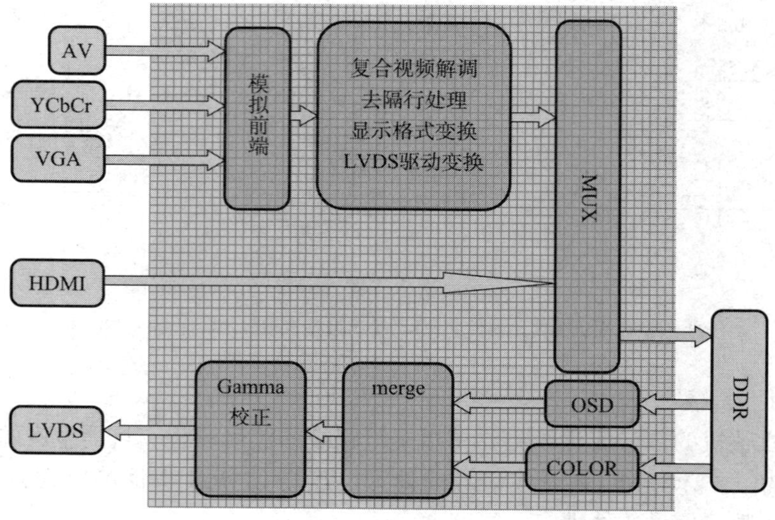

图 3—5—8　MT8223H 内部信号处理流程

由图 3—5—8 可见，从连接口输入的各种模拟图像信号，包括 AV 信号、VGA 信号、YUV 信号，要进行解码、A/D 转换、逐行格式变换、行 / 列像素调整（分辨率调整）等处理之后，才能进行编码传送，送往液晶屏，而从 HDMI 口输入的信号则无须进行这些变换。

数字的 R、G、B 图像信号，在通过 LVDS 线送往液晶屏之前，还要进行 Gamma 校正。校正的方法是，在 merge 混合器中通过 I^2C 总线技术，按照要求调整 R、G、B 信号的直流电平比例，以改变图像背景的底色，也即改变图像的色温。校正的目的是，通过校正，以适合不同的使用环境和使用人群（如东、西方人）对色彩的需要。

（2）I^2C 总线控制流程

由 MT8223H 组成的液晶电视机，整机 I^2C 总线控制流程如图 3—5—9 所示。由图可见，一共挂了 6 对总线，对 HDMI、VGA、EEPROM、TUNER、FLASH 等电路进行控制。

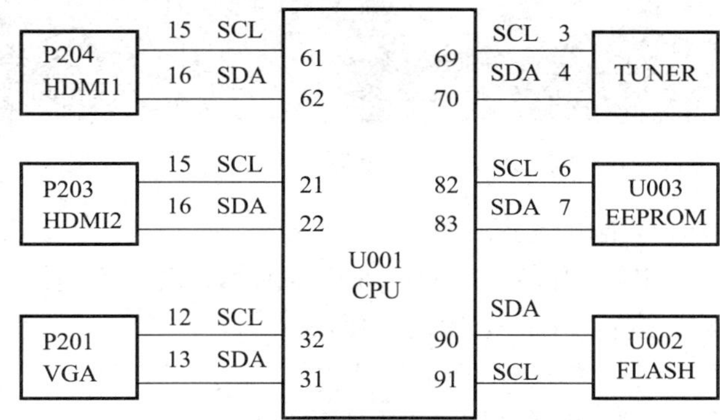

图 3—5—9　液晶电视机整机 I^2C 总线控制流程

（3）液晶电视机整机供电情况

液晶电视机整机供电的变化情况如图 3—5—10 所示。电网 AC220 V 经过稳压变换后，输出 DC12 V 的电压，供整机使用。DC12 V 电压又经过多个电路，变换为 5 V、3.3 V、1.8 V、1.25 V、1.1 V 的电压，给各处电路使用。

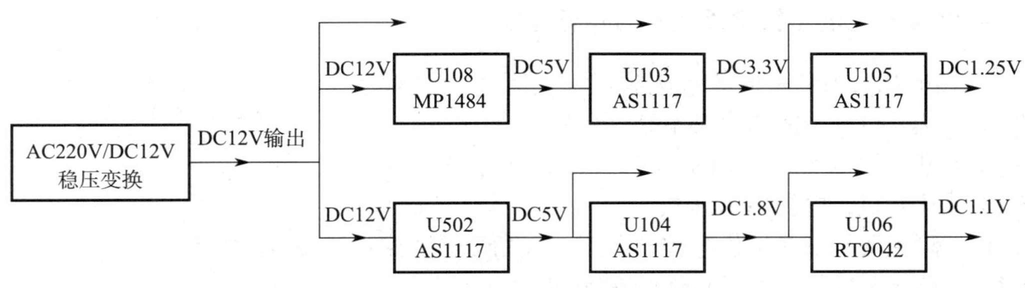

图 3—5—10　液晶电视机整机供电的变化情况

5. 关键供电点电压

液晶电视机整机中的关键供电点，主要包括开关稳压电源输出的电压、各个 DC/DC 变换输出的电压。

（1）开关稳压电源输出 +12 V 电压

开关稳压电源输出 +12 V 电压的测试点如图 3—5—11 所示（P101 接插头的第 1、2、4 脚为测试点）。

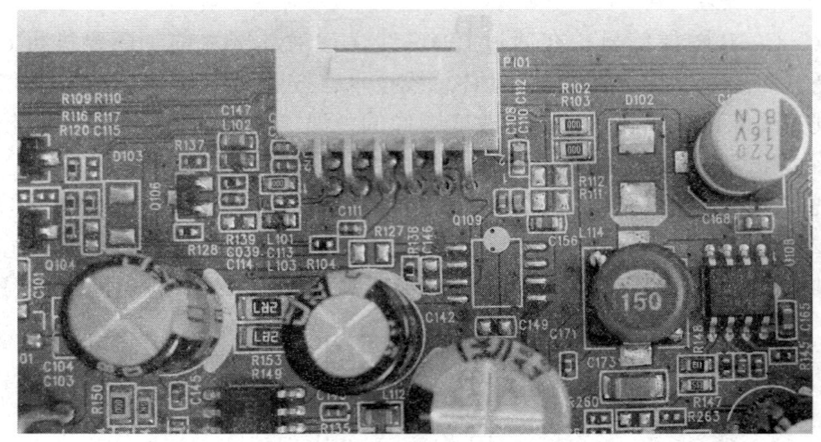

图 3—5—11 开关稳压电源输出 +12 V 电压的测试点

（2）主电路板 DC/DC 变换电路输出的电压

主电路板 DC/DC 变换电路的位置如图 3—5—6b 所示，各变换电路的作用如下：

1）U108（MP1484），进行 DC12 V/DC5 V 变换。

2）U502（AS1117），进行 DC12 V/DC5 V 变换。

3）U103（AS1117），进行 DC5 V/DC3.3 V 变换。

4）U104（AS1117），进行 DC5 V/DC1.8 V 变换。

5）U105（AS1117），进行 DC3.3 V/DC1.25 V 变换。

6）U106（RT9042），进行 DC1.8 V/DC1.1 V 变换。

液晶电视机整机关键点的电压，还包含液晶屏供电电压、遥控接收头电压、面板按钮电压、高频头各引脚电压、伴音供电电压等。

四、液晶电视机主电路板常见故障与检修方法

1. 液晶电视机主电路板常见故障

（1）无法开机，电源指示灯不亮

主要与开关稳压电路输出的 DC12 V 不正常有关。

（2）无法开机，电源指示灯亮

这种故障主要与液晶屏供电控制电路、背光灯驱动控制电路不正常有关。

（3）屏幕出现网格状、雨点状的花屏

这种故障重点在 A/D 转换电路、逐行转隔行变换电路、画面缩放处理电路、LVDS 编码电路等，通常需要更换主芯片、存储器等元器件才能解决问题。

此外，还会出现信号不能切换、伴音不正常等故障。

2. 液晶电视机主电路板常见故障的检修方法

液晶电视机主电路板故障的检修方法与 CRT 电视机的检修方法类似，主要是测电阻法、

测电压法、信号注入法、元件替换法、虚焊检查法等。

实际维修表明，液晶电视机主电路板的故障，以单元电路供电不正常的情况较多见，尤其是以各个 DC/DC 降压变换电路损坏较常见；另外，因主芯片工作电流大，发热量大，易发生虚焊、烧毁等情况。

实训 5　液晶电视机主电路板电参数测试与故障维修

实训目的

1. 进一步熟悉液晶电视机整机电路组成与工作原理。
2. 能对液晶电视机整机电路元器件进行识读。
3. 能对液晶电视机待机状态时关键点的电参数进行测试。
4. 能对液晶电视机常见的故障进行维修。

实训设备与工具

液晶电视机、常用的防静电工具、常用的维修工具、双踪示波器、实训指导书等。

实训内容与步骤

一、液晶电视机机芯电路板整体的认识

对给定的液晶电视机机芯电路板，找出下面各部分的电路：

（1）开关稳压电源电路。

（2）高频头电路。

（3）各种信号的输入电路（包括天线输入、AV1 声图输入、AV2 声图输入、VGA 声图输入、HDMI 声图输入、USB 输入、面板按钮信号输入、遥控信号输入等电路）。

（4）伴音通道电路（包括信号流程、扬声器的连接等电路）。

（5）各种 IC 功能的识读（包括 CPU、存储器、各种接口电路、稳压电路的识读）。

（6）背光源驱动电路的识读（认清其输入、输出连接线，工作的 IC 等）。

（7）LVDS 连接线的识读（认清连接方式及连接线的编号）。

（8）液晶屏的识读（包括型号、参数等的识读）。

二、待机状态关键点电参数的测试

1. 测试开关稳压电路 DC12 V 输出电压

在开关稳压电路主输出端或 P101 的端子进行测试。

2. 测试背光灯供电控制电参数

识读机芯供电连接插座 P101 引脚功能；绘出机芯供电连接插座的电路图；对 P101 电路电压进行测试，将测试数据填入表 3—5—1 中；根据引脚电压的变化，分析液晶电视机开、关机的工作原理。

表 3—5—1　　机芯供电连接插座 P101 引脚电压测试

引脚	1	2	3	4	5	6	7	8	9	10	11	12
引脚符号												
工作电压												
待机电压												

3. 测试机芯内稳压电路电压

对机芯内各稳压电路的电压进行测试，将测试数据填入表 3—5—2 中。

表 3—5—2　　机芯内稳压电路电压测试

电路元件	U108（MP1484）	U502（AS1117）	U103（AS1117）	U104（AS1117）	U105（AS1117）	U106（RT9042）
输入端电压						
输出端电压						

三、液晶电视机常见故障维修

1. 进行故障设置

如果要使液晶电视机出现三无故障，可以取下主机芯板上的晶体振荡器等元器件，使电路工作不正常。

2. 进行故障维修

（1）采用观察法，看元件有无发热、虚焊、烧毁等情况。

（2）采用测电压法，重点测试各个 DC/DC 稳压电路的工作电压是否正常。

（3）采用测波形法，重点测试晶体振荡器的波形是否正常。

§3—6　开关稳压电路

学习目标

1. 掌握液晶电视机开关稳压电路的工作原理。
2. 能对液晶电视机开关稳压电路进行检测与维修。

开关稳压电源以其转换效率高、易于模块化设计、质量轻、体积小等优点，被广泛应用于各类电子设备中。一般的 LCD TV 的稳压电路都是把电网提供的 220V/50 Hz 交流电压，转换为 5 V 或 12 V 的直流电压输出，向 LCD TV 各电路供电。开关稳压电路的稳压原理都是通过取样反馈闭环回路产生的误差电压，把误差电压放大之后，再转变为 PWM 信号，利用 PWM 信号调整开关管开、关时间的比例（即占空比），以达到稳定输出电压的目的。

完整的开关稳压电路可分为热地侧电路和冷地侧电路两大部分，其中热地侧电路主要由 AC220 V 整流、滤波电路，主芯片振荡电路，开关管，稳压取样反馈电路等组成；冷地侧电路主要由整流、滤波电路，稳压取样电路等组成。

TCL–L19P21 型液晶电视机采用 Fairchild 公司生产的 FAN6754 作为核心元件来实现直流稳压输出。FAN6754 是高度集成的绿色模式（Green–Mode）PWM 控制器，待机状态下的工作电流为 1.7 mA，PWM 信号的固定频率为 65 kHz，可线性地降低到 22 kHz。

一、FAN6754 的引脚功能及应用电路

1.FAN6754 的引脚功能

FAN6754 各引脚的名称及功能见表 3—6—1。

表 3—6—1　FAN6754 引脚名称及功能

引脚	1	2	3	4	5	6	7	8
名称	GND	FB	NC	HV	RT	SENSE	VDD	GATE
功能	接地	输出反馈	空脚	启动电源	定时振荡	过流检测	供电	驱动信号输出

2. FAN6754 的应用电路

FAN6754 在 TCL–L19P21 型液晶电视机中的实际应用电路如图 3—6—1 所示。

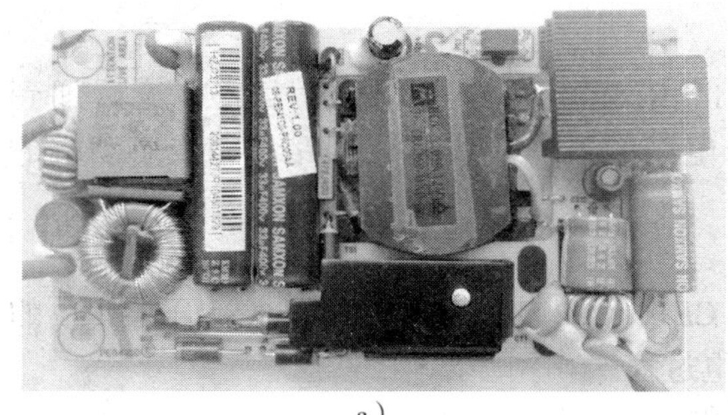

a）

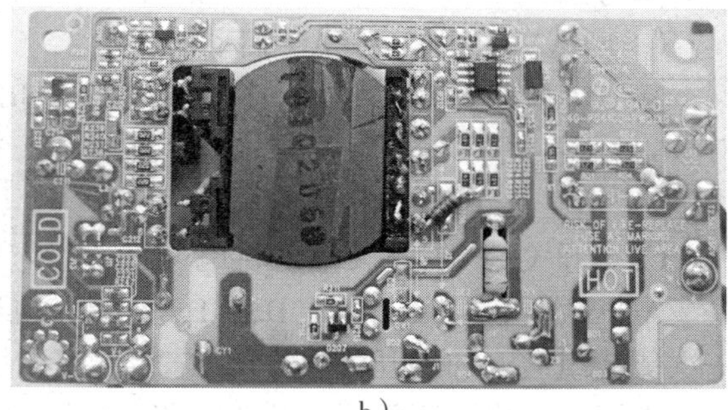

b）

图 3—6—1　FAN6754 应用电路

a）由 FAN6754 构成的稳压电路实物　b）由 FAN6754 构成的稳压电路印制板图

二、稳压电路的工作原理

1. 电源输入滤波电路的工作原理

公共的电源电网中往往存在不少的干扰信号，这些干扰信号应该滤掉，不让其进入开关稳压电路；另外，开关稳压电路本身也会产生干扰信号，这些干扰信号也应滤掉，不让其进入公共的电源电网。故开关稳压电路都设置有电源输入滤波电路，用于滤掉各种干扰信号。

电源输入滤波电路是一个典型的低通滤波器，能使开关电源产生的高频脉冲干扰经过它后得到极大的衰减，能较好地滤除来源于电网的干扰，使其符合 FCC、CE 等标准。TCL–L19P21 型液晶电视机电源输入滤波电路如图 3—6—2 所示。

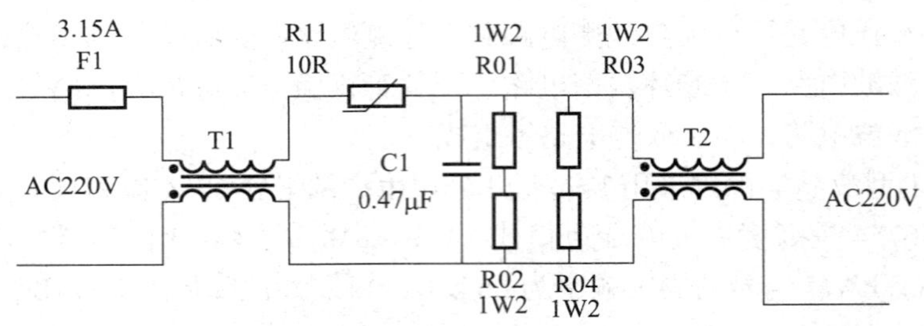

图 3—6—2 电源输入滤波电路

T1、T2 为共模扼流圈，它是绕在同一磁环上的两只独立的线圈，圈数相同，绕向相反，在磁环中产生的磁通相互抵消，磁芯不会饱和，主要抑制共模干扰，即火线和零线分别与地之间的干扰，电感值越大对低频干扰抑制效果越好。C1 为差模滤波电容，主要抑制差模干扰，即抑制火线和零线之间的干扰，电容值越大对低频干扰抑制效果越好。为了提高滤波效果，有时稳压电路有多个滤波电容。

F1 为熔断器，它在电流过大时会熔断，可防止开关稳压电路出现短路性故障时对电网的破坏。R11 为负温度系数热敏电阻，开机瞬间温度低，阻抗较大，以防止开机电流对电网回路的浪涌冲击。R01、R02、R03、R04 对抗干扰电容的电荷起泄放作用，可在关机后迅速消耗掉 C1 储存的电能，快速恢复差模电容的功能。

2. 稳压电路启动原理

参考图 3—6—3，分析稳压电路的启动原理。

（1）FAN6754（U400A）启动的供电

接通 AC 电源后，电网的一条线经过 R251、R252 串联分压，D251 半波整流后加到 FAN6754 的 4 脚，再通过地线、D3 二极管，与电网的另一条线构成回路，完成启动端的供电。

（2）开关管 Q1 漏极 D 的供电

AC 电源经过 D1、D2、D3、D4 整流，电容 CE1、CE2 滤波后，通过开关变压器 TS1 的一次侧绕组后，加到开关管 Q1 的漏极，完成供电过程。

上述两处供电正常后，开关电路开始启动工作。

（3）FAN6754 正常工作时的供电

开关稳压电路启动后，TS1 另一个绕组感应的电压经过 D252 整流，R245 与 R246 限流，电容 C254、C256 滤波后，加到 FAN6754 的 7 脚，作为 FAN6754 正常工作的供电。

3. 各种保护电路的工作原理

TCL–L19P21 型液晶电视机开关稳压电路功能先进，有电网过压、电网欠压、开关管过流、开关管防击穿、12 V 稳压输出过流（负载短路）五个方面的保护功能，其电路如图 3—6—3 所示。

（1）电网过压与欠压保护的工作原理

稳压电路 FAN6754 的 4 脚 HV 端子输入的电压有两个作用：一是作为启动电压，二是作为判断电网电压是否正常的取样电压。当电网电压高于 260 V 或低于 180 V 时，过压保护（OVP）或欠压保护（UVLO）比较器电路输出电平会翻转，使驱动信号停止输出，稳压电路不工作。

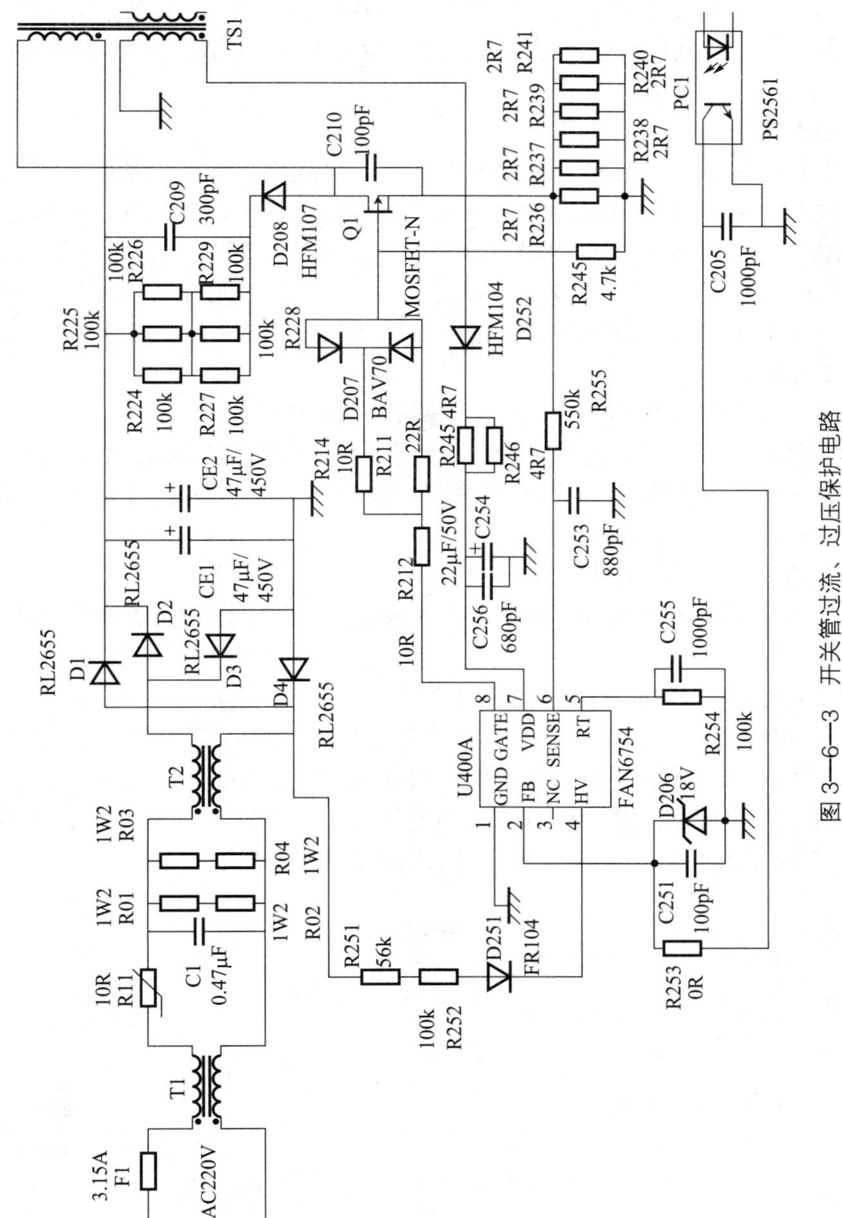

图 3—6—3 开关管过流、过压保护电路

（2）开关管过流保护的工作原理

稳压电路 FAN6754 的 6 脚为开关管过流保护检测输入脚。电网整流后的电压，经过开关变压器一次侧绕组加到开关管 Q1 的漏极，通过源极串接电阻后与地构成回路，源极电流在 R236、R237、R238、R239、R240、R241 上产生的压降，就代表了开关管的工作状态，这个检测电压经过 R255 和 C253 积分后，加到 FAN6754 的 6 脚。稳压电路 FAN6754 的 6 脚内部有比较器电路，当检测到该脚电压过高时，比较器输出结果，使驱动信号停止输出，稳压电路不工作。

（3）开关管防击穿保护的工作原理

开关管 Q1 是工作在开关状态的，因漏极串接有一次线圈，电流的通断会在线圈两端产生很高的感应电压，在开关管截止期间，该感应电压与电网电压相叠加后远超过 300 V，加在开关管的漏极上，极易使其击穿而损坏。为防止出现这种情况，在开关管的漏极加上 R224、R225、R226、R227、R228、R229、D208、C209、C210 等元件，滤掉感应电压，从而起保护作用。开关管栅极所接的元件 R211、R212、R214、D207 为栅极偏置元件，其中，二极管起温度补偿作用。

（4）稳压输出 12 V 过流（负载短路）保护电路的工作原理

FAN6754 的 2 脚 FB 端子输入的信号有两个作用：一是作为稳压输出 12 V 的取样信号，二是作为负载是否正常的取样信号。当该脚检测到的光电流下降过多时，内部比较器输出结果，使驱动信号停止输出，稳压电路不工作。

4. 高精密度三端稳压集成电路 TL431

很多开关稳压电路都采用高精密度三端稳压集成电路 TL431 作为稳压取样的基准元件，其相关知识如下：

（1）TL431 的等效电路、电路符号及封装引脚

TL431 是 TL 公司研制开发的并联型三端稳压集成电路。由于其封装简单（外形与小功率三极管类似）、参数优越（高精度、低温漂）、性价比高（民品 1.3 ~ 1.5 元 / 只），近年来在国际上已经得到了广泛应用。其等效电路图如图 3—6—4a 所示，内部比较放大器的基准电压为 2.5 V，电路符号如图 3—6—4b 所示，封装引脚如图 3—6—4c 所示。

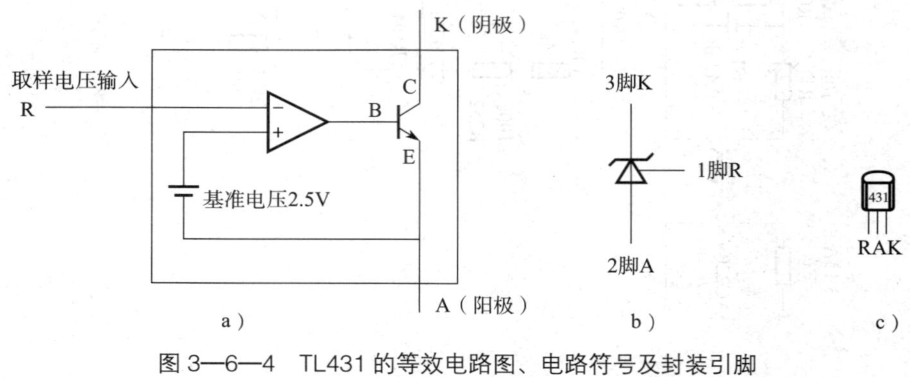

图 3—6—4　TL431 的等效电路图、电路符号及封装引脚

a）等效电路图　b）电路符号　c）封装引脚

TL431 尾缀字母表示产品级别及工作温度范围。其中，C 为商业品（−10℃ ~ +70℃），I

为工业品（−40℃～+85℃），M 为军品（−55℃～+125℃）。

（2）TL431 的技术指标

1）内部基准电压温漂小：≤ ± 50 ppm ／℃。

2）内部基准电压精度高：2.5 V ± 1%。

3）输出噪声电压低：≤100 μU_{p-p}。

4）稳压输出范围宽：2.5～36 V 连续可调。

5）负载电流范围（即 K、A 间的电流）大：1～100 mA。

（3）TL431 的特性

TL431 的作用与普通稳压二极管的作用非常类似，但普通稳压二极管的稳定性较差，负载能力小，输出的端电压是不能调节的，是固定电压，而 TL431 稳压元件基准温漂小，稳定性好，有一定的负载能力，且输出电压可以调节（通过改变 R1 与 R2 的比值，就能很容易改变其输出的电压值），稳压二极管电路与 TL431 电路如图 3—6—5 所示。

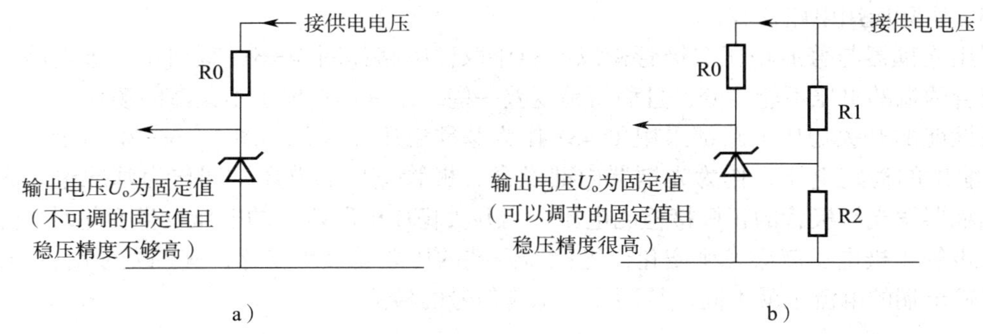

图 3—6—5 稳压二极管电路与 TL431 电路

a）稳压二极管电路 b）TL431 电路

TL431 典型接线图如图 3—6—6 所示，输出电压由下式确定：

$$U_o=（1+R_1/R_2）U_R$$

其电压调节范围为 2.5～36 V。当 R1 短路或 R2 断路时，$U_o=U_R=2.5$ V（U_R 为内部基准电压，2.5 V）。电流动态范围为 0～[（U_i-U_o）/R_0−1]mA。

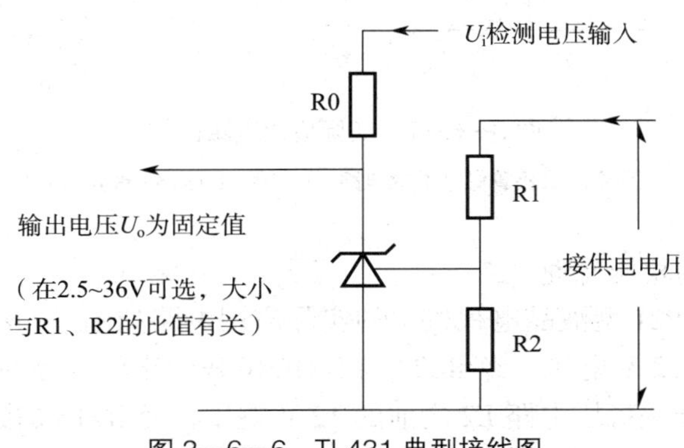

图 3—6—6 TL431 典型接线图

（4）使用 TL431 的注意事项（表 3—6—2）

表 3—6—2　　使用 TL431 的注意事项

注意事项	说明
抗干扰问题	由于TL431有较高的开环增益且响应速度快，当取样点（R1、R2的连接点）离两极（K、A）较远时，电路容易产生超调或自激，所以在使用时要引起注意。在电路中应加滤波电容等元件，提高抗干扰、抑制自激的能力，调试时要合理选取参数
取样电阻问题	取样电阻的选材及布放，会直接影响到稳压精度和温度特性，所以必须选用温度系数小、噪声低、功率余量大的同型号精密电阻，如RJJ等
耐压及功耗问题	由于TL431所能承受的耗散功率较小（常规为900 mW，少数厂家的塑封管小于500 mW），当其在高温、高压或大电流条件下使用时，要注意通风、散热的安全性

（5）实际应用电路比较

利用光耦器与普通稳压二极管构成的稳压取样电路如图 3—6—7a 所示，该电路中，稳压二极管两端的电压不能改变，且稳压精度差一些，故常用在要求不太高的场合。

高性能的开关稳压电路都采用 TL431 作为基准稳压元件，如图 3—6—7b 所示。图中用 TL431 输出的稳定电压，作为光耦器内部发光二极管负极的电压，即作为基准电压固定不变，光耦器发光二极管的正极接检测电压，当开关稳压电路输出的电压发生变化时，光耦器发光二极管正极电压就会发生变化，光耦器两端的压差就发生变化，其发光强度就会改变，光耦器输出端的电流也就不同，从而完成稳压信号的检测。

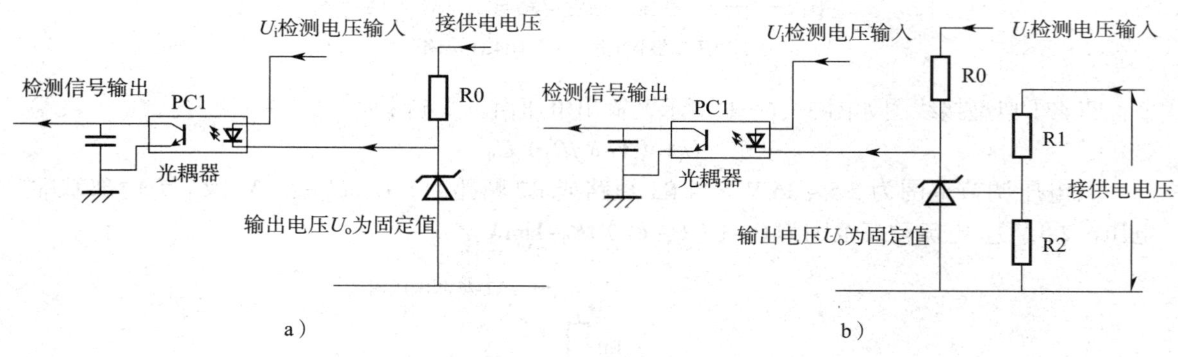

图 3—6—7　实际应用电路比较

a）用稳压二极管做基准的电路　b）用 TL431 做基准的电路

5. 实际应用电路的稳压原理

TL431 在 TCL-L19P21 型液晶电视机中的实际应用电路如图 3—6—8 所示。图中开关稳压电路 L2 之后输出的 12 V 电压，经 R221 与 R216 串联分压后，分到的电压约为 2.5 V，加到 TL431 的 R 端子；开关稳压电路 L2 之前的 12 V 电压，经 R216 加到光耦器发光二极管的正极，经 R217 加到 TL431 的阴极 K 与光耦器发光二极管的负极，完成开关稳压电路 12 V 输出电压的取样任务。

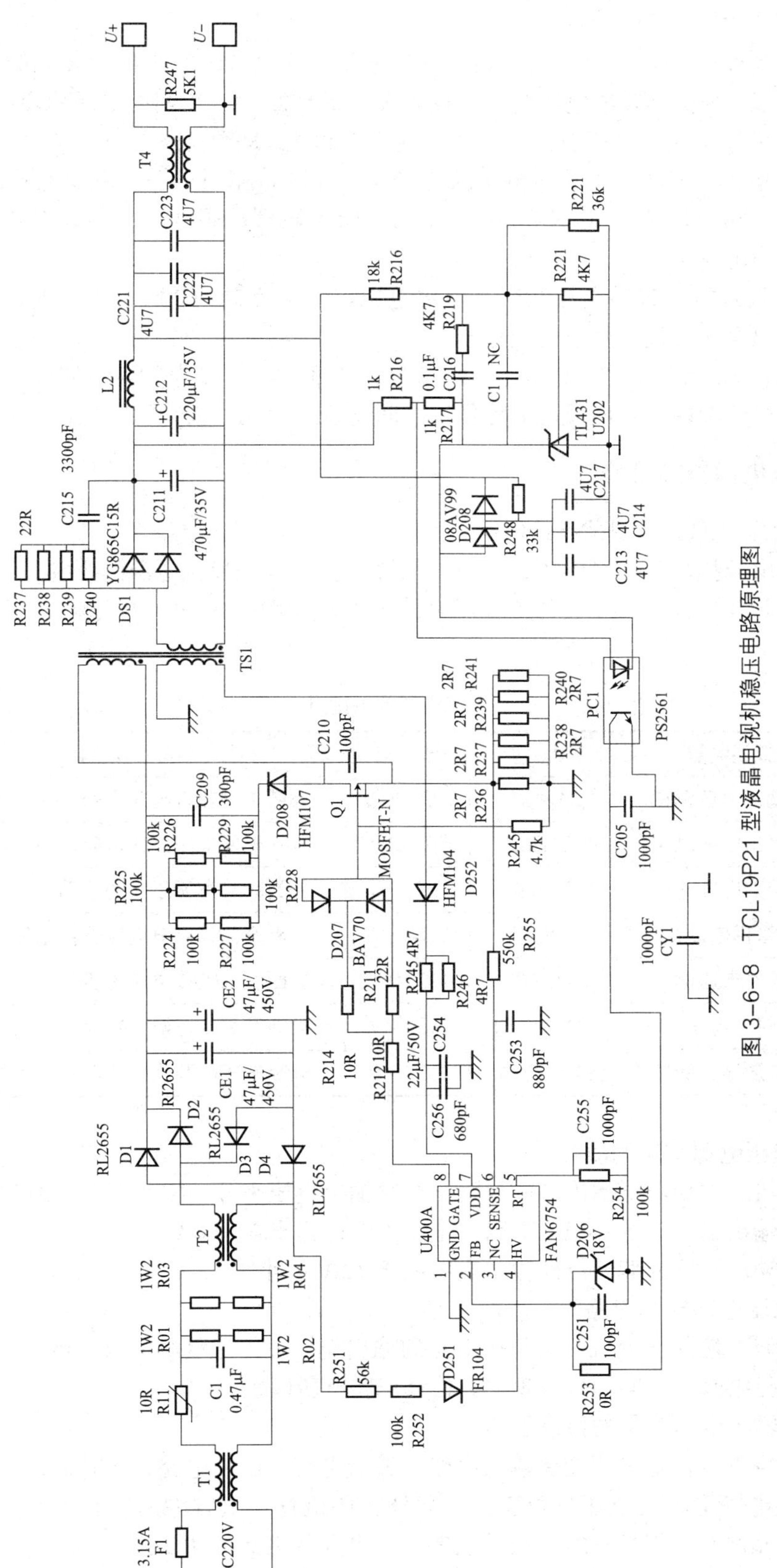

图 3-6-8 TCL19P21 型液晶电视机稳压电路原理图

当负载由满载转向空载时，引起输出 12 V 电压上升，U202（TL431）R 端的电压将上升，R 端的输入电压与内部的基准电压进行比较放大，使 U202 A、K 间的电压稳定不变。由于光耦器内发光二极管正极的电压也是上升的，这将引起 A、K 间流过的电流增大，发光二极管上通过的电流增大，光敏管上流过的电流也增大。光敏管相当于一个可变电阻，与 R253 串联后接到 FAN6754 的 2 脚，此时光耦器（PC1）内光敏管电阻变小，引起 FAN6754 振荡频率降低，使输出电压下降。

反之，当负载由空载转向满载时，输出电压降低，反馈到 2 脚，引起 FAN6754 振荡频率升高，使输出电压升高，从而实现稳压。

图中 C213、C214、C217、C216、C1、R248、D208 等元件为 TL431 的保护元件；R217 并联于发光二极管两端，对电流起分流作用，防止流过发光二极管的电流过大而烧毁。

三、开关稳压电源故障维修

1. 开关稳压电源关键测试点的电压

开关稳压电源损坏是液晶电视机常见的故障，检修开关稳压电源的要领是会正确测试关键点的电压。以 TCL-L19P21 型开关稳压电路为例，参考图 3—6—8，测试电压的关键点见表 3—6—3。

表 3—6—3　　测试电压的关键点

序号	测试关键点	测试位置	参考值	测试目的
1	交流输入电压测试	C1两端	AC220 V	判断电网输入电压是否正常
2	整流输出电压测试	CE1两端	DC280 V	判断电网电压经整流后，输出电压是否正常
3	芯片启动电压测试	芯片4脚	DC10 V	判断芯片有无正常的启动电压
4	开关管供电测试	Q1漏极	DC280 V	判断开关管供电电压是否正常
5	芯片工作电压测试	芯片7脚	DC10 V	判断芯片工作电压是否正常
6	二次侧输出电压测试	TS1二次侧	AC11 V	判断开关变压器二次侧输出电压是否正常
7	稳压电源输出测试	C221两端	DC12 V	判断稳压电路输出电压是否正常

2. 开关稳压电源常见的故障

液晶电视机开关稳压电源出现的故障，按照输出电压来分，主要有以下两类：

（1）稳压输出电压为零：稳压电路完全不工作，输出端为 0 V。

（2）稳压输出偏低或偏高：即输出电压大于 12 V 或小于 12 V。

3. 开关稳压电路检修思路

为方便维修，液晶电视机开关稳压电路的输出端一般接有负载电阻，可以把稳压电源取下来，单独进行维修。不同的故障现象，检修思路有所区别。

（1）稳压输出电压为零的检修思路

这种故障应重点检查电网交流输入电路，整流电路，滤波电路，芯片启动脚，开关管供电以及芯片供电等电路的电压是否正常，此外还要检查二次侧输出端有无元件短路，检查光耦取样电路元件有无损坏。实际维修表明，启动元件 R251、R252，以及开关管 Q1、光耦器、芯片等元件是易损坏元件。

（2）稳压电路输出不正常的检修思路

这种故障应重点检查稳压取样电路的元件，如光耦器 PC1 和取样电路 R253、U202 及相关的元件，尤其是被雷击的电视机，这些元件损坏较常见。

4. 检修注意事项

（1）应带上假负载进行检修

稳压电路的输出端一般接有负载电阻，如图中的 R247，但该电阻的阻值较大，流过的电流为数毫安级，不是真负载电流，正确的方法是带上一个 10 Ω/30 W 的负载电阻才是安全的，并且检修时最好使用 1∶1 的隔离变压器。

（2）分清冷地与热地

开关稳压电路中的冷地与热地是完全不同的，在热地侧测量电参数时，应接热地点来测；在冷地侧测量电参数时，应接冷地点来测。

（3）注意测量仪器的功能与量程

检修开关稳压电路，既有交流、直流电压的测量，又有电阻、电流的测量，在用万用表进行检测时，务必要注意这个问题。

实训 6　液晶电视机开关稳压电路电参数测试与故障维修

实训目的

1. 进一步熟悉液晶电视机开关稳压电路的工作原理。
2. 掌握液晶电视机开关稳压电路元器件参数的识读方法。
3. 能对液晶电视机开关稳压电路关键点的电参数进行测试。
4. 能完成液晶电视机开关稳压电路常见故障的维修。

实训设备与工具

液晶电视机、常用的防静电工具、常用的维修工具、双踪示波器、实训指导书等。

实训内容与步骤

一、稳压电路元器件参数的识读

对液晶电视机开关稳压电路板上的各个元器件进行识读，分电阻类元件、电容类元件、电感类元件、IC 类元件、晶体管类元件进行识读，并填写元器件清单表（表 3—6—4）。

表 3—6—4　元器件清单表

元器件名称	规格型号	数量	备注

续表

元器件名称	规格型号	数量	备注

二、根据印制板图绘制电路原理图

绘图时注意符号的规范性，并标上元器件代号与电参数。

三、FAN6754 电阻与电压的测试

1. 电阻的测试

将万用表置于 R×1k 挡，注意分清冷地与热地，测试稳压 IC（FAN6754）的电阻值，填入表 3—6—5 中，并对测试结果进行分析。

2. 电压的测试

将电视机通电，注意分清冷地与热地，测试 IC（FAN6754）各引脚电压，填入表 3—6—5 中，并对测试结果进行分析。

表 3—6—5　　IC（FAN6754）电参数测试表

引脚	1	2	3	4	5	6	7	8
名称	GND	FB	NC	HV	RT	SENSE	VDD	GATE
功能	接地	输出反馈	空脚	启动电源	定时振荡	过流检测	供电	驱动信号输出
正向电阻								
反向电阻								
工作电压								

四、TL431 电阻与电压的测试

1. 电阻的测试

将万用表置于 R×1k 挡，注意分清冷地与热地，测试 TL431 各引脚的电阻值，填入表 3—6—6 中，并对测试结果进行分析。

2. 电压的测试

将电视机通电，注意分清冷地与热地，测试取样稳压 IC（TL431）各引脚电压，填入表 3—6—6 中，并对测试结果进行分析。

表 3—6—6　　IC（TL431）电参数测试表

引脚	A	K	R
功能			
正向电阻			
反向电阻			
工作电压			

五、故障维修

1. 连接假负载

取下稳压电路与主机芯板的连接线，在 R247 两端接上 10 Ω/30 W 的负载电阻，以防稳压电路输出不正常，烧毁机芯电路板。

2. 进行故障设置

如果要使稳压电路无输出，可分别取下启动元件 R251、R252，脉冲输出元件 R212，反馈元件 R245、R246。如果要使稳压电路输出不正常，可分别取下光耦取样电路 R253 以及 U202 相关的元件。

3. 故障检修

按照开关稳压电路检修的方法进行检修，重点是检测 C1 两端、CE1 两端、Q1 漏极、FAN6754 各引脚以及 TL431 各引脚的电压，并做好维修记录，与正常工作时的值进行比较，即易找出故障元件。

【想一想】

1. 稳压电路不启动，应重点检测哪些关键点电压？哪些关键元器件？
2. 稳压电路输出电压偏高或偏低，应重点检测哪些关键点电压？哪些关键元器件？

思考与练习

1. 什么叫液晶？液晶分子的种类主要有哪些？其分子的空间结构有何不同？
2. 什么叫偏振光？为什么液晶电视机要使用偏振光？
3. 液晶分子的电光特性是怎样的？
4. 什么叫常亮模式与常暗模式？
5. 彩色液晶屏的光学系统是由哪些部分组成的？各部分有何作用？
6. 彩色液晶屏是如何进行驱动的？为什么不能采用直流驱动的方法？
7. 画出液晶电视机整机组成方框图。
8. 液晶电视机如何把隔行格式的信号转变为逐行格式的信号？
9. LVDS 方式传送信号的原理是怎样的？
10. 器件 TL431 有何特点？

第四章　数字电视技术基础

数字电视技术是在模拟电视技术基础上发展起来的。数字电视技术是指图像信号与音频信号，从摄像、处理、调制、传输到接收，均采用数字化方法进行处理的技术。本章将系统学习数字电视技术中模拟图像信号数字化技术、图像信号压缩编码技术、数字信号调制技术等方面的内容，以及学习数字电视技术在有线电视机顶盒、卫星电视机顶盒、网络电视机顶盒中的应用知识。

§4—1　数字电视技术概述

1. 了解数字电视技术的特点。
2. 了解数字电视系统的种类与发展概况。

1973年，人们便开始进行数字电视广播实验，但碰到不少技术问题。直到1998年，美国才推出实用型的数字电视广播，我国也于1999年成功进行了数字电视广播。数字电视技术是伴随着计算机、多媒体、互联网、卫星转播等高科技而出现的，是电视技术领域的又一次革命。普通的模拟电视机加配一个数字信号转换器（即机顶盒），即可收看数字电视信号节目。数字电视技术的成功应用，标志着新的电视时代又开始了，并正在改变人类社会的生活质量和生活方式。

一、数字电视技术的特点

数字电视技术与模拟电视技术相比，有很多独特的优势，具体如下：

1. 图像质量高

数字电视技术系统对采集的模拟图像信号与音频信号进行数字化处理，用二进制的数字信号来表示。二进制数只有“1”和“0”，即高、低两个电平。如果信号在处理过程中产生了设备噪声干扰，在信号接收端，信号通过限幅、整形等方法，很容易恢复成正常的信号。

数字电视信号系统对需要传输的信号进行信道纠错编码，如果信号传送过程中外界产生了干扰，信号在接收端通过纠错解码方法，也很容易恢复成正常的信号。

数字电视信号调制方法抗干扰能力强。数字电视信号采用正交移相键控调制（QPSK）、正交幅度调制（QAM）、正交频分复用调制（OFDM）等技术。其中，正交移相键控调制技术在调制过程中信号幅度不变，幅度干扰失真基本不会引起误码；正交频分复用调制技术采用相位键控调制与频分复用相结合的方法，可有效减少信号在传输过程中由于多径反射产生的码间干扰现象。

正是因为数字电视信号系统采用了以上的技术措施，电视机重现图像的质量非常高。

2. 频谱资源利用率高

模拟电视信号系统传输一套节目时，所占用的频带宽度为 8 MHz。采用数字电视信号系统后，现有 8 MHz 带宽的模拟电视频道内可传输 4~6 套标准清晰度数字电视节目，数字电视信号系统可大大提高频谱资源的利用率。

3. 信号覆盖范围广

数字电视信号可以通过闭路电视系统、网络电视系统、卫星电视发射与接收系统等方式进行传输，特别是通过卫星电视发射与接收系统，数字电视信号通过高空卫星的转发，可以大大增加信号的覆盖面。目前，我国不少的卫星节目，不但全国范围能正常收看，而且全球多个国家都可以收看。

4. 智能化功能强大

数字电视信号系统可传输多种信号。数字电视信号采用时分多路复用技术，允许不同媒体，如文字、数据、声音、图像信号；允许不同等级，如低清晰度电视（LDTV）、标准清晰度电视（SDTV）、高清晰度电视（HDTV）信号；允许不同制式、不同格式的信号，在同一信道中传输，便于不同的电视机进行接收。

数字电视信号系统可实现多工广播。用户可以实现自由点播节目，拨打可视电话，查询图文信息，进行网上购物、网上教学、网上医疗、网上游戏、电子商务等多种业务。

5. 节目收视全球化

数字电视信号系统通过卫星传输时，不但信号的覆盖范围广，多个国家可以收视，而且可以进行多声道、多语种广播，方便交流。数字电视系统既可以传输 R、L 两路立体声信号，又可以传输环绕立体声伴音信号。这种环绕立体声伴音信号由左、中、右三个向前伴音声道，左环绕、右环绕两个环绕声道，以及一个超重低音声道组成，简称为 5.1 声道，伴音的音质更好，表现力更强。数字电视系统可以实现多语种广播功能，即收看同一套节目时，能选择不同语种的伴音，便于电视节目的国际化应用。

6. 数字电视信号系统安全性高

数字电视信号系统通过加密与解密、加扰与解扰技术，信号传输安全性大为提高；不但便于普通用户使用，还可以给特殊的用户使用；可以实现付费电视、交互式电视等功能。

二、数字电视系统的种类

数字电视信号系统按不同的分法，种类是不相同的。按信号传输的途径来分，可分为卫星数字电视系统、有线数字电视（CATV）系统、网络数字电视系统、地面（开路发射）数字电视系统；按显示图像的清晰度标准来分，可分为低清晰度数字电视（LDTV）、标准清晰度数字电视（SDTV）、高清晰度数字电视（HDTV）。

不同的数字电视信号传输系统，信号处理方法基本相同，只是信号的调制方法有区别。不管哪一种形式的数字电视信号系统，都不能直接被普通的电视机进行接收，而要通过机顶盒接收、解调之后，才能用电视机正常收看。

三、数字电视系统的发展

1999年，我国成功进行了地面数字电视广播，之后的几年不断进行技术改进。2005年，中央电视台开始在全国几个大城市，通过有线数字电视系统和卫星数字电视系统进行广播，实现了地面数字电视、有线数字电视、卫星数字电视同时播出。

为了统一规范，2006年，我国颁布了地面数字电视传输标准《数字电视地面广播传输系统帧结构、信道编码和调制技术要求》，要求各地采用国家标准进行地面数字电视广播。2009年，广电总局颁布了《卫星电视广播地面接收设施安装服务暂行办法》，明确了卫星数字电视系统的使用规范。

地面数字电视系统，因提供节目的数量和质量均不如有线数字电视系统，同时无法提供交互式业务，难以满足观众的收视需求，目前很少应用。

有线数字电视系统，因干扰小，图像质量高，可利用的频带宽，可以同时传输300套以上的数字电视节目，可实现付费电视、交互式电视等功能，很受大众欢迎，是最成熟的数字电视系统。

随着互联网技术的快速发展，互联网进入千家万户，数字电视节目开始在互联网中进行传输，用户配上网络电视机顶盒，即可收看网络数字电视节目。网络数字电视系统很容易实现视频节目直播、视频点播、手机蓝牙遥控、上网、购物、聊天、视频学习等功能，越来越多的网络爱好者已在收视网络数字电视节目。

可以预见，数字电视技术定会与互联网技术进行大融合，向多功能化、智能化方向发展。

§4—2　模拟图像信号数字化技术

1. 了解模拟图像信号数字化的方法。
2. 掌握模拟图像信号数字化的技术参数。

要将电视图像信号、伴音信号以数字方式传输出去，首要的是对模拟形式的图像信号与伴音信号进行数字化处理。

一、模拟图像信号数字化的特点

1. 模拟图像信号数字化的对象

数字电视系统对模拟图像信号进行数字化处理时，一般不对彩色全电视信号进行数字化处理，也不对三基色形式的R、G、B信号进行数字化处理，而是对分量形式的Y、U、V信号进行处理。因彩色全电视信号包含有亮度信号Y和色差信号U、V，在接收端进行解码时易引起失真，而三基色形式的R、G、B信号中不含有同步信号。分量形式的Y、U、V信号，亮度信号Y中含有黑白图像信息与同步信号，与色差信号U、V不存在混合与分离问题。

2. 模拟图像信号量化后，编码方法复杂

因模拟图像信号的频率比音频信号的频率高很多，用于量化的频率也高很多，模拟音频信号量化后的码率为 1.41Mbit/s，模拟图像信号量化后的码率为 216 Mbit/s。模拟音频信号量化后进行编码时，与常规编码方法一样，而模拟图像信号量化后，要经过信源编码、信道编码等一系列复杂的处理，才能调制并传输出去。

二、模拟图像信号数字化的技术参数

A/D 转换的采样频率、采样结构、采样点数及量化码率参考“§3—5 液晶电视整机组成”中 A/D 转换电路部分。

其中，国际无线电咨询委员会（CCIR）规定，U_Y：U_{R-Y}：U_{B-Y}=13.5 MHz：6.75 MHz：6.75 MHz，被定为 4：2：2 标准，其水平清晰度可达 480 线；当采样频率为 6.75 MHz：3.375 MHz：3.375 MHz 时，称为 2：1：1 标准，其水平清晰度可达 240 线。每 80 线对应信号的 1 MHz 带宽。

4：2：2 为高挡标准，2：1：1 为低挡标准，它们具有兼容性，可相互转换。

图 4—2—1 表示某行图像 Y 信号采样点数为 720 个。

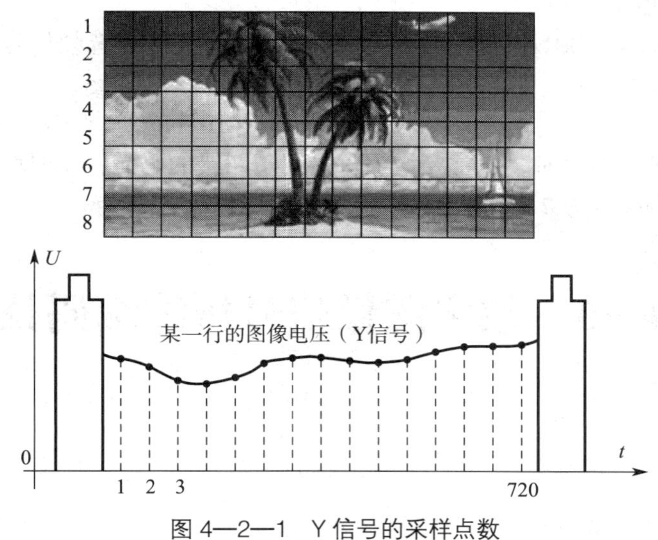

图 4—2—1 Y 信号的采样点数

模拟图像信号在量化前，把亮度信号、色差信号的峰—峰值严格控制在 1 V，当信号的幅度超过 1 V 时，电路容易出现过载而引起工作的不稳定。采用 8 bit 进行量化时，量化级为 256 级，为防止出现不稳定的情况，256 个量化级没有被亮度信号、色差信号全部占用，而是留有一定余量。

亮度信号量化时，对应的电平值是 0.063 ~ 0.922 V，该电平对应的量化级数是 16 ~ 235，在 256 个量化级中，上端留有 20 级、下端留有 16 级作为保护带，对应的二进制数是 0001 0000 ~ 1110 1011。

色差信号量化时，对应的电平值是 0.063 ~ 0.941 V，该电平对应的量化级数是 16 ~ 240，在 256 个量化级中，上端留有 16 级、下端留有 16 级作为保护带，对应的二进制数是 0001 0000 ~ 1111 0000。

三、模拟音频信号数字化的技术参数

模拟音频信号数字化的方法与模拟图像信号数字化的方法类似，但简单很多，没有采样结构这些问题，主要技术参数如下：

1. 模拟音频信号的频率范围

模拟音频信号在进行量化前，要经过一个 20 kHz 的低通滤波器，以滤去超过 20 kHz 的干扰信号。

2. A/D 转换的采样频率

模拟音频信号的上限频率是 20 kHz，按照奈奎斯特采样定理，采样频率必须在 40 kHz 以上。通常，在对音频信号进行数字化处理时，采样频率有三种选择：一是选择 32 kHz，称为亚奈奎斯特采样，选择这一采样频率可以降低码率；二是选择 44.1 kHz，称为标准奈奎斯特采样，目前普遍采用这种取样频率；三是选择 48 kHz，称为超奈奎斯特采样，目前在 AC–3 系统中采用，市场上称为“家庭影院”音响系统。以上三种采样频率都是按照 16 bit 进行均匀量化的。

3. A/D 转换量化的码率

当采样频率选择 44.1 kHz，量化数选定为 16 bit，对立体声音频信号进行数字化时，每秒钟的数据量（码率）是：

$$44.1\times10^3\times16\times2=1.41\times10^6\ \text{bit/s}$$

在对音频信号进行编码时，通常要增加一些用于纠错的码元，还要增加 20% ~ 30% 的冗余量，实际传送的码率约为 2 Mbit/s。

§ 4—3　数字图像信号压缩编码技术

学习目标

1. 了解数字信号压缩方法。
2. 掌握数字信号帧内压缩编码方法与帧间压缩编码方法。
3. 掌握数字图像数据流的结构与组成。

模拟图像信号量化之后，要经过信源编码、信道编码才能进行传输。对模拟信号量化后的数字信号进行编码，称为信源编码。信源编码的目的是对数字信号进行变换，减少信号的冗余度，以达到压缩信号带宽的目的。在保证传输图像质量的前提下，用尽可能少的数字信号表示原来的图像内容，使在单位时间内和单位频带内能传送更多的信息。

信源编码（即数字信号压缩编码）方法有多种，不同的压缩方法各有特点。

一、数字信号压缩方法

数字信号压缩的方法有多种，主要的压缩方法如下：

1. 按照信号压缩后信号恢复的情况来分

（1）无损压缩

压缩后的信号经过接收端解调后，重现的图像与原图像保持一致，称为无损压缩。无损压缩的信息量小，实用性不强。

（2）有损压缩

压缩后的信号经过接收解调后，重现的图像与原图像有一定的差异，称为有损压缩。有损压缩一般是利用人眼对细节分辨率不够高的视觉特性，以及每幅图像中空间的相同性（帧内压缩）、连续几幅图像时间的相似性（帧间压缩）所进行的一种压缩方法。这种压缩方法在人眼可接受的范围内进行，是数字电视信号压缩常用的方法。

2. 按照数字信号压缩的对象来分

（1）帧内压缩编码

帧内压缩编码以一帧图像（一张相片）为压缩对象，把该幅图像内空间的冗余部分、视觉的冗余部分压缩掉，帧内压缩时按照 JPEG 标准来进行。用手机照相时，每张相片都要经过这样的压缩后才进行保存，以节省数据空间。数字电视信号中，每一帧图像要先经过帧内压缩才能进行帧间压缩。

（2）帧间压缩编码

帧间压缩编码以相邻的几帧图像为压缩对象，利用相邻几幅图像时间的相似性，把这几幅图像时间上相似的部分压缩掉，帧间压缩时按照 MPEG-2 的标准来进行。这种压缩方法对慢动作画面有很好的压缩效果，但对快速变化画面的压缩效果则会差一些。

二、帧内压缩编码技术

帧内压缩编码技术又称为静止图像压缩技术，常采用离散余弦变换（DCT）编码方法来进行压缩。离散余弦变换的过程是，先对要进行压缩的这帧图像进行离散余弦系数变换（又称为 DCT 变换），进行第一次压缩；DCT 变换压缩后再采用游程编码、差分编码、霍夫曼编码等方法，进一步压缩。每幅图像经过两次压缩后，数据量将大为减少。

离散余弦变换（DCT 变换）编码方法如下：

1. 把（每帧的）图像分解为像块

在进行 DCT 变换编码时，先将图像切成若干个宏块，每个宏块再切成若干个像块，每一个像块分成 8×8=64 个像素。采用 4：2：2 格式时，一帧图像中亮度块的数目为 6 480 块；两个色差块的数目均为 3 240 块，一帧图像中需要处理的像块为 12 960 块，如图 4—3—1 所示。

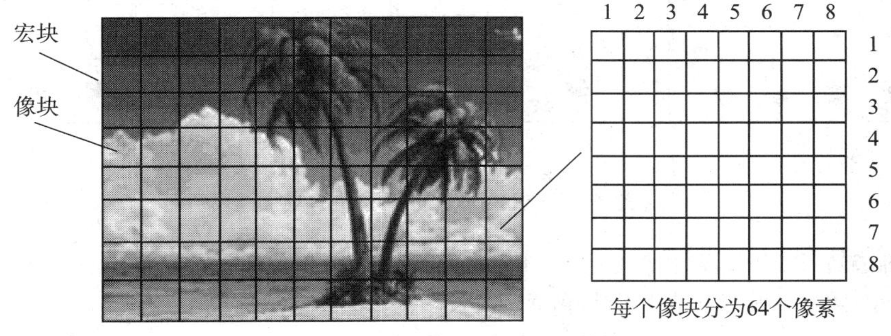

图 4—3—1　图像分解为像块

2. 对每个像块进行 DCT 变换

对每个像块逐一进行 DCT 变换，图像块进行 DCT 变换时，像素亮暗的变化为一种按频率高低分布的系数变化（DCT 系数）。

3. 对 DCT 系数的直流成分进行差分编码

差分编码就是当一行中相邻像素的幅值差别不大时，不传输每个像素的幅值，在传输了第一个像素点的值后，第二个像素点只传输其与第一个像素点之间的差值即可，采用其差值进行编码。对大面积相似的画面，这种方法可大量减少数据量。

4. 对 DCT 系数的交流成分进行游程编码

如果像块中一连串的像素交流成分有完全相同的值，此时可以只传输起始点像素的值，以及这一串像素点的个数，即能大量减少数据量。

如果像素点交流成分的值不同，对图像块各系数进行量化时，低频分量采用较细的量化，其量化级数较高；对高频分量采用较粗的量化，其量化级数较低。高频部分的幅值都比较小，大多数图像的高频部分通过量化和 DCT 变换后，绝大多数的系数值都变成了零，实现信号的压缩。

5. 对差分编码与游程编码再进行统计编码

统计编码又叫霍夫曼可变长度编码，简称为霍夫曼编码，其基本原理是对出现概率大的符号赋予短码，对出现概率小的符号赋予长码。具体方法是，对信源符号（量化系数）进行统计，把那些出现频率非常高的值，改用新的短码来表示；把那些出现频率非常低的值，改用新的长码来表示，以达到压缩数据量的目的。

三、帧间压缩编码技术

帧间压缩编码又称为帧间预测编码，帧间压缩编码的对象为相邻的几帧图像（图像组），压缩的目的是把这几幅图像时间上相似的部分压缩掉。图 4—3—2 所示为汽车向前运动的画面，汽车在向前运动的过程中，画面中大面积的背景是静止不动的，只有汽车是运动的。对该图像组进行编码传输时，不必每帧都进行完整的编码传输，可以对第一帧图像进行 DCT 压缩后完整地传输出去，以后几帧只传输与第一帧的差值（运动部分），在接收端恢复回去即可。这种差值通常通过运动补偿预测方法来产生。

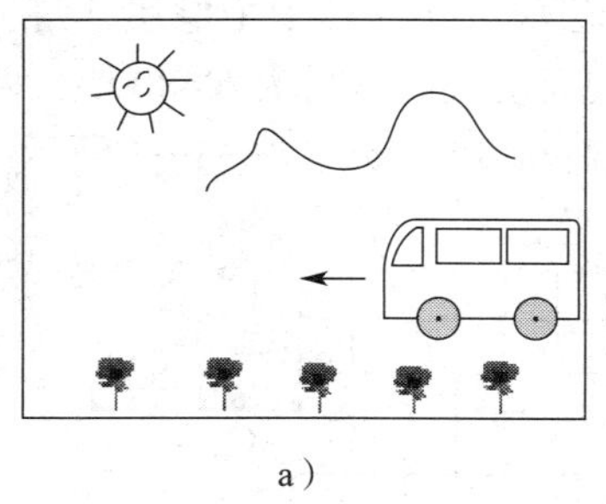

a）

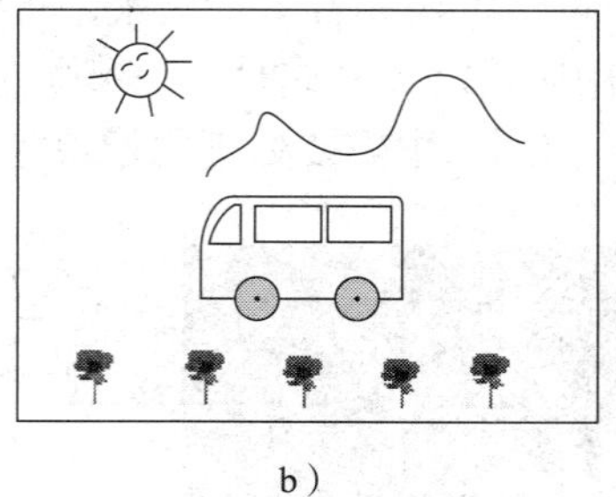

b）

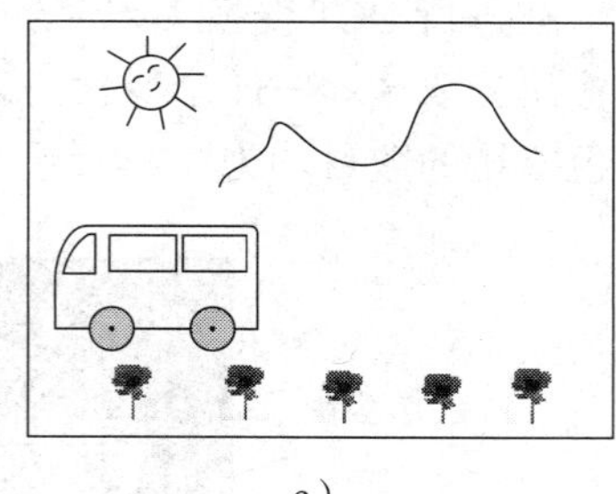

c）

图 4—3—2　汽车向前运动的画面

帧间压缩编码的方法如下：

1. 图像组中第一帧（I 帧）信号的产生方法

对图像组中的第一帧图像，采用帧内压缩编码方法去掉帧内空间的冗余，这帧图像常称为 I 帧图像，I 帧图像经帧内压缩之后，直接传输出去。

2. 图像组中 P 帧信号的产生方法

图像组中紧跟 I 帧后面的帧，以 I 帧信号作为参考，两帧信号在取样量化之后，用空间对应位置像素的码进行差值比较运算（向前预测），去掉时间的冗余量，这帧信号称为 P 帧信号，P 帧信号再经过 DCT 变换（帧内压缩）之后，再传输出去，如图 4—3—3 所示。

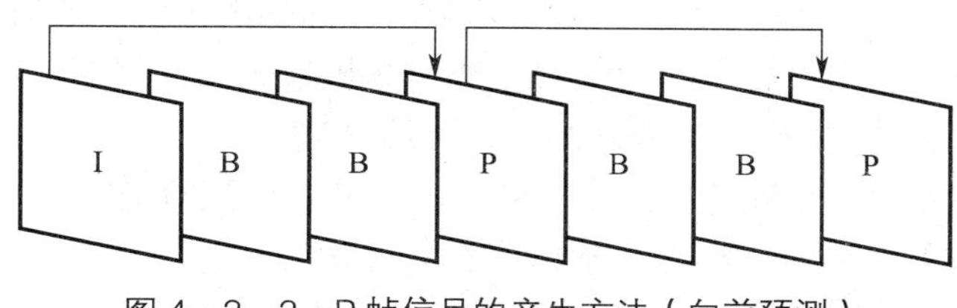

图 4—3—3　P 帧信号的产生方法（向前预测）

3. 图像组中 B 帧信号的产生方法

图像组中的某帧图像，以前面 I 帧或 P 帧为参考，又以后面的 P 帧作为参考，多帧信号在采样量化之后，用空间对应位置像素的码进行差值比较运算（同时向前预测与向后预测），去掉时间的冗余量，实现更大的压缩量，这帧信号称为 B 帧信号，B 帧信号再经过 DCT 变换（帧内压缩）之后，再传输出去，如图 4—3—4 所示。

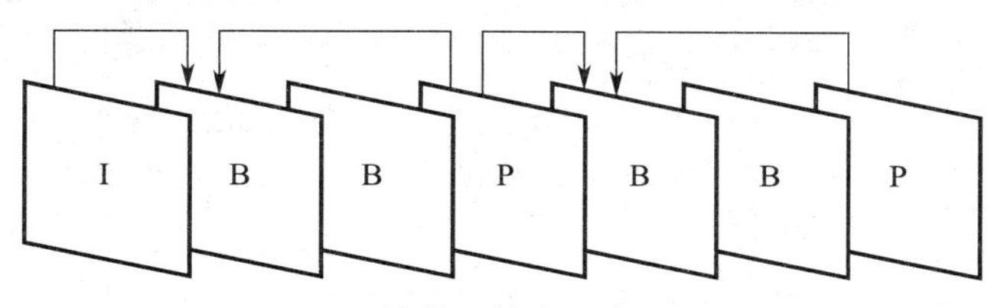

图 4—3—4　B 帧信号的产生方法（双向预测）

四、图像数据流的结构

1. 图像数据流的句法排列

上述经过帧内与帧间压缩之后输出的一帧帧数字信号，还要在图像组数据之间和每帧图像数据之间加入一些基本参数，并按照一定的方法排列，才能送去调制并传输出去。数据的结构，也即数据的排列方法称为句法排列。图像数据流句法排列的方法，通常采用 MPEG（活动图像专家组）标准规定的方法，MPEG 的句法排列由六个层次构成，如图 4—3—5 所示。

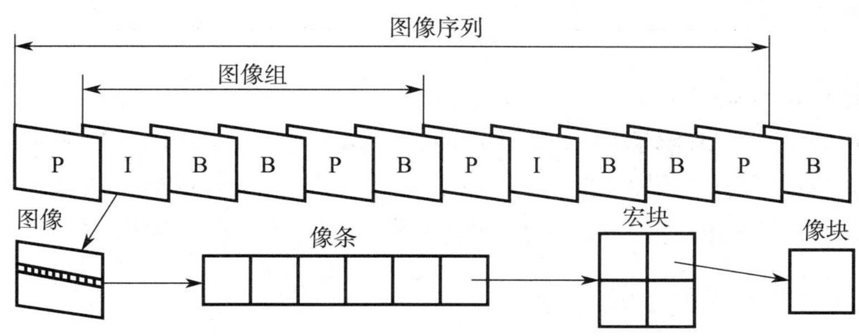

图 4—3—5　视频数据分层结构图

第一层为像块，由 8 行 ×8 列像素的亮度成分或色差成分构成。

第二层为宏块，由 16 行 ×16 列的亮度阵列、在同区域内对应的 8 行 ×8 列的色差阵列构成。

第三层为像条，是画面上从左到右完整的一条图像，是若干个宏块的集合。

第四层为图像，是由像条组成的一幅完整图像。这种图像可以是 I 帧图像，也可以是 P 帧或 B 帧图像，应当注意的是，I 帧、P 帧和 B 帧信号都是由像块、宏块、像条组成的。

第五层为图像组，它由一幅 I 帧、多幅 P 帧和 B 帧编码图像组成。组内开头的图像必须是 I 帧编码图像，结尾用 I 帧或 P 帧编码图像，不用 B 帧。

第六层为图像序列，它是连续的图像序列，一个图像序列对应于一个镜头。

图像数据流结构中，每一层都有开始标记和结束标记，有的还要加入一些时间标记等辅助信息。这样形成的数据结构称为基本码流，用 ES 来表示。

2. MPEG 的图像格式

MPEG 的图像格式有多种，常见的有 MPEG–1、MPEG–2、MPEG–3 等，每一种又有不同的级和类。不同图像格式的主要区别是采样频率、码率的压缩比、像素传输速率等参数不一样，见表 4—3—1。

表 4—3—1　　不同图像格式参数比较

	MPEG–1（PAL 制）	MPEG–2（PAL 制）	MPEG–3（PAL 制）
采样频率	亮度Y：6.75 MHz 色差Cb、Cr：3.375 MHz	亮度Y：13.5 MHz 色差Cb、Cr：6.75 MHz	亮度Y：54 MHz 色差Cb、Cr：27 MHz
每行亮度采样点（点/行）	432	864	1 728
亮度有效区像素	352像素/行 288行/帧	720像素/行 576行/帧	1 140像素/行 1 152行/帧
色度有效区像素	176像素/行 144行/帧	360像素/行 288行/帧	720像素/行 576行/帧
像素传送速率	3.801 6兆像素/s	15.552兆像素/s	62.208兆像素/s
码率（每像素8 bit）	30.4128 Mbit/s	124.416 Mbit/s	497.664 Mbit/s
码率为4 Mbit/s时的压缩比	7.6	8.29	8.29
码率为1.2 Mbit/s时的压缩比	25.34	62.2	62.2

3. 图像数据流的编码方法

MPEG–1 与 MPEG–2 编码器的组成与编码方法基本相同，MPEG–2 编码器的组成与编码过程（图像数据流的形成过程）如图 4—3—6 所示。图中，当双向开关 S1、S2 同时向上拨时，进行帧内编码；当双向开关 S1、S2 同时向下拨时，进行帧间编码。

五、数字电视基本数据流的组成

原模拟频道传输一个台的带宽为 8 MHz，数字电视信号传输系统中，为了与模拟频道带宽一致，以方便数字信号的调制与解调，信号经过压缩后，一般通过时分复用的方式，把 4~6 个台的数字电视节目信号复用在一起，复用之后的带宽仍为 8 MHz。上述方法产生的基本码流还是不能直接传输，还要通过打包等处理之后才能传输。

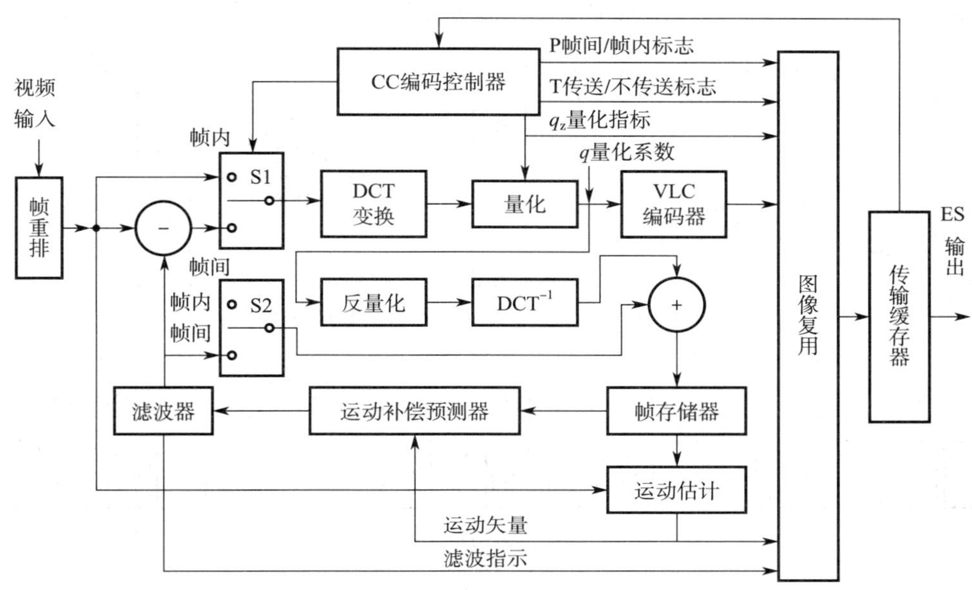

图 4—3—6　图像数据流的形成过程（MPEG-2 编码过程）

1. 一个台数字电视节目的复用方法

一个台的数字电视信号节目，包含有视频基本码流 ES、音频基本码流 ES，还有一些辅助控制信号。通过打包器以一帧为一个小包，对视频基本码流 ES（含辅助信号）进行打包，使之成为打包视频基本码流 PES。打包器以 64 KB 数据量为一个小包，对音频基本码流 ES（含辅助信号）进行打包，使之成为打包音频基本码流 PES。

多个以帧为单位的打包视频基本码流 PES，以及以字节为单位的打包音频基本码流 PES，通过节目复用器分割成一个个固定长度为 188 字节的包，形成节目数据流，即单个节目 MPEG-2 码流，这种单个节目数据流用 TS 来表示，又叫节目传输码流，如图 4—3—7 所示。

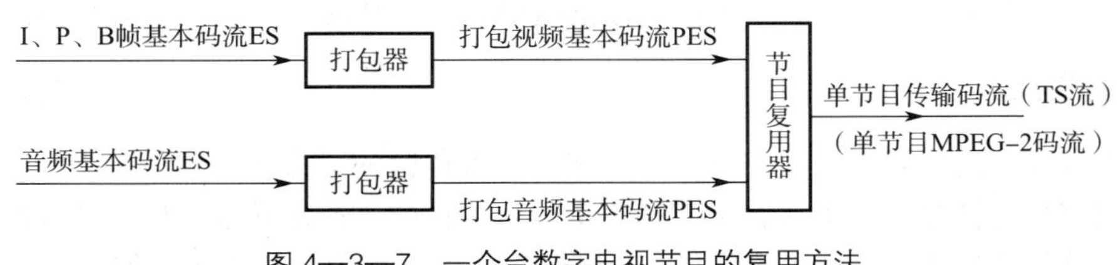

图 4—3—7　一个台数字电视节目的复用方法

2. 多套数字电视节目的复用方法

当一个带宽为 8 MHz 的模拟电视频道内要传输 4~6 套数字电视节目时，一般是通过时分复用的方法，把 4~6 套节目的传输码流 TS 复用在一起，形成多节目传输码流 TS，才能送往后级的信道编码调制电路，进行调制传输，如图 4—3—8 所示。多节目传输流在一段时间间隙里的结构如图 4—3—9 所示，在第一时间间隙里依次传输节目 1 的 TS 包（1）~ 节目 6 的 TS 包（1），在第二时间间隙里依次传输节目 1 的 TS 包（2）~ 节目 6 的 TS 包（2），依此类推。到了接收端，如果用户要观看节目 1，则按照时间选通法，就可以取出节目 1 的 TS 包（1）~ 节目 1 的 TS 包（*n*）的传输码流，重新形成节目 1 的数字信号，供用户观看节目 1。

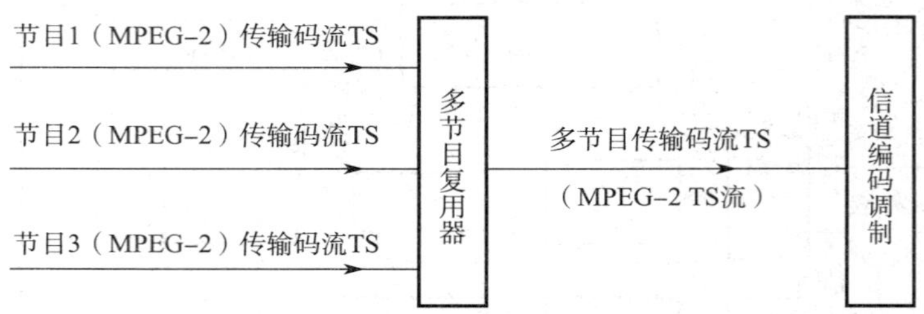

图 4—3—8　多套数字电视节目的复用方法

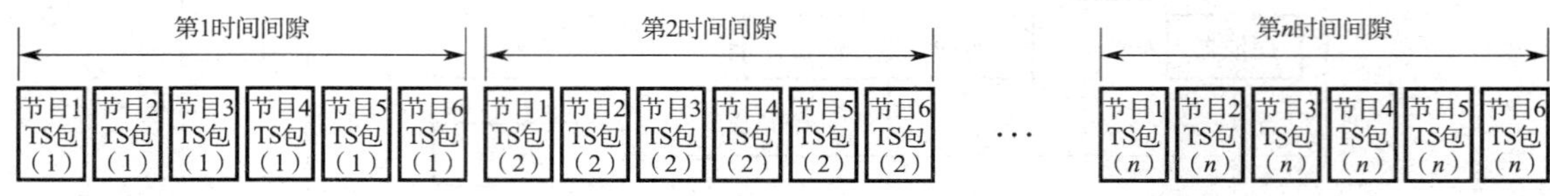

图 4—3—9　多节目传输流结构

§ 4—4　数字电视信号信道编码与调制技术

学习目标

1. 了解信道编码的方法。
2. 掌握数字信号调制技术。

数字电视节目信号进行复用之后，还要经过信道编码和调制之后，才能发射（传输）出去给用户使用。本节重点学习数字电视信号信道编码、调制内容。

一、信道编码技术

要实现数字电视信号的有效传输，必须解决信号传输的可行性问题与可靠性问题。前一节学习的数字电视信号压缩编码技术，解决了信号传输的可行性问题。信号传输的可靠性问题，实质上是传输过程中的抗干扰问题，这一问题可通过信道编码技术来解决。

1. 信道编码的作用

数字信号在传输过程中会受到各种干扰，如设备随机噪声干扰、外界的闪电干扰等，干扰会使信号丢失、失真，引起误码率升高，影响正常的收看。信道编码的作用是提高信号传输的可靠性，即提高信号的抗干扰能力。

2. 信道编码的基本原理

信道编码又称为纠错编码。为了使信号传输出去后具有纠错能力，通常采用在要传输信号的码元上增加一些冗余码元的方法，这些码元称为纠错码元，发送端完成这一任务的过程称为纠错编码。在传输端出现错误时，纠错码元会自动检索出出错的地方，并进行纠错，恢复为正确的信号。

在数字信号的压缩编码技术中，需要尽可能去掉冗余，提高传输效率。显然，信道编码与压缩编码是矛盾的，但信道编码可以大大提高信号传输的可靠性，是必不可少的。

3. 信道编码常用的方法

信道编码的方法有多种，针对不同干扰源的抗干扰，有不同的方法，常用的信道编码方法主要有 RS 编码、交织编码、卷积编码等。

RS 编码又称里德—所罗门码，RS 编码特别适合于设备随机噪声所引起干扰的编码，编码时以字节为单位，插入一些纠错码元，进行向前纠错。

交织编码是最常用的信道编码技术，特别适合于抗突发性干扰的编码，这种编码技术不必附加纠错码元，其纠错原理是改变数据码流中码的传输顺序，即改变原来数据码的排列方法，若在传输中受到突发性大干扰时，在接收端进行去交织时，能将较为集中的干扰分散开来，使不可恢复的信息损失最小。

卷积编码适合于设备随机噪声所引起干扰的编码，卷积编码的方法与交织编码方法类似，其交织范围较小，利用前后码组之间的相关性来进行纠错。

信道编码流程图如图 4—4—1 所示。

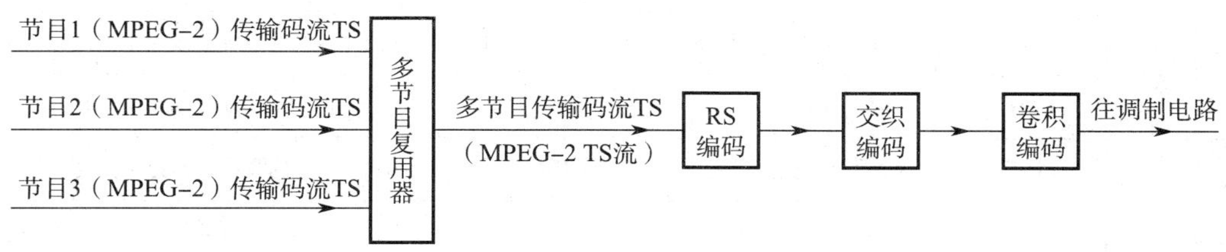

图 4—4—1　信道编码流程图

二、数字调制技术

数字信号经信道编码电路纠错编码后，即可进入数字调制电路进行调制。与模拟信号的调制方法一样，数字信号载波调制的基本方法也有幅度键控调制（ASK）、移频键控调制（FSK）、移相键控调制（PSK），不同的调制方法各有优缺点。目前，数字电视信号调制系统中，主要采用正交移相键控调制（QPSK）、正交幅度调制（QAM）、正交频分复用调制（OFDM）。

1. 正交移相键控调制

（1）正交移相键控调制的特点

正交移相键控调制采用调相技术，在调制过程中幅度不变，调制波在传输过程中幅度干扰失真基本不会引起误码，具有抗干扰强的特点。

（2）正交移相键控调制的原理

正交移相键控调制主要应用在卫星数字信号传输中，传输频段为微波段，且以四相制调制为主。调制原理是，串行输入的传输码流（如 00100111），按照奇数位、偶数位进行并行转换，变为 I、Q 两路数据信号。这两路信号输入各自的平衡调制器中，I 路信号用 $\sin\Omega t$ 调制成为 Ipsk，Q 路信号用 $\cos\Omega t$ 调制成为 Qpsk，再进行正交相加，即完成 QPSK 调制，如图 4—4—2 所示。

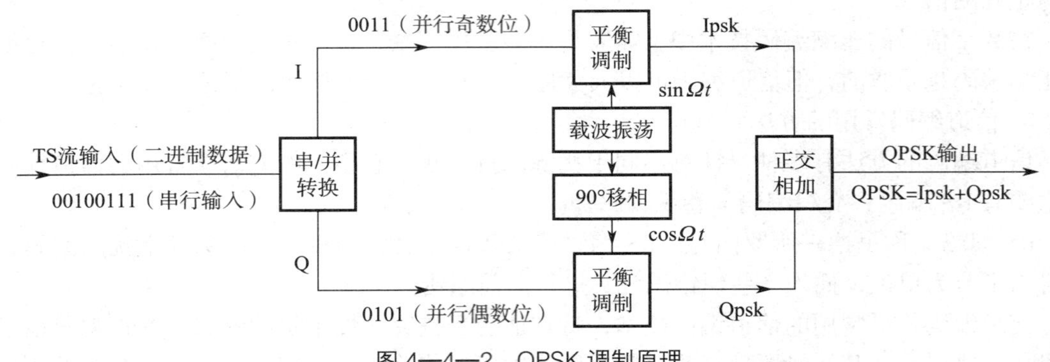

图 4—4—2　QPSK 调制原理

在 QPSK 调制过程中，输入的 I、Q 二进制码不同组合时，相位分布情况见表 4—4—1。

表 4—4—1　QPSK 调制相位表

输入码		调制输出			正交输出
I路	Q路	相位	Ipsk	Qpsk	QPSK=Ipsk+Qpsk
0	0	−135°	sin（−135°）	cos（−135°）	sin（−135°）+cos（−135°）
0	1	−45°	sin（−45°）	cos（−45°）	sin（−45°）+cos（−45°）
1	0	+135°	sin（+135°）	cos（+135°）	sin（+135°）+cos（+135°）
1	1	+45°	sin（+45°）	cos（+45°）	sin（+45°）+cos（+45°）

2. 正交幅度调制

（1）正交幅度调制的特点

正交幅度调制采用调幅技术，是一种多电平、正交幅度—相位复合调制技术。正交幅度调制技术采用多电平调制方法，频谱利用率很高，抗干扰能力不是很强。在有线数字电视网络中传输信号时，干扰较小，通常采用这种调制方法。

（2）正交幅度调制的原理

正交幅度调制的原理，以最常见的四电平 16 QAM 调制为例，先对输入数据进行分组，并进行数 / 模转换，转换成多电平模拟信号；对转换后的模拟信号再进行调幅和调相。

串行输入的传输码流（如 00100111），按照每两位为一组进行并行转换，变为 I、Q 两路数据信号。这两路信号各自经过 D/A 转换后，I 或 Q 路中四种数据组合（00、01、10、11）共有四种模拟电平（+3、+1、−1、−3）。这两路信号输入各自的平衡调制器中（每次送入平衡调制器中的数字信号共有四位），I 路信号用 $\sin\Omega t$ 调制成为 I_{QAM}，Q 路信号用 $\cos\Omega t$ 调制成为 Q_{QAM}，最后进行正交相加，即完成 16 QAM 调制，如图 4—4—3 所示。

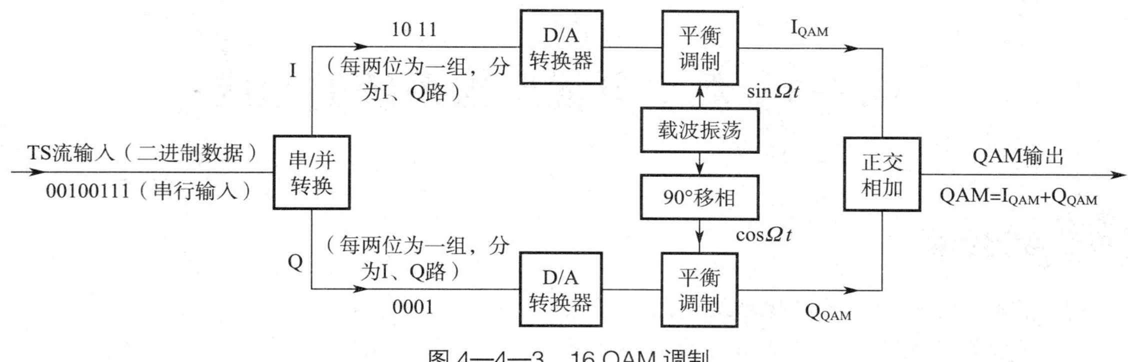

图 4—4—3　16 QAM 调制

按照调制时每次处理的数据位数（bit 数）来分，QAM 调制有多种类型。对于 2^m QAM 的表示法，表示每次调制时，调制数据 bit 数为 m，如 16 QAM=2^4 QAM，m=4，表示每次调制时，调制数据 bit 数为 4。

有线数字电视系统中常用 64 QAM 调制方式，64 QAM=2^6 QAM，m=6，表示每次调制时，调制数据 bit 数为 6。各种进制的调制关系见表 4—4—2。

表 4—4—2　　QAM 调制各种进制关系表

类型	进制	电平数	每次调制 bit 数	星座点数
QPSK	2	2	2	4
16 QAM	4	4	4	16
64 QAM	8	8	6	64
256 QAM	16	16	8	256

3. 正交频分复用调制

（1）正交频分复用调制的特点

正交频分复用调制采用 PSK 或 QAM 调制与频分复用相结合的方法，以降低每次调制数字信号的码率，可以有效减少调制信号在传输过程中由于多径反射产生的码间干扰现象，故数字电视信号的这种调制方法主要应用于数字电视信号开路发射系统中，因为数字调制信号开路发射时，容易产生多径反射的码间干扰现象。

（2）正交频分复用调制的原理

幅度键控调制（ASK）和移相键控调制（PSK）的调制频率都很高，数字调制信号开路发射时，调制频率相对会低很多，这样每次调制时码率也会低很多，为了降低每次调制的码率，可以采用正交频分复用调制技术。其调制原理是，输入的串行数据流经过串 / 并转换变为多路数据流，然后将高频调制频带内的载波也同样分割成频率不同的多个子载波，每个子载波对各路数据流分别进行 PSK 或 QAM 调制，再将处于不同子频段内的多个已调波按照频分复用的方式混合起来，变为调制频带内的一路综合已调波。

§4—5 数字电视广播系统的组成

学习目标

1. 了解数字电视信号广播系统的组成。
2. 了解数字电视信号广播系统的工作流程。

数字电视广播系统传输信号的方式，主要为有线传输与发射传输两种。有线传输又可分为闭路电视传输（CATV）与网络传输（IPTV），发射传输又有卫星发射传输与地面发射传输两种。数字电视信号，不管采用哪种传输方式，其信号发射前的处理方法和信号接收后的处理方法基本相同，而且，目前的电视机都不能直接接收数字电视信号节目，必须配上机顶盒才能正常收看。

一、数字电视信号广播系统前端的工作流程

1. 数字电视信号广播系统前端的组成

数字电视信号广播系统的前端，通常由信源部分（节目源）、处理部分、传输部分和管理部分组成。

信源部分的主要作用是，用来产生各种电视节目信号和数据信息，其来源包括卫星接收的信号、自制节目信号和互联网信号等，其主要设备包括数字卫星接收机、视频服务器、MPEG–2 编码器、节目采编工作站、信息服务器、信息采编工作站等。

处理部分的主要作用是，对各种数字电视信号进行处理，通过处理，使系统提供的附加服务具有多样性和灵活性，并使数字电视广播运营商能方便地实现控制。处理部分的设备主要包括传输流处理器、传输流复用器、条件接收系统等。

传输部分的主要作用是，对信道编码后的信号进行调制，针对不同的传输方法采用不同的调制方式，如 QAM、QPSK 等调制方式。

管理部分的主要作用是，使数字电视系统能满足设备功能、安全性、用户管理等网络运行的基本要求。

2. 数字电视信号广播系统前端的工作流程

数字电视信号广播系统前端的工作流程如图 4—5—1 所示。

每个节目源的 Y、U、V 信号经过采样量化之后，图像组进行帧内压缩，成为 I 帧信号，进行帧间压缩，成为 P、B 帧信号，每帧信号都经过 DCT 变换和信源编码，成为单节目 MPEG–2 传输码流。单节目传输码流通过信道纠错编码进入多节目复用器中，4 ~ 6 个模拟节目信号的码流按照时分复用方式进行复用。多节目的传输码流进行复用时，一般要经过加扰与加密处理，才能在调制器中进行高频调制。调制后的信号经放大处理，即可通过有线或开路方式传输出去。

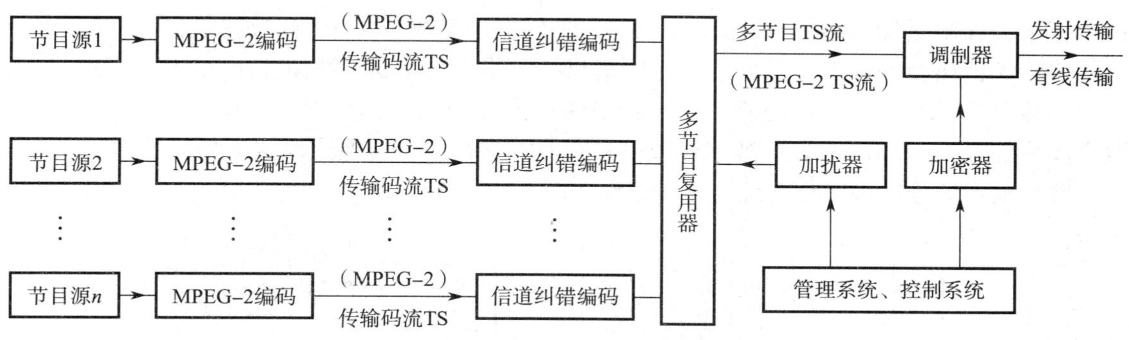

图 4—5—1　数字电视信号广播系统前端的工作流程

3. 加扰与加密

（1）加扰（Scramble）

在数字电视网络中心电视信号的发送端，将已数字化的声图信号加以改变，对节目流进行有规律的扰乱，使未经授权的用户（不符合条件的用户）无法收看电视信号，这一有规律的扰乱过程，称为加扰。

（2）加密（Encryption）

在数字电视网络中心电视信号的发送端，将条件接收用户的授权管理信息、授权控制信息，变成密文（钥）的过程，称为加密。

经过加扰与加密的数字电视信号，用户要经过解扰与解密才能正常收看。解密产生的控制信号，用于对声图信号的解扰，即要先解密，才能进行解扰，解密最终为解扰服务。

4. 数字电视信号传输的频率范围

数字电视信号如果通过卫星天线来发送与接收，其调制频率可以分为 C 波段与 Ku 波段，C 波段信号的频率范围为 3.7 ~ 4.2 GHz，Ku 波段信号的频率范围为 11.7 ~ 12.2 GHz。如果通过有线电视系统（CATV）或地面开路发射，其调制频率范围与模拟电视信号调制频率范围相同。

二、数字电视信号广播接收系统的工作流程

数字电视信号不管采用哪种方式进行传输，都要经过机顶盒处理，变换为数字高清信号（HDMI 信号）、AV 信号、VGA 信号等，才能给电视机，使之正常收看。

数字电视信号如果通过卫星天线来传输，所用的机顶盒称为卫星电视机顶盒；如果通过闭路电视系统来传输，称为有线电视机顶盒；如果通过网络来传输，称为网络电视机顶盒。

1. 数字电视信号接收电路的组成

各种机顶盒组成结构虽有一定的差异，但主要都是由高频头、解调器、解复用器、解扰器、MPEG–2 解压缩器、模拟图像信号编码器、音频 D/A 转换器等电路组成。

2. 数字电视信号接收电路的工作流程

各种机顶盒接收电路的工作流程基本相同，以有线电视机顶盒为例，数字电视信号经过机顶盒的调谐器，从输入的 8 MHz 带宽的 QAM 调制频道中选择一个所需要的频道（内有 4 ~ 6 个数字信号节目），下变频为中频信号（仍为 QAM 调制信号），经过 QAM 解调器，将 QAM 调制信号解调为 MPEG–2 传输流。在条件接收系统电路（智能卡、解密器电路）的认

证授权下，在解复用器电路中，从一个频道的4～6个数字信号节目中选择所需要的某个节目的传输流，在MPEG-2解码器中进行纠错与解压缩，还原成一帧帧非压缩的数字音、视频信号。数字图像信号在PAL/NTSC编码器中转换成模拟的图像信号（VIDEO/VGA信号）或数字高清信号（HDMI信号）；数字音频信号在D/A转换器中转换成模拟音频信号。

数字电视信号广播接收系统的工作流程如图4—5—2所示。

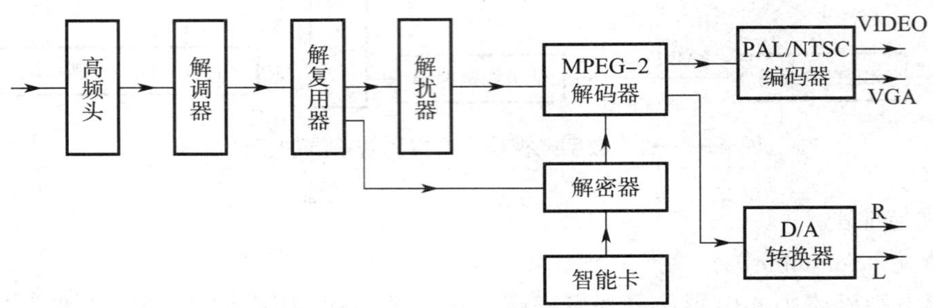

图4—5—2 数字电视信号广播接收系统的工作流程

§4—6 有线数字电视接收技术

1. 了解有线数字电视接收系统的组成。
2. 了解有线数字电视机顶盒电路组成与工作流程。
3. 掌握有线数字电视机顶盒的安装与调试方法。

有线数字电视机接收系统（CATV）一般采用多电平正交幅度调制方式（即QAM调制方式），这种调制方法的特点是：数据传输效率高，一个频道占用的频带较窄，频段利用率高，同时，用有线方式来传送数字电视信号，抗干扰强，信号稳定。故有线数字电视接收系统很受人们欢迎，并得到了广泛的应用。

一、有线数字电视系统的组成

有线数字电视系统是一种有偿服务系统。这种有偿（有条件）服务的有线数字电视系统又称为条件接收系统，简称CA系统。

有线数字电视条件接收系统由有线数字电视网络中心和用户机顶盒组成。其组成方框图如图4—6—1所示。

有线数字电视系统各部分的作用如下：

1. 用户管理系统

用户管理系统是发送电视信号和各种控制信号的控制中心。用户管理系统产生的控制信号要送入授权控制系统中，做进一步的处理。

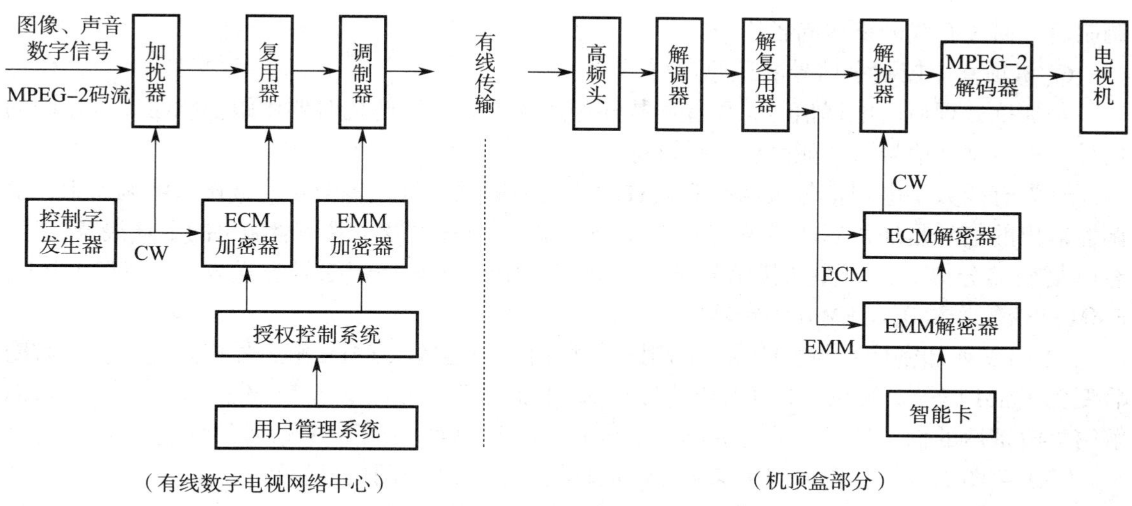

图 4—6—1　有线数字电视条件接收系统组成方框图

2. 授权控制系统

授权控制系统的作用是，根据用户管理系统送来的信号，产生新的控制信号——业务密钥，即产生哪些用户，何时收看何节目的控制信号。业务密钥分别送往 ECM 加密器、EMM 加密器中，进行加密处理。

3. 控制字发生器

控制字信号（CW）是一种由控制字发生器产生的密钥（码）。控制字信号的作用是，连续不断地对传送过来的图像、声音等数字信号，进行有规律的扰乱（加扰），使未授权（未交费）的接收者无法进行收看。

为了防止未交费的用户破译控制字信号，控制字信号的生成方式是随机的，无规律性的，而且每隔 5 ~ 20 s 就改变一次。

需要注意的是，在机顶盒的接收端，在对加扰后的声图信号进行解扰还原时，也要有控制字信号才行，即要用与加扰时完全相同的控制字信号才能进行解扰，否则不能进行解扰。正是因为这个原因，有线数字电视网络中心应该把加扰时所用的控制字信号与声图信号一起发送到用户的机顶盒中，但为了防止被未交费者破译，又不能直接发送控制字信号，加扰时所用的控制字信号要经加密处理，即进行 ECM 加密处理后才能发送出去。即控制字发生器产生的信号，一方面用于对节目信号进行加扰处理；另一方面，经加密处理后，发往接收端的机顶盒。

4. ECM 加密器

ECM 加密器的作用是，对输入的控制字信号、输入的业务密钥信号（由授权控制系统产生的信号，代表哪些用户、何时、收看何节目的密钥）进行加密处理，产生 ECM 加密信号，送往接收端的机顶盒，用于恢复解扰时的控制字信号。

5. EMM 加密器

EMM 加密器的作用是，对授权控制系统送来的业务密钥信号进行另一种方式的加密处理，即产生 EMM 加密控制信号，送往接收端的机顶盒，也用于恢复解扰时的控制字信号。

将加扰后的声图信号和加密后的 ECM、EMM 信号送入复用器中，混合在一起，经高频调制后，通过有线网络送向各用户。

6. 机顶盒中控制字信号的还原过程

经加扰处理后的电视信号，要经解扰还原后才能收看，解扰时要用跟加扰时完全相同的信号——控制字信号，才能完成解扰过程。

（1）有线数字电视信号被高频头接收后，变为中频信号，将中频信号送入解调器中，解调器输出的信号是加扰后的声图信号和 ECM、EMM 加密信号。解调器输出的上述混合信号，经解复用器分离后，声图加扰信号被送入解扰器中；ECM 加密信号被送入 ECM 解密器中；EMM 加密信号被送入 EMM 解密器中。

（2）EMM 加密信号与智能卡中的用户信息信号一起送入 EMM 解密器中进行解密，解密后变为 EMM 信号。解密后的 EMM 信号与 ECM 加密信号一起送入 ECM 解密器中，经 ECM 解密器解密后的输出信号，就是控制字信号 CW。这样就完成了 CW 信号的恢复工作。

（3）声图加扰信号在控制字信号 CW 的作用下，完成声图信号的解扰。

二、有线数字电视机顶盒

1. 有线数字电视机顶盒的主要功能

（1）能将有线数字电视网络中心送来的数字电视信号，解调、解密、解扰、解码成模拟的音、视频信号。音频信号的输出通常为 R、L 两路模拟信号，有的还可以输出数字音频信号；视频信号的输出有多种形式，可以是彩色全电视 VIDEO 信号、S 信号、YUV 信号，有的机顶盒还可以输出数字高清 HDMI 信号。

（2）机顶盒能进行节目预置、换台、时间设定、音量调节等多功能的操作。

（3）具有双向互动功能。通过具有双向互动功能的机顶盒（这种机顶盒除有天线信号输入孔外，还有一个网络信号输入接口），可以开展交互式多媒体应用服务，包括收看普通电视节目、收看数字加密电视节目、点播多媒体节目与信息、提供电子节目指南、收发电子邮件、互联网浏览、网上购物、股市行情分析、开展远程教育等，用户想看什么就看什么，想什么时候看就什么时候看，同时还具有停止、重放、快进、快退播放等功能。

（4）具有软件在线升级功能。有线数字电视系统需要更换新的应用程序，进行系统软件升级时，如要更换开机显示的字幕、开机画面、广告等，有线数字电视网络服务中心会把更新的软件传送到机顶盒中，机顶盒的接收功能会自动升级，让用户享受新的服务。

2. 有线数字电视机顶盒的组成与工作流程

有线数字电视机顶盒由以下五大模块组成：

（1）网络接口模块

网络接口模块完成网络信号的解调和解码功能，输出包含音、视频和其他数据信息的传输流（TS）。

（2）数据传输流解复用器

数据传输流中一般包含多个音、视频流及一些数据信息，数据传输流解复用器用来区分不同的节目，提取相应的音、视频流和数据流，送往解扰、解密和 MPEG-2 解压缩电路。

（3）条件接收模块

条件接收模块与含有用户信息的智能卡相配合，从智能卡中读取解扰的密钥，对音、视频流进行解扰，保证合法用户能正常收看。

（4）音、视频解码器和后处理电路

MPEG-2 解码器完成对音、视频信号的解压缩，经视频编码器和音频 D/A 变换，还原出模拟音、视频信号，在模拟电视机上显示高质量图像，并重现多声道立体声。

（5）嵌入式 CPU、存储器模块和接口电路

嵌入式 CPU 是数字电视机顶盒的心脏，它与存储器模块相配合，保证系统软件正常工作，并对各个硬件模块进行控制。接口电路提供丰富的外部接口，包括通用串行接口 USB、以太网接口、RS232 接口，以及模拟 / 数字音、视频接口等。

上面五大功能模块具体到实际电路，主要由高频头、主芯片、Flash、SDRAM、前控板、卡板、音频输出、视频输出，以及网络接口等部分电路组成。其外形如图 4—6—2 所示，电路组成方框图如图 4—6—3 所示。

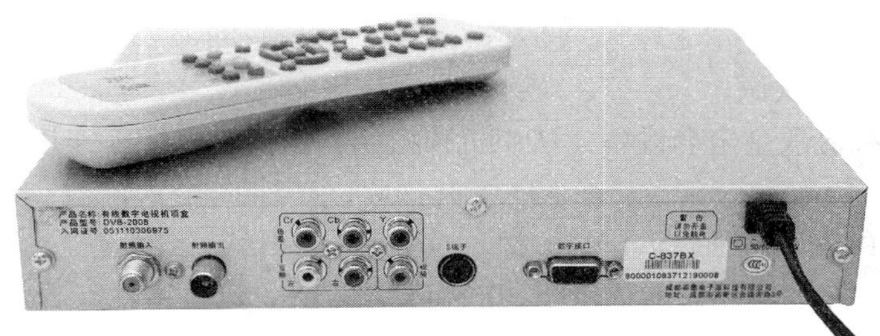

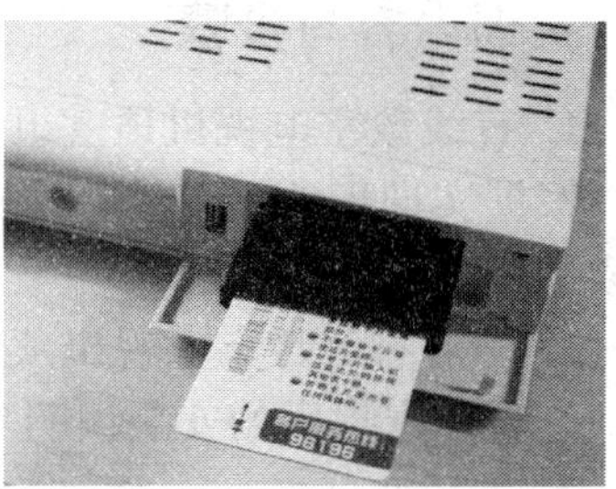

图 4—6—2　有线数字电视机顶盒外形

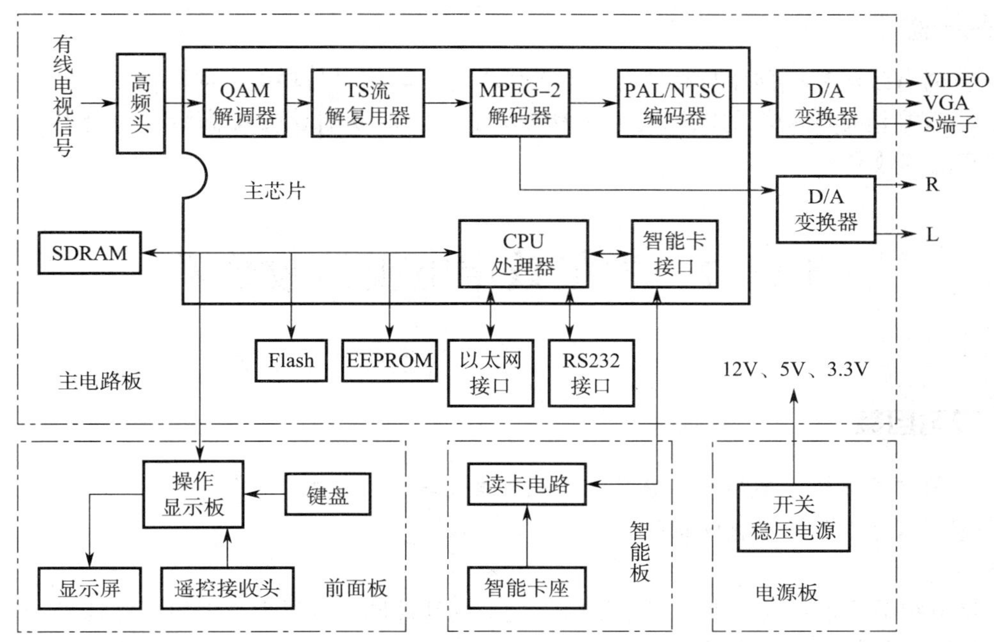

图 4—6—3　有线数字电视机顶盒电路组成方框图

实训 1　有线数字电视机顶盒的安装

实训目的

1. 进一步熟悉有线电视机顶盒的组成结构。
2. 掌握有线电视机顶盒的安装与调试方法。

实训设备与工具

有线数字电视机顶盒全套设备、常用的维修工具、实训指导书等。

实训内容与步骤

1. 有线数字电视机顶盒组成结构认识。

根据实训场地提供的有线电视机顶盒全套设备，认识机顶盒结构、同轴电缆、连接头的组成结构。

2. 学习有线数字电视机顶盒的安装方法。

查看厂家提供的安装说明书，熟悉机顶盒面板按钮功能和安装方法，进行实地安装。

3. 进行调试。

现场安装完毕，进行调试。

【想一想】

1. 普通有线电视机顶盒与高清有线电视机顶盒，其接口与功能有何区别？
2. 具有高清接收功能的电视机（有 HDMI 输入口），为什么要配高清有线电视机顶盒才能出现高清的效果？

§ 4—7　卫星数字电视接收技术

学习目标

1. 了解卫星天线、高频头、卫星接收机的组成与工作原理。
2. 掌握数字电视卫星接收机的安装与调试方法。

数字电视节目信号通过地面卫星发射站发射到地球同步卫星上，卫星再把信号转发到地面上，地面卫星信号接收系统把卫星信号接收下来，就可以正常收看数字电视信号节目了。数字电视信号通过卫星的转发，信号辐射范围将被大大加强，数字电视信号的传输范围更广。

一般家用型的卫星电视接收系统主要由接收天线、高频头（又称低噪声下变频器，用 LNB 表示）、电缆线、卫星接收机、电视机等部分组成，如图 4—7—1 所示。

图 4—7—1　卫星电视接收系统

一、接收天线

1. 接收天线的作用

卫星电视接收系统中接收天线的作用是，将卫星传送过来的微波信号接收下来，然后送入高频头中。

2. 卫星接收天线的种类

卫星接收天线按照外形结构来分，可以分为抛物面天线、双曲面天线、平板天线等；按照接收频率来分，可以分为 C 波段接收天线与 Ku 波段接收天线，其中，C 波段信号的频率为 3.7 ~ 4.2 GHz，Ku 波段信号的频率为 11.7 ~ 12.2 GHz，Ku 波段工作频率是 C 波段工作频率的 3 倍。

由于 C 波段与 Ku 波段信号的工作频率不同，所以接收天线尺寸也差别较大。Ku 波段卫星广播接收天线口径较小，直径为 0.45 ~ 1.2 m；C 波段卫星广播接收天线口径较大，直径为 Ku 波段的 3 倍。

由于 Ku 波段的接收天线尺寸小，所以不能接收 C 波段的节目。C 波段的接收天线尺寸大，除了可以接收 C 波段的节目外，如果加装一个 Ku 波段的高频头，还可以同时接收同一个卫星发射的 Ku 波段节目。如我国 2015 年发射的“亚太九号”卫星，C 波段有 32 路转发器，Ku 波段有 14 路转发器，定点于东经 142° 地球同步轨道。

天线的外形结构如图 4—7—2 所示。

a）

b）

c）

图 4—7—2　天线的外形结构

a）C 波段天线　b）Ku 波段天线　c）C 波段天线加装 Ku 高频头

二、高频头

卫星电视的高频头又称下变频器，下变频器的作用是在保证原信号质量参数的条件下，将接收到的卫星下行频率信号进行低噪声放大，并进行变频。

1. 高频头的结构

卫星电视的高频头有 C 波段、Ku 波段之分，应配合天线的尺寸来使用。下变频器应安装在天线凹面电波反射汇聚的焦点上，成品出厂时天线与下变频器已精确安装好，使用时不得随意拆装。高频头的外形与内部结构如图 4—7—3 所示。

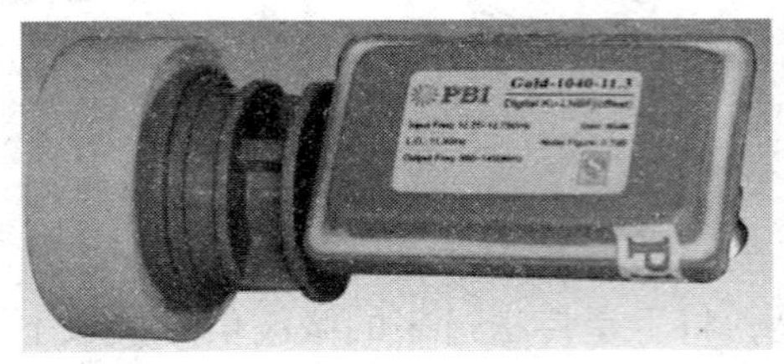

a）

b）

图 4—7—3　高频头的外形与内部结构

a）外形　b）内部结构

2. 高频头电路组成

卫星电视高频头的电路组成与普通电视机高频头的电路组成相似，由输入带通滤波器、低噪声微波放大器、本振电路、混频器、中频放大器等电路组成。

3. 高频头电路工作原理

卫星电视高频头的输入带通滤波器是一种波导同轴转换器，通常与低噪声微波放大器组合成一个部件。低噪声微波放大器通常包含 3 ~ 4 级放大，前两级为低噪声放大器，主要采用高电子迁移率晶体管器件；后两级为高增益放大器，主要采用砷化镓场效应晶体管，增益约为 40 ~ 50 dB。

本振电路的振荡频率不随各个台变化，是固定的。本振电路产生的信号与微波放大器送来的信号在非线性二极管或三极管中进行混频，将低噪声微波放大器输出的下行信号变为中频信号，变频前后信号的带宽保持不变。

卫星电视高频头内的中频放大电路一般采用集成电路，它直接与混频器相连接，作用是把混频器输出的微弱中频进行放大，以补偿混频器、带通滤波器以及室外、室内单元间连接的高频电缆所引起的衰减。中频放大器的输出端可以输出 –30 ~ –20 dBmW 的信号。无论卫星电视是接收 C 波段信号，还是接收 Ku 波段信号，卫星电视高频头变频后输出的中频信号范围都为 950 ~ 2 050 MHz。

卫星电视高频头输出的中频信号，通过阻抗为 75 Ω 的同轴电缆，送往室内的卫星电视机顶盒，在室内机顶盒的高频头中再进行选台和第二次变频处理。

室外卫星电视高频头的供电，由连接室内外高频头的 75 Ω 同轴电缆线提供。室内机顶盒的直流电源通过高频扼流圈传送给室外高频头，直流供电对 3.7 ~ 4.2 GHz 的微波信号和第一中频信号 950 ~ 2 050 MHz 均无影响，工作电压通常为 16 ~ 24 V。

三、卫星接收机

卫星接收机又称卫星电视机顶盒，其外形结构如图 4—7—4 所示。

1. 卫星电视机顶盒电路组成

卫星电视机顶盒的电路组成方框图如图 4—7—5 所示。电路由调谐器、A/D 与 D/A 转换

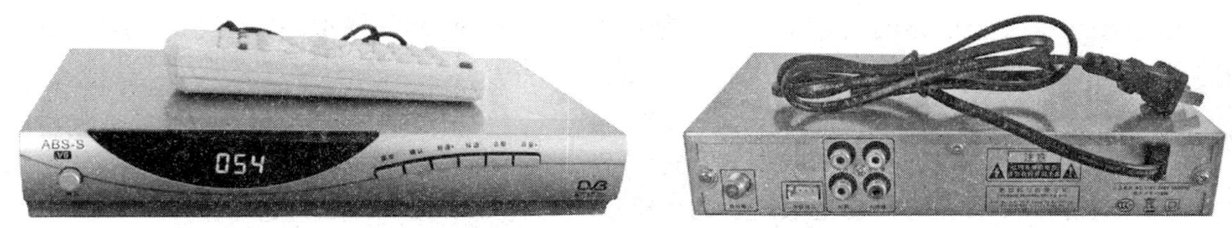

图 4—7—4　卫星电视机顶盒外形结构

器、QPSK 解调器、信道向前纠错解码器、解扰器、解复用器、MPEG-2 解压缩器、音 / 视频编码器、微处理器等组成，有的还具有智能卡电路。

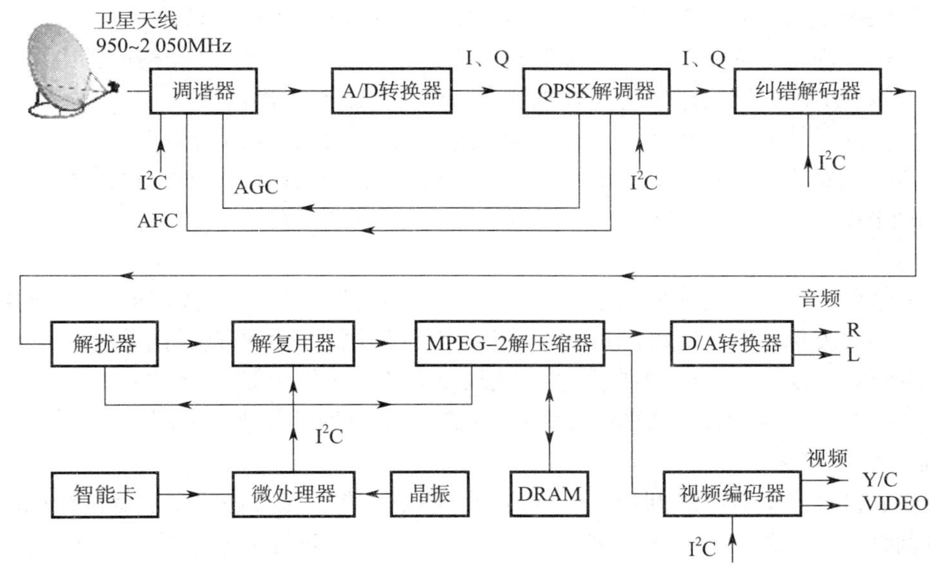

图 4—7—5　卫星电视机顶盒的电路组成方框图

2. 卫星电视机顶盒工作原理

C 波段或 Ku 波段的卫星信号被卫星电视高频头接收后，形成 950 ~ 2 050 MHz 的中频信号，经同轴电缆送入室内机顶盒的高频头中。室内机顶盒的高频头与电视机的高频头工作原理一样，根据使用者的要求，对输入信号进行选频、高频放大、混频、中频放大，成为 479.5 MHz 的第二中频信号。

第二中频信号经正交鉴相器，分解为 I、Q 两路信号，经 A/D 变换，进行 QPSK 解调，信号再经过信道向前纠错解码器纠错，最后输出符合 MPEG-2 格式的传送流（TS 流），其中，每个数据包含 188 个字节。

传送流（TS 流）是一种多路节目数据包，每个数据包含有不同的节目信号，不同的节目信号又包含视频、音频、数据信息，每个数据包都要进行解复用，以提取出所需节目的视频、音频、数据信息信号，恢复出符合 MPEG-2 标准的打包的节目基本流（PES 流）。

MPEG-2 解压缩器，又称 MPEG-2 解码器，对输入的节目基本流（PES 流）信号进行解压缩，在动态存储器 DRAM 配合下，把 I、P、B 帧数字信号还原为一帧帧正常的数字图像信号，完成图像的解压缩过程。

数字图像信号经视频编码电路，转变为PAL制或NTSC制的模拟图像信号，给电视机使用。数字音频信号转变为模拟R、L信号，以还原伴音。

四、卫星电视接收系统的安装

卫星电视接收系统的安装是很重要的，安装时可按照下列步骤进行：

1. 选择安装地点

安装地点要尽量空旷一些，周围不要有高大的建筑物或树木，尤其是前方不能有障碍物。在空旷的高处安装时，要注意采取防雷措施。

2. 固定室外天线

选定安装位置后，根据机顶盒生产厂家给出的天线的仰角、方位角、极化方向等参数，用膨胀螺钉初步固定好天线支架，连接好室外高频头与室内高频头之间的同轴电缆线，连接时一定要可靠、牢固，同时还要连接好机顶盒与电视机之间的连接线。

方位角，即所处地理位置的卫星锅面应指的方向。仰角，即所处地理位置的卫星锅面朝向卫星的仰度。极化角，是卫星锅面与高频头之间的焦距和极化方向之间的角度。如中星九号卫星，湖北省的方位角为 –35.22° ，天线仰角为 –47.62° 等。

3. 输入参数

给卫星电视机顶盒、电视机通电，按下机顶盒遥控器的菜单键（MENU），根据电视机画面菜单的提示，按要求输入参数，如下行频率、下行极化方式（垂直极化或水平极化）、纠错方式等（不同的机顶盒有不同的要求）。参数设置完毕，按退出键（EXIT），接收机开始搜索节目，同时要观看信号的强度，并对天线进行调整。节目搜索完毕，系统会自动保存节目。

4. 调试天线

在搜索节目时，要对天线仰角、方位角进行调整。调整时，仰角要从低慢慢调高或者是从高慢慢调低，一次调整一点，一般 2° 左右。每调一次仰角，还应慢慢转动一次方位角。反复细调，使图像质量最好为止。

实训 2　卫星电视接收系统的安装

实训目的

1. 进一步熟悉卫星电视接收系统的组成结构。
2. 掌握卫星电视接收系统的安装方法。

实训设备与工具

卫星电视接收系统全套设备、常用的维修工具、实训指导书等。

实训内容与步骤

1. 认识卫星电视接收系统组成结构。

根据实训场地提供的卫星电视接收系统全套设备，认识卫星天线、高频头、同轴电缆、连接头、机顶盒的组成结构。

2. 学习卫星电视接收系统的安装方法。

查看厂家提供的卫星电视系统安装说明书，熟悉其安装方法。网上查询待接收卫星的资料，包括纬度、节目类型（C 波段或 Ku 波段）、极化方式、仰角、方位角等。

3. 进行实地安装。

到现场进行实地安装，并进行调试，使节目最佳。

【想一想】

1. 调试卫星电视接收系统时，为什么要先输入参数？
2. 调试卫星电视接收系统时，为什么对天线的仰角、方位角都要进行调试？

§4—8　网络数字电视接收技术

学习目标

1. 了解网络数字电视接收系统的组成。
2. 了解路由器、网络电视机顶盒电路组成与工作原理。
3. 掌握网络电视机顶盒的安装与调试方法。

网络数字电视接收系统是一种数字电视信号应用系统，通过网络电视机顶盒能将互联网上的视频、图片、信息等内容在电视机上重现出来。

一、网络数字电视接收系统的组成

网络数字电视接收系统由网络系统（路由器）、网络电视机顶盒、电视机组成，如图 4—8—1 所示。

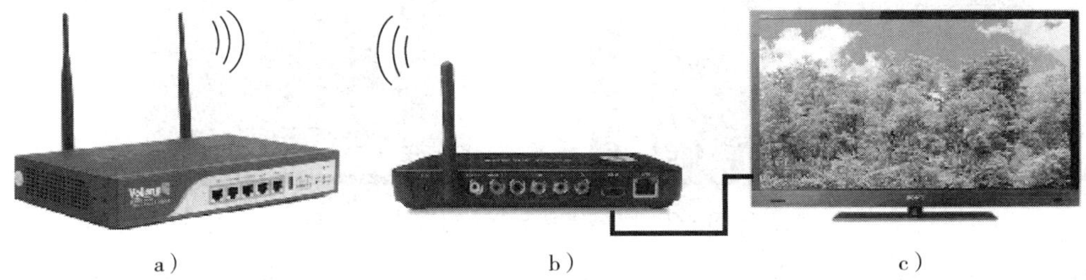

a）　b）　c）

图 4—8—1　网络数字电视接收系统的组成

a）无线路由器　b）网络电视机顶盒　c）电视机

外线互联网送来的网络信号，通过带无线功能的路由器，发射出 WiFi 信号，网络电视机顶盒接收发射的信号后，将数字调制的电视信号解调成模拟电视图像、音频信号，送往电视机，供用户观看电视节目。

外线互联网送来的网络信号，也可以通过网口的连接口直接送入网络电视机顶盒中，不必通过发射方式也能实现相同的功能。

网络电视机顶盒不仅是一只调谐器，而且还是一个视频服务器的远程控制单元。通过ATM网络系统将网络电视机顶盒与视频服务器相连，并与视频服务器进行双向、双工的数字通信，可使用户享受电视、数据、语言等全方位的信息服务。

二、无线路由器

路由器（Router，又称路径器）是一种网络设备，它能按照所选择的传输路径，将数据包通过网络传送至目的地，这个过程称为路由。路由器是连接互联网中各局域网和广域网的设备，它会根据信道的情况自动选择路由，以最佳路径按前后顺序发送信号。

1. 无线路由器电路的组成

路由器可以分为有线和无线两种。无线路由器主要用在有线网络和无线设备之间，通过WiFi技术来发射与接收信号。无线路由器可以在不设电缆的情况下，很方便地建立一个计算机网络小系统，这种路由器应用很广泛。

无线路由器主要由稳压供电电路、时钟电路、复位电路、存储器电路（RAM、SDRAM、ROM、Flash）、主芯片处理电路、4端口（RJ–45）交换控制器、无线发射与接收模块电路等组成。

通过路由器有线网口的连接线，一对铜线上行速率可达512 kbps ~ 1 Mbps，下行速率可达1 ~ 8 Mbps。无线路由器外形如图4—8—1a所示。

2. 网络接头与接口

网络系统的设备之间通过网线来传输信号时，网线与设备之间必须通过接头与接口才能实现。

网络系统中使用的网线接头为RJ–45，网线接头又称水晶头；网络系统中使用的接口又称网口，共有八根芯线，引脚排列顺序如图4—8—2所示。八根芯线中，第1、2根用于发送信号，第3、6根用于接收信号，另外4根备用。

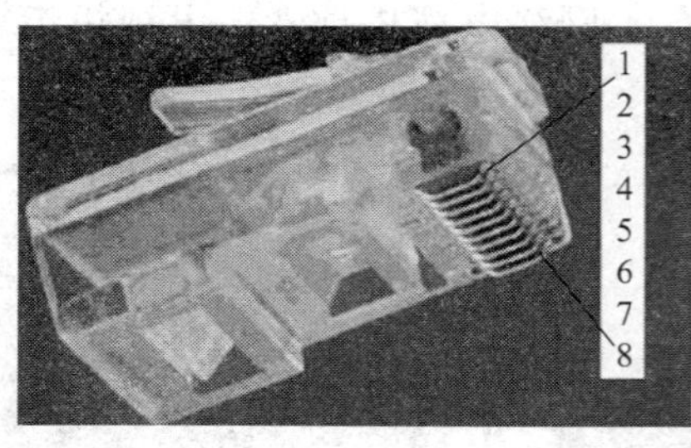

图4—8—2 网络接头与接口引脚排列顺序

RJ–45接头引线颜色的排列方法有两种：一种是橙白、橙、绿白、蓝、蓝白、绿、棕白、棕，称为T568B标准排法，主要用于异种设备之间的连接，如路由器和交换机；另一种是绿白、绿、橙白、蓝、蓝白、橙、棕白、棕，称为T568A标准排法，主要用于同种设备之间的连接，如路由器和路由器。

使用RJ–45接头的网线有直通线和交插线两种。当网线为直通线时，网线的两端应采用T568B–T568B或T568A–T568A接法，如图4—8—3所示；当网线为交叉线时，网线的两端应采用T568B–T568A接法，即网线的一端采用T568B接法，另一端采用T568A接法。

橙白、橙、绿白、蓝、蓝白、绿、棕白、棕

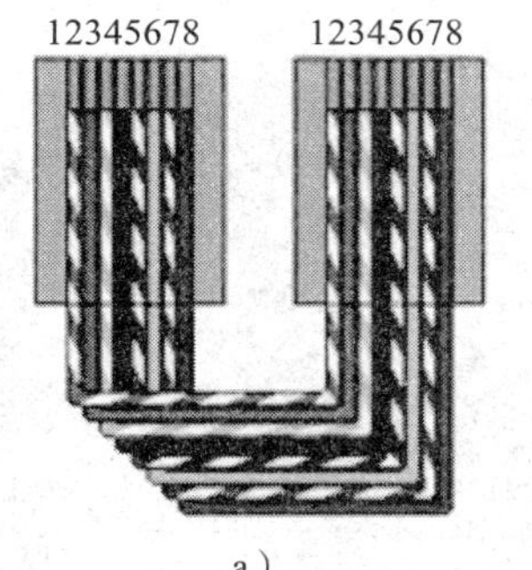

a）

绿白、绿、橙白、蓝、蓝白、橙、棕白、棕

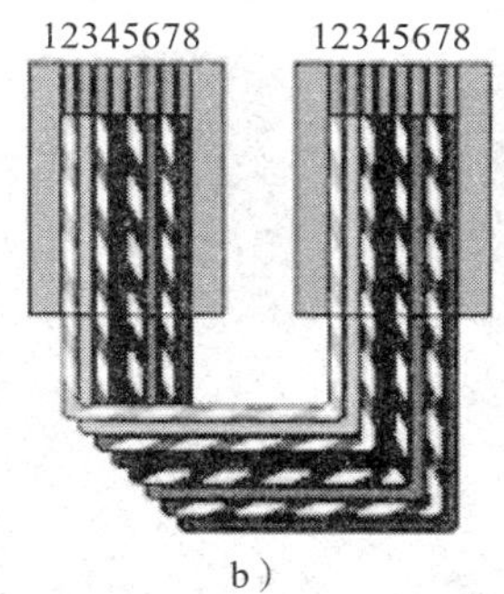

b）

图 4—8—3　T568B 与 T568A 排法

a）T568B 排法　b）T568A 排法

三、网络电视机顶盒

网络电视机顶盒（ITV 机顶盒）是网络电视系统中重要的设备，它主要由微处理器、数字调谐器、ATM 处理单元、图像解压缩器、音频解压缩器、NTSC/PAL/SECAM 编码器、RGB 编码器、远程控制接口、只读存储器（ROM）、随机存储器（RAM）、RJ–45 接口、USB 接口、HDMI 接口、AV 接口、无线发射与接收等电路组成。其外形图如图 4—8—4 所示，内部电路如图 4—8—5 所示。

1. 微处理器

微处理器是机顶盒的核心，开机时从微处理器的只读存储器中读取启动所需的程序和数据，将程序和数据存储在随机存储器中，同时通过系统总线，微处理器能对各个功能模块进行控制，完成整个系统的各种功能。

2. 数字调谐器

数字调谐器在微处理器指令的控制下，选择所需的频率信号和解码所需的信息，由此产生的数字信号数字流，经过初级处理后，传送给 ATM 电路进行处理。

3. ATM 处理器

ATM 是 Asynchronous Transfer Mode（ATM）异步传输模式的缩写，是一种网络上传送声音、视频图像和数据的宽带技术。这种技术传输信号时，可以对多种业务信号进行分组交换

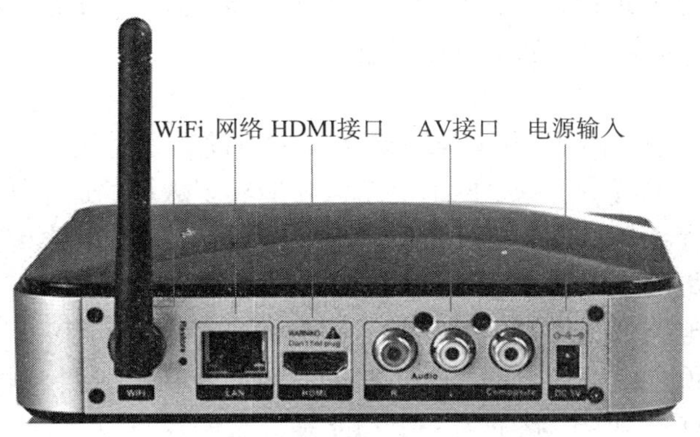

图 4—8—4　网络电视机顶盒外形

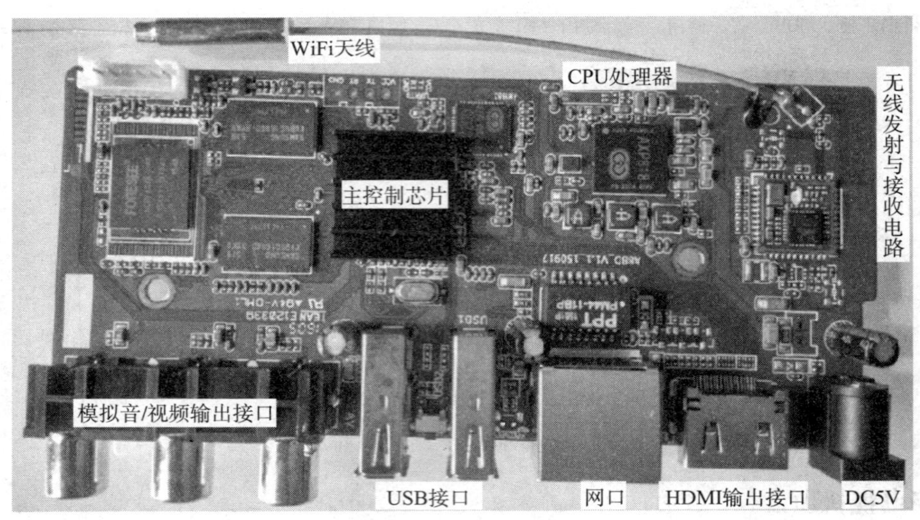

图 4—8—5　网络电视机顶盒内部电路

和复用传输，具有传输速率高、可同时传输多种信号的特点。

当 ATM 处理器接收到从数字调谐器送来的数据后，便选择需要的数据包，舍弃其他的数据包，并将所选择的数据分为视频流、音频流和数据流三种，视频流送给图像解压缩器进行处理，音频流送给音频解压缩器进行处理，数据流则送给控制系统。

4. 图像与音频解压缩器

图像解压缩器是一个可编程数字图像处理电路，当 ATM 处理器传来的数字信息进入图像解压缩器后，可将压缩的视频信号进行解压缩，解压缩后的视频数据传送给 NTSC/PAL/SECAM 编码器。音频解压缩器能对 ATM 处理器送来的声音数据信号进行解压缩，并进行 D/A 转换，成为模拟立体声信号。

5. 无线网卡电路

无线网卡电路即无线发射与接收电路。无线网卡电路通过无线发射的方式（不需要连接网线），实现网络机顶盒与网络系统之间信号的传输。与一般笔记本电脑通过无线进行上网的工作原理完全相同。

无线网卡电路可以接收无线路由器等无线网络信号，供网络电视机顶盒主芯片电路进行解调、解复用、解压缩处理；也可以根据用户要求，把用户需求的信号发射给无线路由器。无线网卡电路工作在双向、双工通信工作状态。

6. 有线网卡电路

有线网卡电路是连接网络机顶盒与网络系统的电路，通过网口、双绞线与网络系统相连，网络系统的信号必须借助于有线网卡电路，才能实现数据的通信（信号的输入与输出）。

有线网卡电路由存储器、串 / 并行转换等电路组成。信号在双绞线中以串行方式进行传输，而有线网卡电路与网络电视机顶盒解调、解扰、解压缩电路之间，是通过并行方式进行传输的，故有线网卡电路的主要功能是对输入或输出的信号进行串 / 并行转换。由于网络线上信号的数据率和机顶盒信号的数据率并不相同，因此，在有线网卡电路中，要通过存储器对数据进行缓存，故有线网卡电路的另一个功能是，对输入与输出的信号进行缓存。